NEW PRACTICAL COLLEGE BOOKS
智囊图书·建筑书系
全国土木工程类实用创新型规划教材

建筑抗震

JIANZHU KANGZHEN

主　审　胡兴福
主　编　李和玉
副主编　昌永红　张雪波　谢凤华　刘　洋
编　者　刘　擎　林　琳

哈尔滨工业大学出版社
HITP

内容简介

《建筑抗震》是土木类专业应用型系列教材之一。该教材通过解剖不同结构形式的工程对象，从抗震设计全过程介绍建筑抗震技术方案的选择、方法、步骤和措施。为突出实用，本书的每个模块都附有一个具体的、实际的工程案例，有利于学生基本知识的学习与实际工作能力的培养。

本教材第一模块简要介绍建筑抗震的基础知识；第二模块介绍建筑结构抗震计算的基本原理及方法；第三模块介绍多层砌体结构房屋的抗震设计具体步骤及构造措施；第四模块介绍多高层钢筋混凝土结构房屋的抗震设计具体步骤及构造措施；第五模块介绍多高层钢结构房屋的抗震设计具体步骤及构造措施。

该教材适合于土木类全日制本科、高职(高专)院校及函授、电大教育机构作为教材，也可供其他土木工程技术人员学习及参考。

图书在版编目(CIP)数据

建筑抗震/李和玉主编. —哈尔滨：哈尔滨工业大学出版社，2014.1

ISBN 978-7-5603-4572-7

Ⅰ.①建… Ⅱ.①李… Ⅲ.①建筑结构－防震设计－高等职业教育－教材 Ⅳ.①TU352.104

中国版本图书馆 CIP 数据核字(2014)第 010543 号

责任编辑 李长波
出版发行 哈尔滨工业大学出版社
社　　址 哈尔滨市南岗区复华四道街 10 号　邮编 150006
传　　真 0451－86414749
网　　址 http://hitpress.hit.edu.cn
印　　刷 北京市全海印刷厂
开　　本 850mm×1168mm 1/16 印张 13.5 字数 420 千字
版　　次 2014 年 1 月第 1 版 2014 年 1 月第 1 次印刷
书　　号 ISBN 978-7-5603-4572-7
定　　价 30.00 元

Preface 前言

本书是哈尔滨工业大学出版社“十二五”应用型本科及高职高专土建类模块式规划教材之一。“建筑抗震”是土建类专业一门重要的专业课，其主要任务是使学生掌握建筑抗震的基本原理和主要计算方法及相关规范，以便为学生的职业生涯打下坚实的基础。

针对现阶段高校课程改革新思潮的影响，近年来，从德国引入的以情景教学为目标的行动导向教学法及项目教学法开始在我国的各高校推广流行，本书编写就是在这种思潮下，重点是培养学生的专业技能、从业综合素养和能力。书中理论公式力求突出实用；内容安排力求结合工程规范、紧密结合工作岗位；写作上力求理论分析与实际工程范例相结合，一般理论与个别特性相结合；并结合我国现行规范、规程进行编写。学生通过学习与训练不断提高思考问题、解决问题的能力。本书特色如下：

1. 内容设置与职业资格认证紧密结合

本书的技能知识与国家劳动部和社会保障部颁发的职业资格等级证书相结合，结合结构工程师等职业岗位的基本技能进行编写，真正符合“变学科的系统化为工作过程的系统化”的教学原则，建立学历证书与职业资格认证之间的联系，每个模块后加有完整的工程案例及职考真题或模拟试题。

2. 以大量的案例为载体，采用模块式的编写思路

基于专业岗位对人才要求的专门化，加强针对学生的专业指导和训练。各种结构类型的典型案例贯穿于书中，通过详细系统的讲解让学生全面接触职业情景，掌握相关的知识及规范、规程。每个模块开头都设有模块导入，根据工程模块引进一个个完整、系统的情景案例进行示范，详细说明工程案例的条件、背景及任务，并在工程实例的结构计算书部分对工程项目实际实施。同时每个模块都有学习目标栏目，包括知识目标和能力目标，案例均来源于实际工程项目。

大到工程案例，小到图片，均取自于实际的工程项目，根据需要通过案例串联各知识点，使学生将被动听讲变成主动参与实践操作，来加深学生对实际工程项目的理解和应用，体现了以能力为本位的思想。

3. 采用国家与行业最新标准

本课程的教学必须与我国现行的有关标准、规范、规程相结合，因为规范、规程融进了我国目前的最新的经过工程实践验证了的可靠的抗震研究成果，反映了时代的水平。本书依据的最新规范、规程有：《建筑抗震设计规范》（GB 50011—2010）、《混凝土结构设计规范》（GB 50010—2010）、《高层建筑混凝土结构技术规程》（JGJ3—2010）、《建筑地基与基础设计规范》（GB 50007—2011）、《砌体结构设计规范》（GB 50003—2011）、《建筑结构荷载设计规范》（GB 50009—2012）等。

本书在编写过程中参考了大量的文献资料，在此谨向这些文献的作者表示衷心感谢，除参考文献中署名的著作外，部分网络作品的名称及作者无法详细核实，故没有注明，在此也向相关作者表示诚挚的歉意及感谢。

本书成稿仓促，加上编者的水平有限，其中定有不足之处，缺点及疏漏在所难免，若有发现，恳请阅读此书的专家、学者、工程技术人员批评指正！

编　者

编审委员会

本书学习导航

模块概述

简要介绍本模块与整个工程项目的联系，在工程项目中的意义，或者与工程建设之间的关系等。

学习目标

包括知识目标和技能目标，列出了学生应了解与掌握的知识点。

知识拓展

对模块中相关问题进行专业拓展的指引，用于学生自学。

工程导入

各模块开篇前导入实际工程，简要介绍工程项目中与本模块有关的知识和它与整个工程项目的联系及在工程项目中的意义，或者课程内容与工程需求的关系等。

模块 1

建筑结构抗震[illegible]

【模块概述】

本模块介绍建筑结构抗震的基本概念，地[illegible]标、抗震设计方法、建筑物重要性分类与设[illegible]场地类别及特点、地基抗震验算。

【知识目标】

1. 掌握地震成因、震级和烈度、地震设防烈度、场地类别的判断及特点的基本概念；
2. 了解地震的破坏作用，明确抗震设防目标以及抗震设计的基本要求；
3. 了解工程抗震设防目标、抗震设计方法、建筑物重要性分类与设防标准、抗震设计的总体要求、结构的延性、抗震多道防线。

【技能目标】

【工程导入】

[illegible]

重点串联

用结构图将整个模块重点内容贯穿起来，给学生完整的模块概念和思路，便于复习总结。

【重点串联】

【知识链接】

本模块的内容主要涉及《建筑抗震设计规范》(GB 50011—2010)的第二～四章的内容。

知识链接

列举本模块涉及的标准，以国家标准为主，适当涉及较特殊的地方性标准。

1.6 场地与地基

[illegible]

拓展与实训

基础训练

一、思考题

1. 什么是地震烈度、震级、抗震设防烈度？
2. 我国的建筑抗震设计的基本准则是什么？
3. 建筑物的抗震设防分类及各类的设防标准是什么？
4. 场地土的固有周期和地震动的卓越周期有何区别与联系？
5. 影响土层液化的主要因素是什么？

工程模拟训练

链接职考

[illegible]

拓展与实训

包括基础训练、工程模拟训练和链接职考三部分，从不同角度考核学生对知识的掌握程度。

目录 Contents

模块3 多层砌体结构的抗震设计

模块4 多高层钢筋混凝土结构建筑的抗震设计

模块 0

绪 论

0.1 建筑抗震发展现状及前景

1. 重视房屋建筑的概念设计

现阶段，土壤场地与结构物共同工作理论的研究与发展使建筑抗震分析在概念上进一步走向完善，在一次次的地震灾害中，人们逐渐认识到一些鲜为人知的概念，把握了建筑地震反应的发生、发展的规律，经过了积累和沉淀便形成了常识，从而在大的方向上指导人类如何建造抗震能力较强的房屋，这就是概念设计。例如，高层房屋不应建在平原上，而低层建筑不应建在山上，这样做是为了最大限度地避免地面和建筑物发生共振。

在地震作用下，奇形怪状的建筑容易倾覆，所以人们学会了规规矩矩地建房子，理论及实践的分析结果都表明：在平面和立面上四平八稳的房子的抗震能力更强；地震作用下水平地震波的破坏力比竖向地震波的破坏力明显。水平运动会使建筑物产生倾覆力矩，并且在结构的竖向构件中引起很大的轴力，这些都与建筑物高度的两次方成正比，故随建筑结构高度的增加，建筑物的水平惯性力会“兴风作浪”。建筑物越高这种破坏力就越大，所以我们在房屋的抗震设计时主要考虑水平向的地震作用。

2. 重视保障抗震能力的建筑设计及施工方面的各项法规

《建筑结构抗震规范》实际上是各国建筑抗震经验带有权威性的总结，是指导建筑抗震设计（包括结构动力计算、结构抗震措施以及地基抗震分析等主要内容）的法定性文件，它既反映了各个国家经济与建设的时代水平，又反映了各个国家的具体抗震实践经验。它虽然受抗震有关科学理论的引导，向技术经济合理性的方向发展，但它更要有坚定的工程实践基础，把建筑工程的安全性放在首位，容不得半点冒险和不实。正是基于这种认识，现代规范中的条文有的被列为强制性条文，有的条文中用了“严禁、不得、不许、不宜”等体现不同程度限制性和“必须、应该、宜于、可以”等体现不同程度灵活性的用词。

《建筑抗震设计规范》是其他各类规范的“领头羊”，并对其他规范、规程具有统领作用，我国的这次规范大修订源于 2008 年的那场汶川大地震，由中国建筑科学研究院的黄世敏、王亚勇二位资深院士牵头制定，自从 2010 年版的《建筑抗震设计规范》5 月颁布以来，其他各类规范、规程紧接着闻风而动，例如《混凝土结构设计规范》在 2010 年 8 月颁布，《混凝土工程质量验收规范》在 2010 年 12 月颁布，《高层建筑混凝土结构技术规程》在 2010 年 10 颁布，《地基与基础设计规范》《砌体结构设计规范》在 2011 年 7 月颁布，《砌体工程质量验收规范》在 2011 年 2 月颁布，《建筑结构荷载设计规范》在 2012 年 5 月颁布，《钢结构设计规范》已经送审，等等。

3.重视建筑抗震计算方法的完善

抗震设计的理论也在不断地翻新，抗震设防计算方法从振型分解反应谱法到时程分析法的转变；从线性分析到非线性分析的转变；从确定性分析到非确定性分析的转变。按历史顺序有：

(1)拟静力理论

拟静力理论是20世纪10～40年代发展起来的一种理论，它在估计地震对结构的作用时，仅假定结构为刚性，地震力水平作用在结构或构件的质量中心上。地震力的大小相当于结构的重量乘以一个比例常数(地震系数)。

(2)反应谱理论

反应谱理论是在20世纪40～60年代发展起来的，它以强地震动加速度观测记录和对地震地面运动特性的进一步了解，以及结构动力反应特性的研究为基础，是美国加州理工学院的一些研究学者对地震动加速度记录的特性进行分析后取得的一个重要成果。

(3)动力理论

动力理论是20世纪70～80年代广为应用的地震动力理论。它的发展除了基于60年代以来电子计算机技术和试验技术的发展外，人们对各类结构在地震作用下的线性与非线性反应过程有了较多的了解，同时随着强震观测台站的不断增多，各种受损结构的地震反应记录也不断增多。进一步动力理论也称地震时程分析理论，它把地震作为一个时间过程，选择有代表性的地震动加速度时程作为地震动输入，建筑物简化为多自由度体系，计算得到每一时刻建筑物的地震反应，从而完成抗震设计工作。

4.重视建筑结构抗震方法的探索与实践

在结构的抗震设计中，除要考虑概念设计、结构抗震验算外，历次地震后人们在限制建筑高度、提高结构延性(限制结构类型和结构材料使用)等方面总结的抗震经验一直是各国规范重视的问题。当前，在抗震设计中，从概念设计、抗震验算及构造措施三方面入手，在将抗震与消震(结构延性)结合的基础上，建立设计地震力与结构延性要求相互影响的双重设计指标和方法，直至进一步通过一些结构措施(隔震措施，消能减震措施)来减震，即减小结构的地震作用使得建筑在地震中有良好而经济的抗震性能是当代抗震设计规范发展的方向。而且强柱弱梁、强剪弱弯和强节点弱构件在提高结构延性方面的作用已得到普遍的认可。

建筑结构的隔震与减震方法不断创新。地震是一种自然现象，至今尚不能科学地定量、定时、定点预测，其破坏具有多发性、连锁性和严重性等特点。对于一些超高层建筑物，目前很多设计已经不再局限于“小震不坏，中震可修，大震不倒”的抗震设防标准，对重要结构必要时可以高于上述标准，很多抗震设计思想和方法是在总结国内外工程震害经验的基础上提出来的。

(1)将地震能转变为热能(耗能)或非结构子系统的动能(吸能)

进入20世纪以来，人们对建筑物抗震动能力的提高做出了巨大的努力，取得了显著的成果。其中尤为重要的是阻尼器在结构抗震减灾中的运用。人们利用阻尼器减震和吸能的特点，结合结构的动力性能，巧妙地避免或减少了地震对建筑的破坏作用。目前，用于耗能的装置有：黏弹性、黏滞性阻尼器(图0.1、图0.2)，利用塑性铰耗能的耗能支撑；运用于高层建筑的非结构子系统调谐振动吸能的装置有多种：调谐质量阻尼器(Tuned Mass Dampers，TMD)(图0.3、图0.4)、调谐液体阻尼器(Tuned Liquid Dampers，TLD)、质量泵(Mass Pumps ，MP)、摆式质量阻尼器、液体一质量控制器等。其中，调谐液体阻尼器是一种被动耗能减震装置，近年来进行了大量的研究和应用。TLD这一名称为孙利民教授和其导师藤野阳三(东京大学)最先提出，后来在国内外被广泛使用。调谐液体阻尼器利用固定水箱中的液体在晃动过程中产生的动侧力来提供减震作用。其具有构造简单、安装容易、自动激活性能好、不需要启动装置等优点，可兼作供水水箱使用。

图 0.1　安装好的黏弹性阻尼器

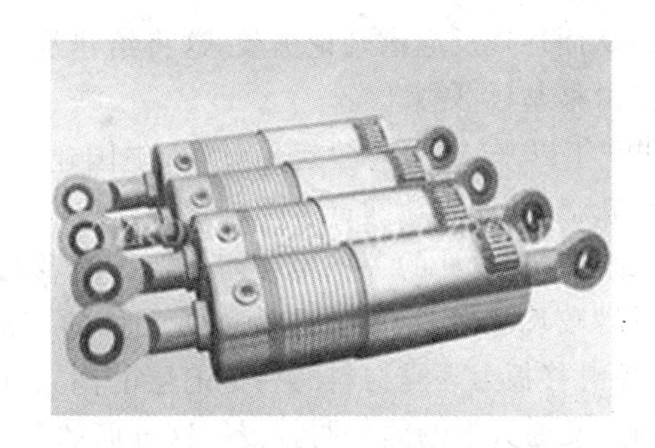

图 0.2　黏弹性阻尼器

图 0.3　中国台湾 101 大厦

图 0.4　中国台湾 101 大厦里面的 TMD 阻尼器

(2)将地震能转变为结构构件的变形能

中国自古有“以柔克刚”的思想,即刚劲的东西不一定要用更刚劲东西的去征服,有时需要用柔软的事物去克制。在高层建筑抗震当中,即由传统的以“硬抗”为主的抗震体系转变为以“柔抗”为主的结构减震控制体系。柔性结构的自振周期长,根据地震反应谱理论:结构的自振周期越长,结构所受最大地震惯性力越小,虽然结构的变形加大,但建筑各结构构件受的力就越小,从而对结构的破坏力就小,这样可以以柔克刚、刚柔相济,有效地以变形能的形式吸收、消散地震波输入给建筑的能量。这方面的运用,有很多例子,比如拱结构在高层抗震当中的运用——迪拜帆船酒店,其外观如同一张鼓满了风的帆,一共有 56 层,321 m 高,就是运用拱结构抗震减灾的很好的例子。又如,在新建建筑物四周一定范围内,沿基础与结构之间设置橡胶垫层装置,即橡胶垫,这就可以增加结构的自振周期,从而降低地震的破坏力(图 0.5)。

图 0.5　橡胶垫减震支座

(3)阻断地震输入的能量

将建筑物通过基础固定在大地上是一种愚蠢的做法,因为这样做大地地震时会毫不留情地将地震能量输入给建筑物,如果建筑物容纳不了输入的这个能量就会崩溃、倒塌,从而造成人员伤害,明智的做法应该是将建筑物和大地脱开,即隔震。基础滑移、基础漂浮、基础悬浮使建筑抗震的思路豁然开朗:因为这些隔震措施可以使大地在地震时输入给建筑的能量大大减少,也就是滑动摩擦力、水的剪切摩擦力、磁场真空的摩擦力是很小的,大地对建筑物的作用力小,做的功就少,即输入给建筑的能量就少,从而起到抗震目的。

这种做法的优点是使结构出现了一个自振周期为无穷大的平动振型,在滑移状态下结构的各阶最大水平惯性力只与滑动摩擦系数、结构自身的质量及各阶振型有关,而与土壤的成分和地震波的频谱无关，从而地震反应谱理论失效，这将给建筑设计和地基基础设计理论及工程实践带来革命。

①“滑移基础”隔震。

1995年以来，辽宁省建筑设计院、中国建筑科学院抗震研究所已开始了摩擦滑移隔震技术的研究，并在新疆、西安等地建造了几栋试点建筑(图0.6)。例如由北京建筑科学院院士周锡元、王亚勇在新疆独山子主持设计的一栋用聚四氟乙烯滑移板为隔震材料的房屋，由西北建筑设计研究院主持设计的太原“玫瑰园”用滚动支座为隔震元件的一栋九层住宅楼；由东南大学土木学院主持设计的用聚四氟乙烯滑移板为隔震材料的一栋七层的南京江南大酒店；并造就了一批像华中理工大学的唐家祥教授、西安交通大学的熊仲明教授等这方面的学术带头人(图0.7、图0.8)。

图0.6　已建好的基础隔震建筑

图0.7　聚四氟乙烯隔震片

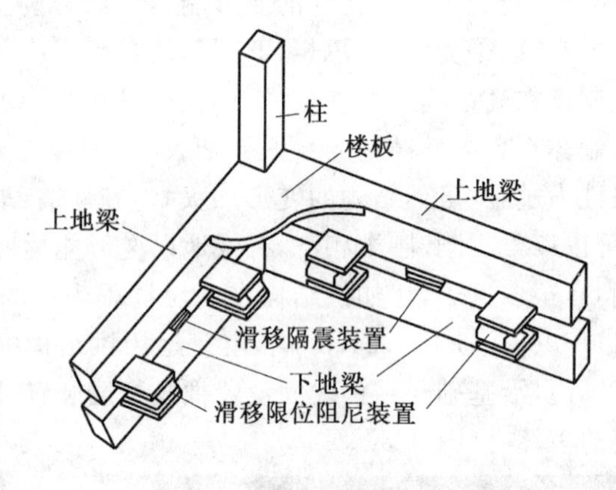

图0.8　基础滑移隔震示意图

最早提出滑移基础隔震概念的是日本学者河合浩藏，他在1881年提出“……要盖一种在地震时也不震动的房屋”，其做法是先在地基上纵横交错地放几层圆木，圆木上做混凝土基础，再在上面盖房以削弱地震能量向建筑物的传递。1909年，英国医生J. A. 卡兰特伦次提出了用滑石和云母进行滑动隔震的思想和方法。

日本在古建筑保护方面使用了这种技术，古建筑与高层楼房相比整体重量轻，积层橡胶不起作用。有效的抗震方法是在建筑物与基础之间加上球型轴承或是滑动体，形成一个滚动式支撑结构，这样可减轻地震造成的摇动。东京都台东区的国立西洋美术馆、东京都丰岛区区政厅大楼就是明显的例子。

②“浮力水槽”隔震。

近年日本开发了一种名为“浮力水槽”的抗震系统，即在传统抗震构造基础上借助于水的浮力支撑整个建筑物。据日本媒体报道，普通抗震结构把建筑物的上层结构与地基分离开，以中间加入橡胶夹层和阻尼器的方式支撑建筑物。相比之下，“浮力水槽”系统在上层结构与地基之间设置贮水槽，建筑物受到水的浮力支撑。水的浮力承担建筑物大约一半重量，既减轻了地基的承重负荷，又可以把隔震橡胶小型化，降低支撑构造部分的刚性，从而提高与地基间的绝缘性。地震发生时，由于浮力作用延长了固有振荡周期(即晃动一次所需时间)，建筑物晃动的加速度得以降低。六到八层建筑物的其他固有周期最大可以达到5 s以上。因此，在城市海湾沿岸等地层柔软地带也可以获得较好的抗震效果。此外，贮水槽内储存的水在发生火灾时可用于灭火，地震发生后可作为临时生活用水。这一系统成本并不算高。以八层楼医院为例，成本比普通抗震系统高出大约2%。

③“悬挂基础”隔震。

通过巨型的强度和刚度足够大的刚臂、拱构件作为第一道防线将建筑物悬吊在空中，建筑的基础和大地脱离，建筑物与刚臂、拱构件通过构造措施柔性连接，这样当发生地震时，大地输入的能量将大部分转化为建筑物的动能，而内能很小，从而降低对建筑物的破坏。例如中国香港的汇丰银行大楼就是采用的“悬挂基础” 隔震技术。

④“磁悬浮基础”隔震。

将建筑的基础做成磁极，并将场地与建筑物对应的部位也做成与基础同性的磁极，当没有地震时，二磁极没有磁场作用，当发生地震时信号感应系统自动接通磁场的电源，产生磁场，同性磁极相互排斥，于是将建筑物抬高悬空，从而摆脱地面的能量输入，类似磁悬浮列车的工作原理。

0.2 本教材的特点

1. 教材内容与时俱进、紧跟我国现行国家标准

本课程的教学必须与我国现行的有关标准、规范、规程相结合，因为规范、规程融进我国目前最新的经过工程实践验证了的可靠的抗震研究成果，反映了一个年代的水平，在当时是受法律约束的，当然随着时代的进步，这些标准、规范、规程也会发生变化。

2. 引进实际的工程案例，满足目前高校行动导向教学、项目化教学新思潮的需要

行动导向教学法的亮点是提出了学习领域的课程观：用工作过程系统化代替学科的系统化，教学过程中突出工作过程的系统性和完整性，并尽量保证学科自身结构的系统性和完整性，将工作项目和职业行动引入课堂。项目教学法是行动导向教学法的高级阶段，本课程引入了项目教学法，并将项目模块化，本教材共分五个模块，每个模块都和具体的工程案例相结合，体现行动导向教学法的教学要求。

3. 公式、图表突出实用，简化了公式的推导过程

限于篇幅，本教材的理论推导部分进行了简化，做到了“少而精”，着重突出了公式结果的应用，并附了必要的工程图表，本课程是在学生学完“结构力学”包括“结构动力学”等力学课程后才能开设的课程，本教材在保证知识结构的系统性和完整性之后略去了前接课程的重叠部分。教师可以根据自己的教学情况进行取舍、添加。

4. 引进工程界的工程师参与编写

本教材的编写是由多位具有“双师”素质的高校教师编写，为保证教材的实用性，特聘请中国建筑上海设计研究院有限公司具有丰富实践经验的结构工程师张雪波同志参与了编写。

0.3 建筑抗震课程的内容、教学方法、目标

1. 教学方法

①本专业课程体系的构建是以就业为目标，以行业需求、市场调研为依据，以工作过程为导向，以工作任务为载体。课程开发通过工作过程分析和教学过程分析两阶段，课程开发的基本思路是从行动领域到学习领域再到学习情境。基本路线是从对企业调研获得的实际工作任务分析到整合的工作任务归纳，再到学习性的工作任务归纳，再依据工作过程要素采用六步法（资讯、决策、计划、实施、检查、评估）完成工作过程系统化课程的开发，按认知规律由简单到复杂、由单一到综合、由低级到高级组织教学。构建能力型的工作过程系统化课程体系，实现学生的学习过程与就业岗位工作过程的一

致性，真正做到学以致用。

②本课程可以与建筑行业、企业合作，进行基于工作过程的课程开发与设计。合作成立课程建设小组，定期开展联合教研活动，共建实训基地。

③本课程是按照基于工作过程的设计思想来设计的，重构教学内容。本课程设计了五个模块：建筑抗震基本概念模块，地震作用和建筑结构抗震计算模块，砌体结构房屋抗震设计模块，多高层钢筋混凝土结构房屋抗震设计模块，钢结构房屋抗震设计模块。但课程设计思路已同原有的建筑力学与建筑结构中存在着明显学科化思想相比，力学与结构学、建筑学的教学内容深度融合，使课程在整合的基础上发生质的变化，更适合应用型本科及高职院校的人才培养要求。

④采用模块化教学，整个课程由若干模块构成，每一模块又由若干学习单元组成。除课程总体学习目标明确外，每个模块每个单元都建立可测量的学习目标，学习目标科学合理。

⑤课程每个单元设计了合理的工作任务或项目，以工作任务、项目为载体，序化教学内容，并采用任务驱动、项目导向等行动导向教学模式，学生不再觉得建筑抗震问题那么抽象，学习目的明确，学习主动性明显增强。

2. 课程的性质和任务

“建筑抗震”是一门理论性和实践性较强、专业技术含量较高的土建类专业课程。课程的任务是要掌握建筑结构抗震与隔震的基本概念及概念设计、建筑结构的抗震与隔震反应（内效应与外效应）的常见力学模型及求解方法、地震作用参与下各类结构构件的承载力计算及变形验算、各类结构类型的抗震构造措施，使学生能够进行一般建筑结构的抗震设计和结构施工的组织设计，并具有识读和绘制一般抗震结构施工图的能力。能运用本专业基本知识分析和处理建筑结构工程中的一些抗震与隔震问题。

3. 学习目标

(1)知识目标

①了解地震的成因与预报检测手段，了解主动控制与被动控制和结构概念设计的概念。

②掌握震级与地震烈度、地震设防烈度、场地类别的划分与特征周期、地震影响系数曲线、地震动特征三要素、我国最新抗震规范的有关强制性条文。

③掌握底部剪力法、振型分解反应谱法、各类结构构件的抗震构造要求。

④掌握各类工程结构的常见简化地震反应力学模型。

⑤理解我国现行抗震规范的修订背景及发展前景。

(2)技能目标

①能够进行多层砌体结构的抗震计算。

②能够进行底部框架－抗震墙砌体结构的抗震计算。

③能够进行框架结构、抗震墙结构、框架－抗震墙砌体结构、钢结构的抗震计算。

④具有阅读和使用工程地质勘察资料，进行一般结构构件的抗震设计的能力以及绘制结构施工图的能力。

⑤具有运用本专业基本知识分析和处理结构抗震工程中一般技术问题的能力。

(3)素质目标

培养学生树立科学的世界观、人生观、价值观和良好的职业道德，用严谨的态度、踏实的作风对待所从事的工作。

模块 1

建筑结构抗震基本概念

【模块概述】

本模块介绍建筑结构抗震的基本概念：地震成因、震级和烈度、地震设防烈度、工程抗震设防目标、抗震设计方法、建筑物重要性分类与设防标准、抗震设计的总体要求、结构的延性、抗震多道防线、场地类别及特点、地基抗震验算。

本模块为纯理论性概念，为以后各工程项目模块的展开打下基础，在建筑结构设计总说明中常出现这些与抗震有关的术语，通过本模块的学习可以培养学生的基本的职业技术思维能力。

【知识目标】

1. 掌握地震成因、震级和烈度、地震设防烈度、场地类别的判断及特点的基本概念；

2. 了解地震的破坏作用，明确抗震设防目标以及抗震设计的基本要求；

3. 了解工程抗震设防目标、抗震设计方法、建筑物重要性分类与设防标准、抗震设计的总体要求、结构的延性、抗震多道防线。

【技能目标】

1. 通过本模块的学习与训练，使学生初步具有对多、高层钢筋混凝土结构、钢结构和砌体结构构件的设计与施工技术参数的处理能力；

2. 能够按照抗震构造要求识读图纸与抗震有关的信息和处理施工技术问题的能力。

【工程导入】

工程案例1是×××学院的一栋学生公寓(共六层，钢筋混凝土框架结构)，本建筑结构工程设计中的基础、框架柱、框架梁、连梁结构构件的内力及变形效应计算需考虑结构自重、活荷载、风荷载、地震作用的组合参与；本建筑只考虑了水平地震作用，而水平地震作用及水平风荷载对楼板、ATC型楼梯的平台板及非框架梁结构构件的内力、变形的影响较小，所以楼板、平台板及非框架梁结构构件的内力、变形效应的计算只需考虑结构自重、活荷载的参与，运用本模块的内容并结合本工程范例中的地质勘察报告求出15 m深度范围内的地基液化指数和液化等级。

1.1 地震与地震动

地幔物质对流引起板块运动。在地球内部，地幔温度非常高，大约有1 400 ℃，高温导致地幔中的物质熔化成岩浆一样的炽热流体，由地核内约3 000 ℃的高温驱动它上升，在接近地表慢慢冷却后再度下沉形成非常缓慢的热对流。我们把地幔物质的这种有规律的热对流称为地幔对流。

地幔对流驱使地球表面地壳板块发生运动，发生运动速度非常缓慢，相当于人的指甲生长的速度，每年约几厘米。

地震是因为板块之间或板块内部的某个部位，十年、百年或几千年板块运动的应力积累到一定程度后突然断裂引起的(图1.1)。

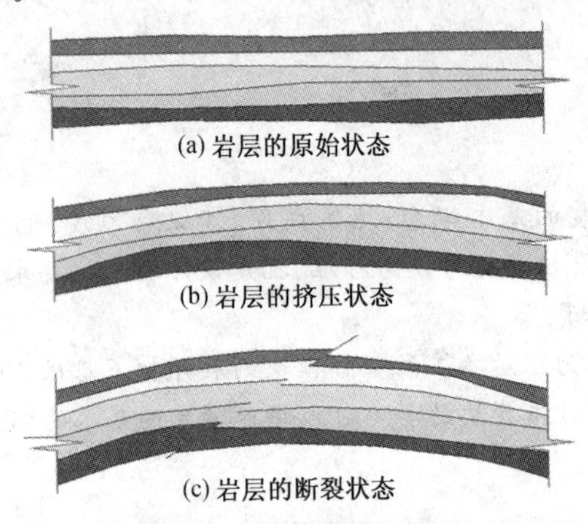

(a) 岩层的原始状态

(b) 岩层的挤压状态

(c) 岩层的断裂状态

图1.1 构造地震成因示意图

地球上每天都在发生地震，1年约500万次，其中，人们能感觉到的约5万次，能造成破坏性的约有1 000次，7级以上的地震大约每年发生18次，8级以上的发生1～2次。我国是世界上地震活动最强烈及地震灾害最严重的国家之一，20世纪全球大陆35%的7级以上的地震发生在我国。

地震包括天然地震和人工诱发地震两种，天然地震包括：板间地震(板块相互滑移或错动)，板内地震(板块突然断裂的构造地震)，火山地震和崩塌地震等。人工诱发地震包括：核爆炸引起的地震，大型水库蓄水对地表的压力引起的地震，油井高压注水对地下的压力引起的地震等。

1.2 地震震级和地震烈度

1.2.1 地震震级和地震烈度概述

地震一般都发生在地球表面以下几千米至60千米左右的深处，地震对地球表面的破坏其实是地震波造成的破坏。

地震波在地球内部的传播原理与水受到振动后产生的水波向四周的传播原理是一样的。地震波主要分为纵波和横波(图1.2)。纵波是一种纵向振动的，以伸缩的形式向四周传播的波，很像多米诺骨牌倒塌相互挤压时的状况。纵波传播的速度最快，我们感觉到的振动是上下颠簸。横波是一种横向振动的波。像水波一样向四周传播的波，横波的速度较纵波慢一些，我们感觉到的振动是左右摇晃。

所以，地震时人们首先感受到上下颠簸的纵波，随后才感到摇摇晃晃的横波，横波的能量非常大，对地面建筑造成破坏的主要是横波。

科学家利用地震波在地球内部传播和穿越地球的特点来探测地球内部的奥秘。用地震波的方法可以勘探地下石油、矿藏和地下水，地球的地壳、地幔、地核的分层和厚度等知识，都是通过对地震波

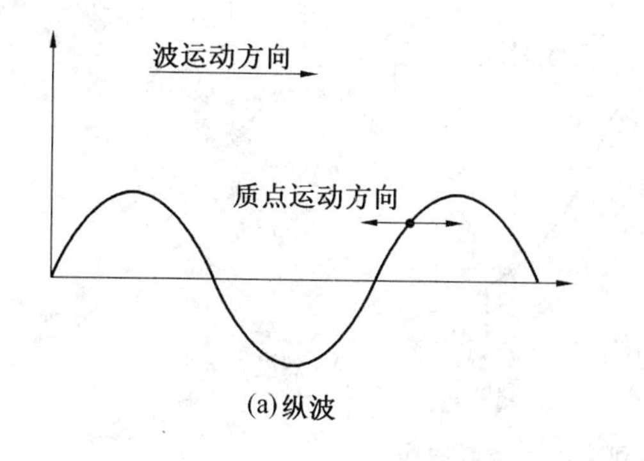

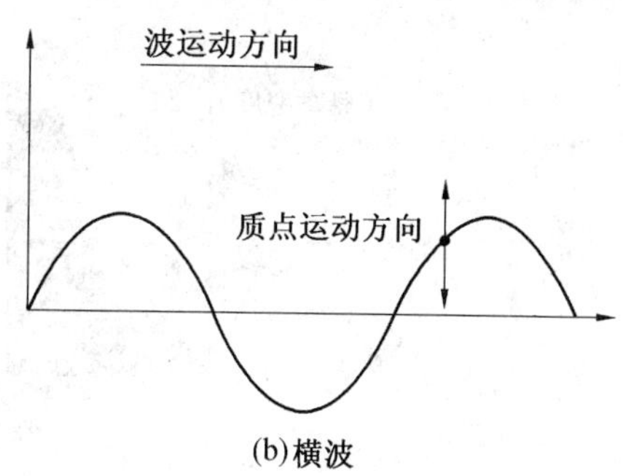

图 1.2 纵波和横波示意图

的研究获得的，这是人类用来探测地球奥秘的唯一途径，因此，也可以说地震波是照亮地球深处奥秘的一盏灯。

地震有大有小，震级是指地震本身释放能量的大小。这同天气预报中用几级风来说明风力的大小是一个道理。

地震震级是衡量一次地震强弱程度(即所释放能量的大小)的指标。目前，国际上比较通用的是里氏震级，其原始定义为 1935 年由里克特(Richter)给出，在距离震中 100 km 安放一台地震仪，某点的地震震级 M 为：$M=\log A$；这里 A 为某点地震时地震仪所测到的地面最大水平位移，以微米为单位。

某次地震的震级是根据距震中 100 km 处的地震仪所测定的数据确定的。

地震释放的能量：$E=10^{1.5M+11.8}$，震级与震源释放能量的大小有关，震级每差一级，释放的能量相差 31.6 倍，6 级地震的能量相当于 2 万吨 TNT 炸药所释放的能量。

人对地震的感觉(以处在震中位置，震源深度为 20 km 为例)：1～2 级地震，人们一般感觉不出来；3～4 级地震，人们可以感觉到，但破坏性不大；5～6 级地震，属于破坏性地震；7～8 级地震，属于破坏性极大的地震；9.3 级地震是目前记录到的最大震级。

地震烈度是一次地震后，根据不同地区造成的不同破坏程度的鉴定标准。用某次地震历时最大的地面运动加速度($g_{al}=1\ \mathrm{cm/s^2}$，目前能检测到三个平动分量，三个扭转分量有待进一步检测)来表示，我国制定的地震烈度分十二度，用罗马数字表示。一次地震只有一个震级，但会在不同地区产生不同破坏程度的地震烈度。

2008 年 5 月 12 日，我国汶川大地震破坏最严重的地区映秀镇及北川县，烈度已达到了 11 度。

地震发生的地方是震源；震源的正上方是震中；震源和震中的距离是震源深度；从震中到地面某一点的距离为震中距。对于某次地震来说，震中距越小，破坏力就越大；震中距越大，破坏力就越小；同样的道理，震源越浅，破坏力就越大，震源越深，破坏力就越小。

1.2.2 基本烈度与设防烈度

抗震基本烈度是某地区 50 年内，在该地区一般场地条件下，超越概率为 10%所对应的地震烈度；基本烈度是该地区抗震设计的基本标准。

建筑抗震设计规范取超越概率为 10%的地震烈度为该地区的基本烈度；超越概率为 63.2%的地震烈度为该地区的小震烈度(又称多遇烈度，即概率密度曲线上最大值处)；取超越概率为 2%的地震烈度为该地区的大震烈度(又称罕遇烈度)(图 1.3)。

抗震设防烈度为建筑物抗震设防时采用的烈度。《建筑抗震设计规范》附录 A 里规定了我国主要城镇的抗震设防烈度。

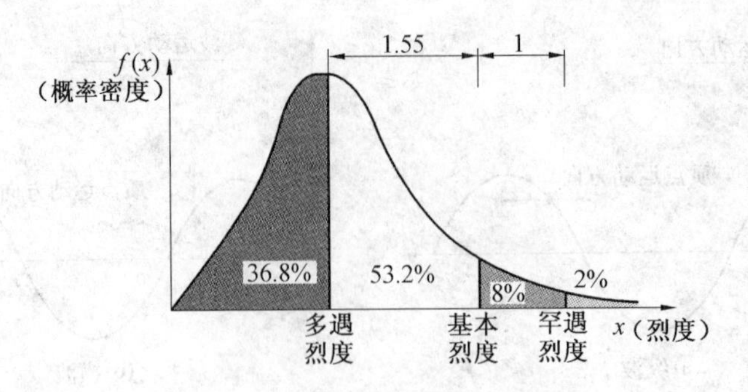

图 1.3　地震烈度概率密度曲线

1.2.3 地震观测知识

从人类对地震进行文字描述和记载到发明、制造仪器来观测地震，是人类科学技术取得的重大突破。这一伟大功绩首先要归功于我国古代科学家张衡。张衡在 1 800 多年前发明制造了世界上第一台观测地震的仪器，它比西方学者 1703 年研制出来的同类仪器要早 1 500 多年。

1. 张衡地动仪的原理

地震发生时引起地面震动，这种震动以地震波的形式传播，当某一个方向的地震波转过来时，地面的运动引起地动仪的震动，地动仪中的立柱就会倒向这个方向，触动这个方向龙口张开，将含珠吐入蟾蜍口中，表示那个方向发生了地震(图 1.4)。

图 1.4　张衡地动仪

现代地震仪已经发展到可以高精度、高灵敏度地观测来自地下的各种地震信息。科学家建立了数十种地震观测方法，对发生在全球的地震进行全方位的监测。

2. 现代地震仪的工作原理

拾震器将一个能够摆动的摆锤前端安上磁性线圈，并套在磁钢上，当地面发生震动时，摆锤的摆动使磁性线圈与磁钢产生相对运动而产生电磁感应信号；放大器将电磁感应信号放大以后送到记录仪，记录仪记录拾震器输出经过放大以后的电磁感应信号，从而记录地震动信息。

拾震器一般按东西、北南、上下三个方向摆放，在分别连接放大器和记录仪以后，记录仪就可以记录到不同方向的震动信号。地震科研人员根据地震记录图中的各种地震动信号，经过科学计算后，就可以知道在什么时间、什么地点、发生了多大的地震。全球设有专业地震台站超过 5 000 个，其中，我国设有专业地震台站约 1 000 个，这些地震台站有的有人值守，有的是无人值守的自动遥测式地震台站。

3. 主要地震观测方法

目前世界上主要的地震观测方法有：地震记录仪(观测地震的发生和活动情况)、GPS 卫星定位系统(观测与地震有关的地质构造活动)、SLR 卫星激光测距系统(观测与地震有关的地球表面两点之间的距离变化)、重力测量(观测与地震有关的岩石介质密度变化)、地磁测量(观测与地震有关的地磁场变化、大地电流变化)、地下水测量(观测与地震有关的地下水位变化和地下水各种化学成分的变化)、观察动物异常(观测动物与地震有关的异常行为)等。

1.3 地震灾害

1.3.1 地震预测知识

地震预测是根据对地震规律的认识，应用地震前观测到的前兆异常现象预测未来地震的时间、地点和强度(震级)。

地震是地壳构造运动的结果，因此，地震的发生必然与地质构造密切相关；同时地震活动在其时间和空间分布等方面有一定的特征，地震的孕育过程又产生地球物理、地壳变形、地球变化、地震电磁等方面的前兆异常现象，所以，目前地震预测方法大致可以分为三类：地震地质、地震统计、地震前兆。

①地震地质方法的着眼点是利用地震发生的地质条件和构造变形特征，是较大的空间尺度和较长的时间尺度的地震形势预测和危险性评估。

②地震统计方法所给出的是地震发生的定性分析和概率性状态。

③地震前兆方法是根据地震前观察到的异常现象来预测未来地震的时间、地点与强度的方法。地震学家普遍认为，若要明确而直接地预测地震，还必须靠地震前兆。所以，寻找地震前兆是地震预测的主要途径。为了取得可靠的地震前兆，必须开展长期、广泛的观测和研究。

目前，已被观测到的前兆现象有：地震活动、地壳变形、地下水动态、地下水化学组分、地电、地磁、重力、地下油气动态、地光、地声、电磁波、动物行为及气象异常等。各类地震前兆异常是通过大量广泛的地震现场观测获取的。自 1966 年邢台地震时我国开展地震预测研究以来，在全国各地震区广泛建立了包括地震学观测、地壳变形测量、地电、地磁、重力等地球物理观测、地下流体观测等多学科的地震检测台网。40 多年来，台网检测范围内已积累了 200 多次 5 级以上地震资料，取得了上千条地震前兆异常记录，初步建立了一些经验性的地震预测方法、数据及指数。我国现有的地震预报就是在这些震例经验的基础上，根据当前各个学科观测到的前兆异常情况对未来地震发生及发展状况进行分析及推断。

实现地震预测既是人类迫切的愿望又是世界性的难题，尽管地球物理科学家们为地震预测做了长期艰苦的努力，但目前仍处于探索之中。

地震预测问题提出的目的在于避免或减轻地震灾害。为此，它应当具有高度的可靠性，预测不准会引起居民不必要的恐慌，同样会给社会和经济带来巨大损失。但可靠的预测是非常困难的，因为人类至今对地震的成因和规律还认识得不够。地震学家不能直接观察地球内部，以致对地震的孕育和影响这一过程的种种因素缺乏观测数据。因此，尽管地震预测问题提出很久，但进展缓慢，在最好的情况下也只能做出粗略的估计。记录表明：目前，还没有发现用某一种地震研究方法或仅凭某一种地震前兆现象就可以准确预测地震要发生的时间、地点和震级。

地震预测发展的前景：强烈的社会需求是地震预测发展的强大动力，高新科学技术的应用为地震预测开拓了新的前景。地震预测是一门观测性科学，地震预测的困难之一是受到观测技术的严重制约。20 世纪 90 年代以来，随着高新技术在地球科学中的应用，特别是潜地观测技术、空间对地观测和数字地震观测技术的发展，以及近年来不少国家发射地震卫星，为地震观测开拓了新的领域，从这一意义上看，地震观测新技术的发展和进步为地震预测带来了历史性的机遇。

1.3.2 重大的地震灾害

随着全球经济和人口城市化的快速发展，地震灾害的破坏程度也显现快速增长的趋势。其中最突出的是：1976 年的中国唐山 7.8 级大地震，震中在唐山市中心，整个城市夷为平地，死亡约 22 万人；

2004 年印尼苏门答腊 9.3 级地震引发的海啸，造成约 30 万人死亡；2005 年巴基斯坦地震死亡约 9 万人；以及 2008 年中国的汶川 8.0 级大地震死亡约 7 万人。

1.4 建筑结构抗震设防

1.4.1 建筑抗震设防目标及抗震设计的基本内容

1. 建筑抗震设防目标

我国《建筑抗震设计规范》(GB 50011—2010)明确给出了“三水准”的设防目标。

(1)第一水准

当建筑物遭受低于本地区设防烈度的多遇地震时，一般无损坏不需维修，即“小震不坏”。

(2)第二水准

当建筑物遭受相当于本地区设防烈度的地震时，一般有损坏但维修后仍可以继续使用，即“中震可修”。

(3)第三水准

当建筑物遭受高于本地区设防烈度的罕遇地震时，不致倒塌，即“大震不倒”。

2. 建筑抗震设计的基本内容

建筑抗震设计包括三个层次的内容：概念设计(在总体上定性地把握建筑抗震设计的基本原则，例如选择合适的场地，把握合适的建筑体型，利用结构的延性，设置多道防线等)、抗震计算(使用底部剪力法、振型分解反应谱法、时程分析等算法对建筑进行定量的抗震计算或验算以保证结构的抗震能力)、抗震构造措施(采用不同等级的抗震构造手段加强或弥补结构的抗震薄弱环节及不足)。

1.4.2 建筑抗震设防分类及标准

我国的《建筑抗震设计规范》按建筑抗震的重要性将其分为四类。

(1)特殊设防类建筑

特殊设防类建筑又称甲类建筑，是指使用上有特殊设施，涉及国家公共安全的重大建筑工程和地震时可能发生严重的次生灾害等重大灾难后果的建筑，本类建筑享受的抗震待遇是双高，即享受的抗震构造及结构计算待遇都高于本建筑所在地的抗震设防烈度所对应的标准。

(2)重点设防类建筑

重点设防类建筑又称乙类建筑，指地震时功能不能中断的生命线工程建筑，如医院、电信大楼，本类建筑享受的抗震待遇是一高一平，即享受的抗震构造待遇高于本建筑所在地的抗震设防烈度所对应的标准，但享受的抗震计算待遇与本建筑所在地的抗震设防烈度所对应的标准持平。

(3)标准设防类建筑

标准设防类建筑又称丙类建筑，指一般的工业及民用建筑，本类建筑享受的抗震待遇是双平，即享受的抗震构造及结构计算待遇都持平于本建筑所在地的抗震设防烈度所对应的标准。

(4)适度设防类建筑

适度设防类建筑又称丁类建筑，指使用上人员稀少及地震损坏后不致产生次生灾害的建筑，本类建筑享受的抗震待遇是一低一平，即享受的抗震构造待遇可低于本建筑所在地的抗震设防烈度所对应的标准，六度设防时不再降低，但享受的抗震计算待遇与本建筑所在地的抗震设防烈度所对应的标准持平。

1.5 抗震设计的总体要求

建筑抗震设计包括三个方面的内容：概念设计、抗震计算与构造措施。概念设计是在总体上把握抗震设计的基本原则；抗震计算为建筑抗震设计提供量化手段；构造措施可以在保证结构整体性、加强局部薄弱环节等意义上保证抗震计算结果的有效性。

建筑抗震设计中上述三个层次的内容是一个不可割裂的整体，忽略任何一部分，都可能造成抗震设计的失败。关于抗震计算与抗震构造措施本书将在后续各模块中逐步展开，这里先探讨抗震概念设计方面的内容。建筑抗震设计在总体上要把握的基本原则是：注意场地的选择、把握建筑体型、利用结构延性、设置多道防线、重视非结构因素。

1.5.1 注意场地选择

建筑场地的地质条件与地形地貌对建筑物震害的影响显著，这已被大量的震害实例所证实。从建筑抗震概念设计的角度考察，首先应注意建筑场地的选择，简单地说，地震区的建筑宜选择有利地段、避开不利地段、不在危险地段建设。各类地段划分原则见表 1.1。

表 1.1 有利、一般、不利和危险地段的划分

地段类别	地质、地形、地貌
有利地段	稳定基岩，坚硬土，开阔、平坦、密实、均匀的中硬土等
一般地段	不属于有利、不利和危险的地段
不利地段	软弱土，液化土，条状突出的山嘴，高耸孤立的山丘，陡坡，陡坎，河岸和边坡的边缘，平面分布上成因、岩性、状态明显不均匀的土层(含故河道、疏松的断层破碎带、暗埋的塘浜沟谷和半填半挖地基)，高含水量的可塑黄土，地表存在结构性裂缝等
危险地段	地震时可能发生滑坡、崩塌、地陷、地裂、泥石流等及发震断裂带上可能发生地表错位的部位

当确实需要在不利地段或危险地段建筑工程时，应遵循建筑抗震设计的有关要求进行详细的场地评价并采取必要的抗震措施。

1.5.2 把握建筑体型

建筑的体型对建筑结构地震反应的影响很大，合理的体型可以最大限度地减少结构的地震反应，而不合理的体型可以加重结构的地震反应，从而可以使结构破坏程度加大。当结构的各层侧向刚度中心和质心不重合时，即便是当仅有单向水平地震动发生时也会引发结构其他各向的震动(包括扭转和倾覆)，同样当结构的各层竖向刚度中心和质心不重合时，即便是当仅有单向纵向震动发生时也会引发结构其他包括扭转和倾覆各向的振动，所以在建筑的立面和平面设计时，尽量使结构的刚度中心和质量中心重合，这样可以避免结构的耦合反应。

所以建筑物平、立面布置的基本原则是：对称、规则、质量与刚度变化均匀。

表 1.2 和表 1.3 分别列举了混凝土房屋、钢结构房屋和钢—混凝土混合结构房屋平面不规则和竖向不规则的建筑类型。对于因建筑或工艺要求形成的体型复杂的结构物，可以设置结构缝，将结构物分成规则的结构单元，但对高层建筑要注意使设缝后形成的结构单元的自振周期远离场地土的卓越周期。对于不宜设置结构缝的复杂体型的建筑，则应进行精细的结构时程计算。

表 1.2 平面不规则的主要类型

不规则类型	定义和参考指标
扭转不规则	在规定的水平力作用下，楼层的最大弹性水平位移(或层间位移)大于该楼层两端弹性水平位移(或层间位移)平均值的 1.2 倍
凹凸不规则	平面凹进的尺寸，大于相应投影方向总尺寸的 30%
楼板局部不连续	楼板的尺寸和平面刚度急剧变化，例如，有效楼板宽度小于该层楼板典型宽度的 50%，或开洞面积大于该层楼面面积的 30%，或较大的楼层错层

表 1.3 竖向不规则的主要类型

不规则类型	定义和参考指标
侧向刚度不规则	该层的侧向刚度小于相邻上一层的70%，或小于其上相邻三个楼层侧向刚度平均值的80%；除顶层或出屋面小建筑外，局部收进的水平向尺寸大于相邻下一层的25%
竖向抗侧力构件不连续	竖向抗侧力构件(柱、抗震墙、抗震支撑)的内力由水平转换构件(梁、桁架等)向下传递
楼层承载力突变	抗侧力结构的层间受剪承载力小于相邻上一楼层的80%

1.5.3 利用结构的延性

地震发生时，建筑物要接受地震输入的能量，或以变形能的形式储存在体内，或以动能和热能的形式释放出来，事实证明仅利用结构的弹性变形能抵抗强烈地震是不明智的，正确的做法是同时利用结构弹、塑性阶段的性能通过一定限度内的塑性变形来消耗地震时输入结构的能量。结构材料的$P-\Delta$滞回曲线所围合的面积就是结构材料所消耗的地震能量，$P-\Delta$滞回曲线所围合的面积越丰满其消耗的地震能量越大，这正是延性材料比脆性材料所具有的优点，在设计中，可以通过各种各样的构造措施和耗能手段来增强结构构件的延性。

【知识拓展】

对于钢筋混凝土结构，有强制条文规定：一、二、三级抗震等级的框架和斜撑构件，纵向普通受力钢筋的抗拉强度的实测值与屈服强度的实测值的比值不应小于1.25，钢筋最大拉力下的总伸长率实测值不应小于9%，就是为了充分利用普通钢筋在塑性阶段工作的耗能能力；还有我国抗震规范里的强剪弱弯、强柱弱梁、强节点弱构件的设计策略也是使梁在地震时形成塑性铰耗能；对于砌体结构，可以采用墙体配筋、构造柱和圈梁等措施增加结构的延性。

1.5.4 设置多道防线和注意非结构因素的影响

在地震发生时，为了给生命留下必要的逃生时间和空间，要求结构具有足够的多余约束，随着结构构件的逐步破坏，结构的超静定次数逐步减少，直至整个结构变成机构，整个体系倒塌，所以在建筑抗震设计中，有意识地使结构具有多道抗震防线，并且使最后一道防线具有一定的强度和足够的变形能力，是抗震设计的一个重要内容。我国抗震规范里的强剪力墙弱连梁、强剪弱弯、强柱弱梁、强节点弱构件的设计理念，其目的也是让结构构件的破坏有个先后次序，为人员的安全疏散提供可能性。

【知识拓展】

对于钢筋混凝土结构，有强制条文规定：一、二、三级抗震等级的框架和斜撑构件，纵向普通受力钢筋的屈服强度的实测值与屈服强度的标准值的比值不应大于1.3，其目的就是保证多道防线的破坏次序。

非结构构件的存在，会影响主体结构的动力特性，例如结构的阻尼、自振频率等。同时一些非结构构件(如幕墙、吊顶、室内设备、填充墙、隔墙等)在地震中往往会先期破坏，因此在结构抗震概念设计中，应注意非结构构件与结构构件的连接和锚固，并在抗震计算时合理建立相应的结构计算动力学模型，以充分估计其对主体结构的影响程度。

1.6 场地与地基

大量的震害统计资料表明：建筑物的地震破坏程度与场地条件有很大的关联，场地是指建筑物所在地，其范围大体相当于厂区、居民点和自然村的范围。建筑物的震害除与地震类型、结构类型等因素有关外，还与其下卧层的构成、覆盖层厚度密切相关。一般来说，低层建筑建在坚硬的土壤上震害严重，高层建筑建在松软的土壤上震害严重。

从原理上分析，在岩层中传播的地震波，本来就具有多种频率成分，其中，在振幅谱中振幅最大的频率分量所对应的周期，称为地震动的卓越周期。在地震波通过覆盖土层传向地面的过程中，与土层固有频率相一致的频率波群将被放大，而另一些频率波群将被衰减甚至被完全过滤掉，这样一来，地震波通过土层后，由于土层的过滤性与选择放大作用，地表地震动的卓越周期在很大程度上取决于场地的固有周期，当建筑物的固有周期与地震动的卓越周期接近时，建筑物的振动会加大，于是震害就会加重。

建筑场地的类别划分，应以土层等效剪切波速和场地覆盖层厚度为准。

1. 场地的覆盖层厚度

建筑场地覆盖层厚度的确定，应符合下列要求：

① 一般情况下，应按地面至剪切波速大于 500 m/s 且其下卧各层岩土的剪切波速均不小于 500 m/s的土层顶面的距离确定。

② 当地面 5 m 以下存在剪切波速大于其上部各土层剪切波速 2.5 倍的土层，且该层及其下卧各层岩土的剪切波速均不小于 400 m/s 时，可按地面至该土层顶面的距离确定。

③ 剪切波速大于 500 m/s 的孤石、透镜体，应视同周围土层。

④ 土层中的火山岩硬夹层，应视为刚体，其厚度应从覆盖土层中扣除。

2. 覆盖层的等效剪切波速

土层的等效剪切波速，应按下列公式计算：

$$v_{se}=D_c/t \tag{1.1}$$

$$t=\sum_{i=1}^{n}(d_i/v_{si}) \tag{1.2}$$

式中 v_{se}——土层等效剪切波速，m/s；

D_c——计算深度(m)，取覆盖层厚度和 20 m 两者的较小值；

t——剪切波在地面至计算深度之间的传播时间；

d_i——计算深度范围内第 i 土层的厚度，m；

v_{si}——计算深度范围内第 i 土层的剪切波速，m/s；

n——计算深度范围内土层的分层数。

3. 场地类别

建筑的场地类别应根据土层等效剪切波速和场地覆盖层厚度按表 1.4 划分为四类，其中Ⅰ类分为$Ⅰ_0$、$Ⅰ_1$两个亚类。当有可靠的剪切波速和覆盖层厚度且其值处于表 1.4 所列场地类别的分界线附近时，应允许按插值方法确定地震作用计算所用的特征周期。

表 1.4 各类建筑场地的覆盖层厚度 m

岩石的剪切波速或土的等效剪切波速/(m·s^{-1})	场地类别				
	$Ⅰ_0$	$Ⅰ_1$	Ⅱ	Ⅲ	Ⅳ
$v_s>800$	0				
$800\geqslant v_s>500$		0			
$500\geqslant v_s>250$		<5	≥5		
$250\geqslant v_s>150$		<3	3～50	>50	
$v_s\leqslant 150$		<3	3～15	15～50	>80

注：表中 v_s是岩石的剪切波速

土层剪切波速的测量应符合下列要求：

①在场地初步勘察阶段，对大面积的同一地质单元，测试土层剪切波速的钻孔数量不宜少于

三个。

②在场地详细勘察阶段，对单幢建筑，测试土层剪切波速的钻孔数量不宜少于两个，测试数据变化较大时，可适量增加；对小区中处于同一地质单元内的密集建筑群，测试土层剪切波速的钻孔数量可适量减少，但每幢高层建筑和大跨空间结构的钻孔数量均不得少于一个。

③对丁类建筑及丙类建筑中层数不超过 10 层、高度不超过 24 m 的多层建筑，当无实测剪切波速时，可根据岩土名称和性状，按表 1.5 划分土的类型，再利用当地经验在表 1.5 的剪切波速范围内估算各土层的剪切波速。

表 1.5　土的类型划分和剪切波速范围

土的类型	岩土名称和性状	土层剪切波速范围/$(m\cdot s^{-1})$
岩石	坚硬、较硬且完整的岩石	$v_s>800$
坚硬土或软质岩石	破碎和较破碎的岩石或软和较软的岩石，密实的碎石土	$800\geqslant v_s>500$
中硬土	中密、稍密的碎石土，密实、中密的砾、粗、中砂，$f_{ak}>150$ 的黏性土和粉土，坚硬黄土	$500\geqslant v_s>250$
中软土	稍密的砾、粗、中砂，除松散外的细、粉砂，$f_{ak}\leqslant150$ 的黏性土和粉土，$f_{ak}>130$ 的填土，可塑新黄土	$250\geqslant v_s>150$
软弱土	淤泥和淤泥质土，松散的砂，新近沉积的黏性土和粉土，$f_{ak}\leqslant130$ 的填土，流塑黄土	$v_s\leqslant150$

注：f_{ak}为由载荷试验等方法得到的地基承载力特征值，kPa；v_s为岩土剪切波速

4. 场地的卓越周期

场地的卓越周期或固有周期是场地的地震动参数之一，它的数值随场地土类型、地质构造、震级、震源深度、震中距大小等多种因素而变化。场地的卓越周期可根据剪切波速重复反射理论按下式计算：

$$T=\frac{4d_0}{v_{se}} \tag{1.3}$$

式中各符号的含义同式(1.2)。

卓越周期越长，土壤就越软；卓越周期越短，土壤就越硬。

震害表明，当建筑物的自振周期与场地的卓越周期相等或接近时，建筑物就与场地发生共振，那么建筑物的震害就严重，因此抗震设计中应使两者的周期错开，避免共振的发生。

1.7 地基抗震验算

1.7.1 地基抗震设计原则

地基是指建筑物基础下面受力层范围内的土层。对历史震害资料的统计分析表明，一般地基在地震时很少发生问题。造成上部建筑物破坏的主要是松软土地基和不均匀地基。因此，设计地震区的建筑物，应根据土质的不同情况采用不同的处理方案。

1. 松软土地基

在地震区，对饱和的淤泥和淤泥质土、冲填土、杂填土、不均匀地基土，不能不加处理地直接用作建筑物的天然地基。工程实践已经证明，尽管这些地基土在静力条件下具有一定的承载能力，但在地震时，由于地面运动的影响，会全部或部分丧失承载能力，或者产生不均匀沉陷和过量沉陷，造成建筑物的破坏或影响其正常工作。松软土地基的失效不能用加宽基础、加强上部结构等措施克服，而应采用地基处理措施(如置换、加密、强夯等)消除土的不稳定性，或者采用桩基等深基础避开可能失效的地基对上部建筑的不利影响。

2. 一般土地基

房屋震害统计资料表明，建造于一般土质天然地基上的房屋，遭到地震时极少有因地基强度不足或较大沉陷导致上部结构的破坏，因此，我国《建筑抗震设计规范》规定，下述建筑可不进行天然地基及基础的抗震承载力计算：

①《建筑抗震设计规范》规定可不进行上部结构抗震验算的建筑。

②地基主要受力层范围内不存在软弱黏性土层的下列建筑：

a. 一般的单层厂房和单层空旷房屋；

b. 砌体房屋；

c. 不超过八层且高度在 24 m 以下的一般民用框架和框架一抗震墙房屋；

d. 基础荷载与 c 项相当的多层框架厂房和多层混凝土抗震墙房屋。

注： 软弱黏性土层指 7 度、8 度和 9 度时，地基承载力特征值分别小于 80 kPa、100 kPa 和 120 kPa 的土层。

1.7.2 地基土抗震承载力

天然地基基础抗震验算时，应采用地震作用效应标准组合，且地基抗震承载力应取地基承载力特征值乘以地基抗震承载力调整系数计算。

地基抗震承载力应按下式计算：

$$F_{aE}=\xi_a f_a \tag{1.4}$$

式中 F_{aE}——调整后的地基抗震承载力；

ξ_a——地基抗震承载力调整系数，应按表 1.6 采用；

f_a——深宽修正后的地基承载力特征值，应按现行国家标准《建筑地基基础设计规范》(GB 50007—2011)采用。

表 1.6 地基抗震承载力调整系数

岩土名称和性状	ξ_a
岩石，密实的碎石土，密实的砾、粗、中砂，$f_{ak}\geqslant 300$ 的黏性土和粉土	1.5
中密、稍密的碎石土，中密和稍密的砾、粗、中砂，密实和中密的细、粉砂，150 kPa$\leqslant f_{ak}<$300 kPa 的黏性土和粉土，坚硬黄土	1.3
稍密的细、粉砂，100 kPa$\leqslant f_{ak}<$150 kPa 的黏性土和粉土，可塑黄土	1.1
淤泥，淤泥质土，松散的砂，杂填土，新近堆积黄土及流塑黄土	1.0

验算天然地基地震作用下的竖向承载力时，按地震作用效应标准组合的基础底面平均压力和边缘最大压力应符合下列各式要求：

$$P\leqslant f_{aE} \tag{1.5}$$

$$P_{max}\leqslant 1.2 f_{aE} \tag{1.6}$$

式中 P——地震作用效应标准组合的基础底面平均压力；

P_{max}——地震作用效应标准组合的基础边缘的最大压力。

高宽比大于 4 的高层建筑，在地震作用下基础底面不宜出现脱离区(零应力区)；其他建筑，基础底面与地基土之间脱离区(零应力区)面积不应超过基础底面面积的 15%。

1.7.3 地基土液化及其防治

1. 地基土液化及其危害

由饱和松散的砂土或粉土颗粒组成的土层，在地震振动下，粉粒间的蜂窝结构解体，从而释放出来其中的孔隙水分，水分连成一体并将土颗粒全部或部分悬浮在其中，形成了“液体”的现象，称为地基土的液化。液化后的土壤抗剪强度趋近于零，从而丧失了承载能力。在强烈的地震作用下，土壤会出现喷水、冒砂现象。

根据液化的喷出物和地基土层资料的分析，一般认为，当饱和松散的粉细砂埋深不大时最容易发生液化。通过对1976年唐山大地震的震害调查，发现粉土也可以发生液化，在唐山大地震时，距震中东南沿海地区曾发生过砂土液化现象，其中典型的现象是喷水、冒砂高度达到2～3 m，喷出的水砂流可冲走家具等物品，淹没了农田和沟渠，房屋出现不均匀沉降，个别地区的地下结构上浮露底。

2.液化的判别及评价

饱和砂土和饱和粉土(不含黄土)的液化判别和地基处理：6度时，一般情况下可不进行判别和处理，但对液化沉陷敏感的乙类建筑可按7度的要求进行判别和处理；7～9度时，乙类建筑可按本地区抗震设防烈度的要求进行判别和处理。地面下存在饱和砂土和饱和粉土(不含黄土、粉质黏土)时，除6度外，应进行液化判别；存在液化土层的地基，应根据建筑的抗震设防类别、地基的液化等级，结合具体情况采取相应的措施。

饱和的砂土或粉土(不含黄土)，当符合下列条件之一时，可初步判别为不液化或可不考虑液化影响：

①地质年代为第四纪晚更新世(Q3)及其以前时，7、8度时可判为不液化。

②粉土的黏粒(粒径小于0.005 mm的颗粒)含量百分率，7度、8度和9度分别不小于10、13和16时，可判为不液化土。

注：用于液化判别的黏粒含量是采用六偏磷酸钠作为分散剂测定的，采用其他方法时应按有关规定换算。

③浅埋天然地基的建筑，当上覆非液化土层厚度和地下水位深度符合下列条件之一时，可不考虑液化影响：

$$d_u > d_o + d_b - 2 \tag{1.7}$$

$$d_w > d_o + d_b - 3 \tag{1.8}$$

$$d_u + d_w > 1.5d_o + 2d_b - 4.5 \tag{1.9}$$

式中 d_w——地下水位深度(m)，宜按设计基准期内年平均最高水位采用，也可按近期内年最高水位采用；

d_u——上覆盖非液化土层厚度(m)，计算时宜将淤泥和淤泥质土层扣除；

d_b——基础埋置深度(m)，不超过2 m时应采用2 m；

d_o——液化土特征深度(m)，可按表1.7采用。

表1.7 液化土特征深度 m

饱和土类别	7度	8度	9度
粉土	6	7	8
砂土	7	8	9

注：当区域的地下水位处于变动状态时，应按不利的情况考虑

当饱和砂土、粉土的初步判别认为需进一步进行液化判别时，应采用标准贯入试验判别法判别地面下20 m范围内土的液化；但对《抗震规范》(GB 50011—2010)第4.2.1条规定可不进行天然地基及基础的抗震承载力验算的各类建筑，可只判别地面下15 m范围内土的液化。当饱和土标准贯入锤击数(未经杆长修正)小于或等于液化判别标准贯入锤击数临界值时，应判为液化土。当有成熟经验时，尚可采用其他判别方法。

在地面下20 m深度范围内，液化判别标准贯入锤击数临界值可按下式计算：

$$N_{cr} = N_0\beta[\ln(0.6d_s + 1.5) - 0.1d_w]\sqrt{3/\rho_c} \tag{1.10}$$

式中 N_{cr}——液化判别标准贯入锤击数临界值；

N_0——液化判别标准贯入锤击数基准值，可按表 1.8 采用；

d_s——饱和土标准贯入点深度，m；

d_w——地下水位，m；

ρ_c——黏粒含量百分率，当小于 3 或为砂土时，应采用 3；

β——调整系数，设计地震第一组取 0.80，第二组取 0.95，第三组取 1.05。

表 1.8　液化判别标准贯入锤击数基准值

设计基本地震加速度(g)	0.10	0.15	0.20	0.30	0.40
液化判别标准贯入锤击数基准值	7	10	12	16	19

对存在液化砂土层、粉土层的地基，应探明各液化土层的深度和厚度，按下式计算每个钻孔的液化指数，并按表 1.9 综合划分地基的液化等级：

$$I_{lE}=\sum_{i=1}^{n}[1-N_i/N_{cri}]d_iW_i \tag{1.11}$$

式中　I_{lE}——液化指数；

n——在判别深度范围内每一个钻孔标准贯入试验点的总数；

N_i、N_{cri}——分别为 i 点标准贯入锤击数的实测值和临界值，当实测值大于临界值时应取临界值；当只需要判别 15 m 范围以内的液化时，15 m 以下的实测值可按临界值采用；

d_i——i 点所代表的土层厚度(m)，可采用与该标准贯入试验点相邻的上、下两标准贯入试验点深度差的一半，但上界不高于地下水位深度，下界不深于液化深度；

W_i——i 土层单位土层厚度的层位影响权函数值(单位为 m^{-1})。当该层中点深度不大于 5 m 时应采用 10，等于 20 m 时应采用零值，5～20 m 时应按线性内插法取值。

表 1.9　液化等级与液化指数的对应关系

液化等级	轻微	中等	严重
液化指数 I_{lE}	$0<I_{lE}\leqslant 6$	$6<I_{lE}\leqslant 18$	$I_{lE}>18$

3. 液化地基的抗震措施

当液化砂土层、粉土层较平坦且均匀时，宜按表 1.10 选用地基抗液化措施；尚可计入上部结构重力荷载对液化危害的影响，根据液化震陷量的估计适当调整抗液化措施。

不宜将未经处理的液化土层作为天然地基持力层。

表 1.10　抗液化措施

建筑抗震设防类别	地基的液化等级		
	轻微	中等	严重
乙类	部分消除液化沉陷，或对基础和上部结构进行处理	全部消除液化沉陷，或部分消除液化沉陷且对基础和上部结构进行处理	全部消除液化沉陷
丙类	基础和上部结构处理，也可不采取措施	基础和上部结构处理，或更高要求的措施	全部消除液化沉陷，或部分消除液化沉陷且对基础和上部结构进行处理
丁类	可不采取措施	可不采取措施	基础和上部结构处理，或其他经济的措施

注：甲类建筑的地基抗液化措施应进行专门研究，但不宜低于乙类的相应要求

(1)全部消除地基液化沉陷的措施，应符合下列要求

①采用桩基时，桩端伸入液化深度以下稳定土层中的长度(不包括桩尖部分)，应按计算确定，且对碎石土，砾、粗、中砂，坚硬黏性土和密实粉土尚不应小于 0.8 m，对其他非岩石土尚不宜小

于1.5 m。

②采用深基础时，基础底面应埋入液化深度以下的稳定土层中，其深度不应小于0.5 m。

③采用加密法(如振冲、振动加密、挤密碎石桩、强夯等)加固时，应处理至液化深度下界；振冲或挤密碎石桩加固后，桩间土的标准贯入锤击数不宜小于液化判别标准贯入锤击数临界值。

④用非液化土替换全部液化土层，或增加上覆非液化土层的厚度。

⑤采用加密法或换土法处理时，在基础边缘以外的处理宽度，应超过基础底面下处理深度的1/2且不小于基础宽度的1/5。

(2)部分消除地基液化沉陷的措施，应符合下列要求

①处理深度应使处理后的地基液化指数减少，其值不宜大于5；大面积筏基、箱基的中心区域，处理后的液化指数可比上述规定降低1；对独立基础和条形基础，尚不应小于基础底面下液化土特征深度和基础宽度的较大值。

注：中心区域指位于基础外边界以内沿长宽方向距外边界大于相应方向1/4长度的区域。

②采用振冲或挤密碎石桩加固后，桩间土的标准贯入锤击数不宜小于按液化判别标准贯入锤击数临界值。

③基础边缘以外的处理宽度，应符合全部消除地基液化沉陷的措施第5款的规定。

④采取减小液化震陷的其他方法，如增厚上覆非液化土层的厚度和改善周边的排水条件等。

(3)减轻液化影响的基础和上部结构处理，可综合采用下列各项措施

①选择合适的基础埋置深度。

②调整基础底面积，减少基础偏心。

③加强基础的整体性和刚度，如采用箱基、筏基或钢筋混凝土交叉条形基础，加设基础圈梁等。

④减轻荷载，增强上部结构的整体刚度和均匀对称性，合理设置沉降缝，避免采用对不均匀沉降敏感的结构形式等。

⑤管道穿过建筑处应预留足够尺寸或采用柔性接头等。

在故河道以及临近河岸、海岸和边坡等有液化侧向扩展或流滑可能的地段内不宜修建永久性建筑，否则应进行抗滑动验算、采取防土体滑动措施或结构抗裂措施。

地基中软弱黏性土层的震陷判别，可采用下列方法。

饱和粉质黏土震陷的危害性和抗震陷措施应根据沉降和横向变形大小等因素综合研究确定，8度(0.30g)和9度时，当塑性指数小于15且符合下式规定的饱和粉质黏土可判为震陷性软土：

$$W_s \geqslant 0.9W_l \tag{1.12}$$

$$I_L \geqslant 0.75 \tag{1.13}$$

式中 W_s——天然含水量；

W_l——液限含水量，采用液、塑限联合测定法测定；

I_L——液性指数。

地基主要受力层范围内存在软弱黏性土层和高含水量的可塑性黄土时，应结合具体情况综合考虑，采用桩基、地基加固处理或减轻液化影响的基础和上部结构处理的各项措施，也可根据软土震陷量的估计，采取相应措施。

1.8 桩　基

1.8.1 不进行桩基抗震承载力验算的情况

承受竖向荷载为主的低承台桩基，当地面下无液化土层，且桩承台周围无淤泥、淤泥质土和地基承载力特征值不大于100 kPa的填土时，下列建筑可不进行桩基抗震承载力验算：

(1)7 度和 8 度时的下列建筑

①一般的单层厂房和单层空旷房屋。

②不超过八层且高度在 24 m 以下的一般民用框架房屋。

③基础荷载与②项相当的多层框架厂房和多层混凝土抗震墙房屋。

(2)不超过八层且高度在 24 m 以下的一般民用框架和框架－抗震墙房屋并采用桩基的建筑

1.8.2 非液化土中低承台桩基的抗震验算应符合的规定

①单桩的竖向和水平向抗震承载力特征值,可以比非抗震设计时提高 25%。

②当承台周围的回填土夯实至干密度不小于现行国家标准《建筑地基基础设计规范》(GB 50007—2011)对填土的要求时,可由承台正面填土与桩共同承担水平地震作用;但不应计入承台底面与基土间的摩擦力。

1.8.3 存在液化土层的低承台桩基抗震验算应符合的规定

①承台埋深较浅时,不宜计入承台周围土的抗力或刚性地坪对水平地震作用的分担作用。

②当桩承台底面上、下分别有厚度不小于 1.5 m、1.0 m 的非液化土层或非软弱土层时,可按下列两种情况进行桩的抗震验算,并按不利情况设计:

a. 桩承受全部地震作用,桩承载力按 1.8.2 款取用,液化土的桩周摩阻力及桩水平抗力均应乘以表 1.11 的折减系数。

b. 地震作用按水平地震影响系数最大值的 10%采用,桩承载力仍按第 1.8.2 款①条取用,但应扣除液化土层的全部摩阻力及桩承台下 2 m 深度范围内非液化土的桩周摩阻力。

表 1.11　土层液化影响折减系数

实际标贯锤击数/临界标贯锤击数	深度 d_s/m	折减系数
≤0.6	$d_s \leqslant 10$	0
	$10 < d_s \leqslant 20$	1/3
>0.6～0.8	$d_s \leqslant 10$	1/3
	$10 < d_s \leqslant 20$	2/3
>0.8～1.0	$d_s \leqslant 10$	2/3
	$10 < d_s \leqslant 20$	1

③打入式预制桩及其他挤土桩,当平均桩距为 2.5～4 倍桩径且桩数不少于 5×5 时,可计入打桩对土的加密作用及桩身对液化土变形限制的有利影响。当打桩后桩间土的标准贯入锤击数值达到不液化的要求时,单桩承载力可不折减,但对桩尖持力层做强度校核时,桩群外侧的应力扩散角应取为零。打桩后桩间土的标准贯入锤击数宜由试验确定,也可按下式计算:

$$N_1 = N_p + 100\rho(l - e^{-0.3n\rho}) \tag{1.14}$$

式中 N_1——打桩后的标准贯入锤击数;

ρ——打入式预制桩的面积置换率;

N_p——打桩前的标准贯入锤击数。

处于液化土中的桩基承台周围,宜用密实干土填筑夯实,若用砂土或粉土则应使土层的标准贯入锤击数不小于液化判别标准贯入锤击数临界值。

液化土和震陷软土中桩的配筋范围,应自桩顶至液化深度以下符合全部消除液化沉陷所要求的深度,其纵向钢筋应与桩顶部相同,箍筋应加粗和加密。

在有液化侧向扩展的地段,桩基除应满足本节中的其他规定外,尚应考虑土流动时的侧向作用力,且承受侧向推力的面积应按边桩外缘间的宽度计算。

【工程实例 1.1】

1. 工程介绍

根据本模块的工程导入知，本工程的任务是由结构设计地质勘察报告求出 15 m 深度范围内的地基液化指数和液化等级。

工程概况及地质勘察报告：本工程为××学院学生宿舍楼，六层钢筋混凝土框架结构，建筑物的安全等级为二级，使用年限为 50 年，本工程抗震设防分类标准为丙类建筑，抗震设防烈度为 8 度，设计地震分组为第一组，框架的抗震等级为二级，混凝土环境类别：地面以上为一类，地面以下为二 B 类；场地类别，Ⅱ类。可液化细砂层至地下 2.1 m，粉质黏土层至地下 3.6 m，可液化粉细砂层至地下 8.0 m，粉质黏土层至地下 15.0 m，基础埋深为 2 m，地下水位深度 $d_w=1.35$ m，设计基本地震加速度为 $0.15g$，其他条件见表 1.12。

表 1.12　工程案例 1.1 计算过程

标准贯入点的编号 i	锤击数实测值 N_i	贯入试验深度 d_{si}	锤击数临界值 N_{cri}	$1-\frac{N_i}{N_{cri}}$	标准贯入点所代表的土层厚度 d_i/m	d_i的中点深度 z_i /m	与 z_i 相对应的权函数 W_i /m^{-1}	$\left(1-\frac{N_i}{N_{cri}}\right)\times d_iW_i$	液化指数 I_{IE}
1	2	1.40	5.72	0.650	1.10	1.55	10	7.15	10.68
2	15	4.00	9.81	—	—	—	—	—	
3	8	5.00	10.96	0.270	1.00	5.00	10	2.70	
4	16	6.00	11.95	—	—	—	—	—	
5	12	7.00	12.84	0.065	1.50	7.25	8.50	0.829	

2. 工程分析

本任务是根据工程条件的场地地质条件判断地基液化指数和液化等级，并为基础设计、施工处理方法提供控制数据。

3. 工程实施

结构计算书：

(1)求锤击数临界值 N_{cri}

根据设计基本地震加速度为 $0.15g$，查表 1.8 得 $N_0=10$，设计地震分组为第一组，故调整系数 $\beta=0.8$，将其和 $d_w=1.35$ m 及各标准贯入点 d_s 值一并代入下式，即可求得各 N_{cri}：

$$N_{cri}=N_0\beta[\ln(0.6\times d_s+1.5)-0.1\times d_w]$$

例如：第 1 标准贯入点($d_s=1.4$ m)

$$N_{cri}=N_0\beta[\ln(0.6\times d_s+1.5)-0.1\times d_w]=$$
$$10\times0.8[\ln(0.6\times1.4+1.5)-0.1\times1.35]=5.72$$

其余各点的 N_{cri} 值见表 1.12。

(2)求各标准贯入点所对应的土层厚度 d_i 及其中点的深度 z_i

$$d_1=(2.1-1.0)\text{m}=1.1\text{ m},\quad z_1=\left(1.0+\frac{1.1}{2}\right)\text{m}=1.55\text{ m}$$

$$d_3=(5.5-4.5)\text{m}=1.0\text{ m},\quad z_3=\left(4.5+\frac{1.0}{2}\right)\text{m}=5.0\text{ m}$$

$$d_5=(8.0-6.5)\text{m}=1.5\text{ m},\quad z_5=\left(6.5+\frac{1.5}{2}\right)\text{m}=7.25\text{ m}$$

(3) 求 d_i 中点所对应的权函数 W_i

z_1、z_3 均不超过 5 m，故它们对应的权函数值 $W_1=W_3=10\text{ m}^{-1}$；而 $z_5=7.25$ m，故它对应的权函数值由线性插入法确定：

$$W_5=\frac{10}{15}(20-7.25)\text{m}^{-1}=8.50\text{ m}^{-1}$$

(4)求液化指数 I_{lE}

$$I_{lE}=\sum_{i=1}^{3}\left(1-\frac{N_i}{N_{cri}}\right)d_iW_i=\left(1-\frac{2}{5.72}\right)\times1.1\times10+$$

$$\left(1-\frac{8}{10.96}\right)\times1\times10+\left(1-\frac{12}{12.84}\right)\times1.5\times8.50=10.68$$

(5)判断液化等级

根据本场地的液化指数为 10.68，在 6～18 之间，故该地基的液化等级属于中等液化。

上述的计算过程见表 1.12。

【重点串联】

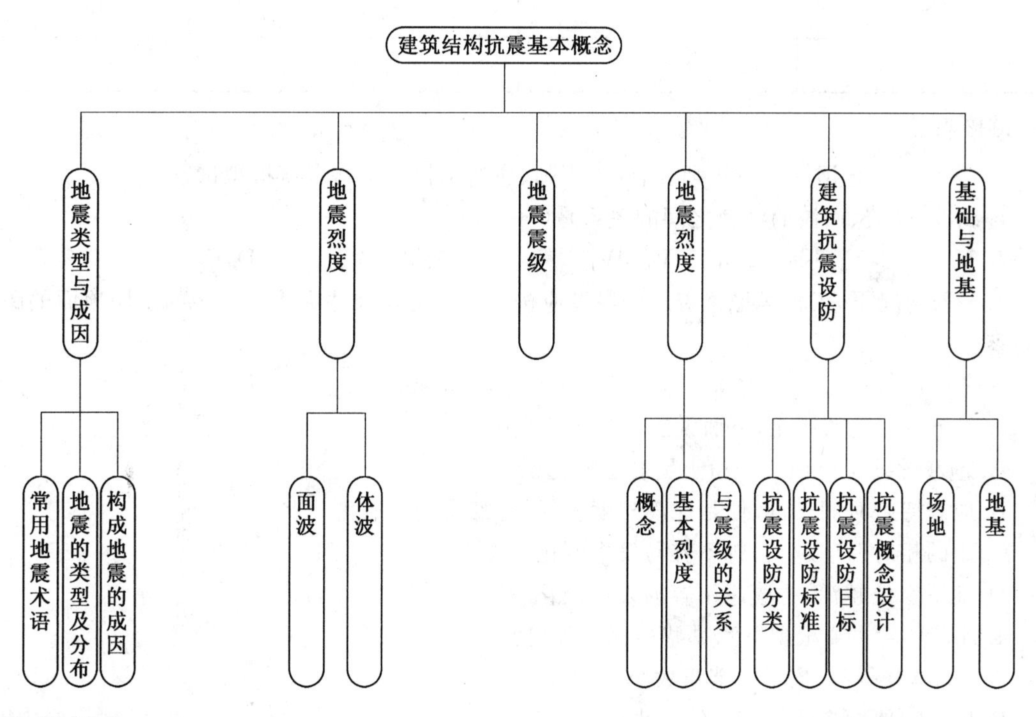

【知识链接】

本模块的内容主要涉及《建筑抗震设计规范》(GB 50011—2010)的第二～四章的内容。

拓展与实训

基础训练

一、思考题

1. 什么是地震烈度、震级、抗震设防烈度？
2. 我国的建筑抗震设计的基本准则是什么？
3. 建筑物的抗震设防分类及各类的设防标准是什么？
4. 场地土的固有周期和地震动的卓越周期有何区别与联系？
5. 影响土层液化的主要因素是什么？

工程模拟训练

1. 已知某工程中的建筑场地的钻孔地质资料如下表，试确定该场地的类别。

土层底部深度/m	土层厚度/m	岩土名称	土层剪切波速/($m \cdot s^{-1}$)
1.5	1.5	杂填土	180
3.5	2.0	粉土	240
7.5	4.0	细砂	310
15.5	8.0	砾石	550

链接职考

全国注册建筑师、结构工程师、建造师执业资格考试模拟试题

1. 纵波、横波、面波的波速之间的关系是(　　)。

A. $V_p > V_s > V_l$　　B. $V_s > V_p > V_l$　　C. $V_p > V_l > V_s$　　D. $V_p < V_s < V_l$

2. 一般情况下，工程场地覆盖层的厚度应按土质的剪切波速大于(　　)的土层顶面的距离确定。

A. 200 m/s　　B. 300 m/s　　C. 400 m/s　　D. 500 m/s

3. 关于地基土的液化，下面说法中错误的是(　　)。

A. 饱和的砂土比饱和的粉土更容易液化
B. 地震持续时间长，即便是地震烈度较低，也容易发生液化
C. 土的相对密度越大，越不容易发生液化
D. 地下水位越深，土壤越不容易发生液化

4. 地震烈度主要根据下列哪些指标来判定？(　　)

A. 地震震源释放出来的能量大小
B. 地震时地面运动加速度的大小
C. 地震时地面运动速度的大小
D. 地震时地面运动位移的大小、人的感觉、动物的反应

5. 土质条件对地震反应谱的影响很大，当土质越松软时，加速度反应谱表现为(　　)。

A. 谱区线峰值右移　B. 谱区线峰值左移　C. 谱区线峰值增大　D. 谱区线峰值减小

6. 震中距对地震反应谱的影响很大，当地震烈度不变时，震中距增大，加速度反应谱表现为(　　)。

A. 谱区线峰值右移　B. 谱区线峰值左移　C. 谱区线峰值增大　D. 谱区线峰值减小

7. 为保证结构“大震不倒”要求结构具有(　　)。

A. 较大的初始刚度　　B. 较大的截面承载能力

C. 较高的延性　　D. 较小的自振周期 T_1

8. 地震系数 k 与下列何种因素有关？(　　)

A. 地震基本烈度　　B. 场地卓越周期　　C. 场地土类别　　D. 结构基本周期

9. 实际地震烈度与下列什么因素有关？(　　)

A. 建筑物类型　　B. 离震中的距离　　C. 行政区划　　D. 城市大小

10. 场地的特征周期 T_g 与下列何种因素有关？(　　)

A. 地震烈度　　B. 建筑群的抗震等级

C. 场地土的覆盖层厚度　　D. 场地的大小

模块 2

建筑结构地震反应及抗震计算

【模块概述】

本模块包含了建筑抗震的核心理念、结构计算方法，为后续模块的展开奠定必要的理论基础和提供基本的计算方法、公式。本模块是本教材重点模块。

【知识目标】

1. 理解单自由度体系、多自由度体系的水平地震结构反应计算模型和求解方法；
2. 掌握振型分解反应谱、底部剪力法两种常见的结构抗震计算方法；
3. 了解结构地震反应计算的弹塑性时程分析法；
4. 了解建筑的隔震和减震的基本思想和方法。

【技能目标】

1. 能够进行结构的自振频率和振型的计算；
2. 能够使用振型分解反应谱、底部剪力法计算水平地震作用的结构的内力和变形反应；
3. 能够正确使用我国的现行建筑抗震设计规范及相关规程。

【工程导入】

本模块引入工程为一栋二层钢筋混凝土框架结构的私人别墅，框架柱、框架梁、非框架梁、现浇楼板的混凝土强度等级为C30，现浇楼板与梯板厚为100 mm，楼梯踏步踏面尺寸为300 mm，踢面尺寸为160 mm，共24级净台阶；填充墙采用浆砌普通砖，填充墙为窗肚墙，填充墙和构造柱与结构构件脱开20 mm砌筑，填充墙高1.5 m，其他各向尺寸见施工图(图2.18、图2.19、图2.20、图2.21)；本结构处于8度设防区(地震加速度为0.20g)，I_1类场地第一组，结构阻尼比为0.05。本模块工程任务一：采用振型分解反应谱法求解水平一维结构在多遇地震下的各结构构件内力及位移地震反应。本模块工程任务二：采用时程分析法求解El—centro水平两维地震波作用下结构在罕遇地震下的各结构构件内力及位移地震反应。

2.1 体系地震反应概述

2.1.1 基本定义与特点

1. 结构地震反应

由地震动引起的结构内力、变形、位移以及结构运动速度和加速度等统称为结构地震反应。若专指结构位移则称为结构地震位移反应，若专指变形则称结构地震变形反应。

2. 地震作用

结构工程中，“作用”是指能引起结构内力、变形等反应的各种因素。按结构反应的引起方式不同，“作用”可分为直接作用和间接作用。各种荷载（风荷载、土压力、外力）为直接作用，各种非荷载作用（温度、基础沉降等）为间接作用。结构地震反应是地震动通过结构惯性引起的，因此地震作用（即结构地震惯力）是间接作用，而不是称为荷载。工程上为了使用方便，常把地震作用等效为某种形式的荷载作用，这时候称为等效地震荷载。

地震作用的特点是一个比较复杂的问题。具有以下几点：

(1)是一种随机脉冲动力作用。

(2)与地震烈度的大小、震中距、场地条件有关。

(3)与结构本身的动力特性有关：自振周期、阻尼。

(4)与时间历程有关系。

2.1.2 结构动力计算简图及体系自由度

进行结构地震反应分析的第一步，就是确定结构动力计算简图。结构动力计算的关键是结构惯性的模拟，由于结构的惯性是结构质量引起的，因此结构动力计算简图的核心内容是结构质量的描述。

描述结构质量的方法有两种：连续化描述（分布质量）和集中化描述（集中质量）。

采用集中质量方法确定结构动力计算简图时，需要先确定出结构质量集中点位置。可取结构各区域主要质量的质心未知量集中位置，将该区域主要质量集中在该点上，忽略其他次要的质量或者将其他次要质量合并到相邻的主要质量的质点上去，如图 2.1 所示。当结构无明显主要质量部分时，可将结构划分成若干区域，而将各个区域的质量集中到该区域的质心处，同样形成一个多质点结构体系。

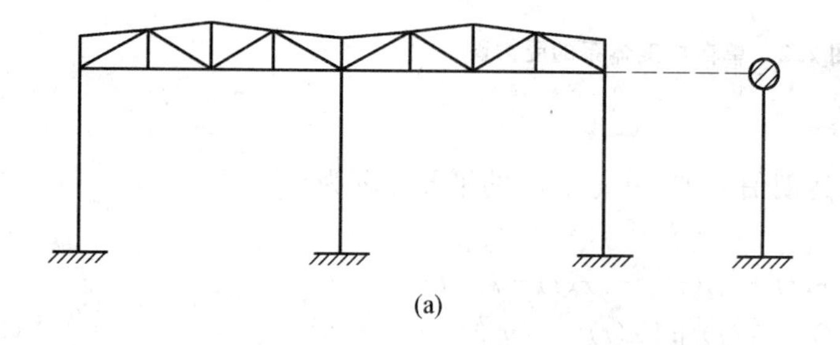

(a)

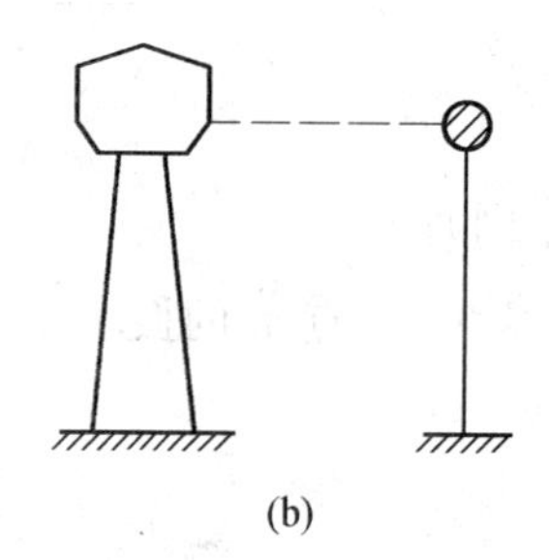

(b)

图 2.1 单自由度体系实例

确定结构各个质点运动的独立参量数为结构运动的体系自由度。空间中的一个自由质点可以有三个独立位移——X、Y、Z 三个方向的独立位移。因此，一个自由质点在空间有三个自由度，若限制质点在平面中的运动，则自由质点剩余两个自由度。

结构体系上的质点，由于受到结构构件的约束，其自由度会小于自由质点的自由度数，也就是说，在某一方面受到约束可能会导致质点自由度的减少。

1. 多遇地震作用下的计算

世界各国广泛采用反应谱理论来确定地震作用的大小，以加速度反应谱应用最为普遍。

(1)对于单质点体系，加速度与质点质量 m 乘积就是作用在质点上的地震惯性力 F。

(2)对于多质点体系，可以通过振型分解法，求出多质点体系在各个振型下的地震作用，最后通过组合叠加求出多质点体系的地震作用效应。

2. 罕遇地震下的第二阶段设计

对于罕遇地震下的第二阶段设计，一般是采用考虑结构构件进入弹塑性阶段后的非线性动力时程分析方法。首先选定地面运动加速度曲线，通过数值积分求解运动方程，计算出每一时间分段处的结构位移、速度和加速度。

地震时地面水平运动加速度一般要比竖向地面运动加速度大，而结构物通常抵抗竖向荷载作用的能力比抵抗侧向荷载的能力要强，因此很多情况下，主要是考虑水平地震作用的影响。

2.2 单质点弹性体系的水平地震反应

目前，工程中求解结构地震反应的方法有两类：

(1)拟静力法，也称为等效荷载法。

通过反应谱理论将地震对结构的作用等效为静力荷载，按静力方法求解结构的内力和位移等。

(2)直接动力法或称为时程分析法。

通过输入地震波，对结构动力方程直接积分，求出结构的地震反应与时间变化的关系，得到结构地震反应的时程曲线。

单自由度体系的振动方程计算简图如图 2.2 所示。

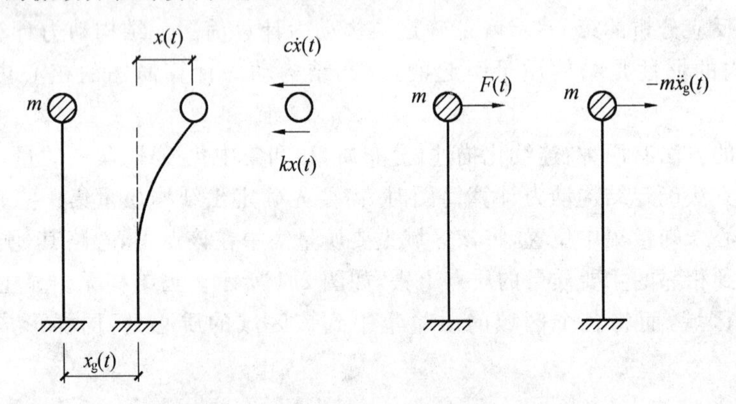

图 2.2 单自由度体系的受力图

1. 刚度法

地震时，质点 m 的振动方程，根据达朗伯原理，脱离体 m 的平衡方程为

$$-f_{\mathrm{I}}+f_{\mathrm{D}}+f_{\mathrm{S}}=0$$

$$-m\cdot[\ddot{x}(t)+\ddot{x}_{\mathrm{g}}(t)]-c\dot{x}(t)-kx(t)=0$$

$$m\ddot{x}(t)+c\dot{x}(t)+kx(t)=-m\ddot{x}_{\mathrm{g}}(t) \tag{2.1}$$

上式即单质点弹性体系在地震作用下的运动微分方程。

2. 振动方程的简化及通解

令 $\omega=\sqrt{k/m}$，$\zeta=\dfrac{c}{2\omega m}$，则式(2.1)化为

$$\ddot{x}(t)+2\zeta\omega\dot{x}(t)+\omega^{2}x(t)=-\ddot{x}_{\mathrm{g}}(t) \tag{2.2}$$

当阻尼比 $\zeta<1$ 时，其通解为

$$x(t)=\mathrm{e}^{-\zeta\omega t}\left[x(0)\cos\omega_{\mathrm{D}}t+\frac{\dot{x}(0)+\zeta\omega x(o)}{\omega_{\mathrm{D}}}\sin\omega_{\mathrm{D}}t\right]-\frac{1}{\omega_{\mathrm{D}}}\int_0^t\ddot{x}_{\mathrm{g}}(\tau)\mathrm{e}^{-\zeta\omega(t-\tau)}\sin\omega_{\mathrm{D}}(t-\tau)\mathrm{d}\tau \tag{2.3}$$

其中 $\omega_{\mathrm{D}}=\omega\sqrt{1-\zeta}$。

2.3 地震反应谱与设计反应谱

2.3.1 地震反应谱

对于结构设计来说，我们感兴趣的是结构的最大反应，为此，将质点所受最大惯性力定义为单自由度体系的地震作用，即

$$F=|m(\ddot{x}_{\mathrm{g}}+\ddot{x})|_{\max}=m\,|\ddot{x}_{\mathrm{g}}+\ddot{x}|_{\max}$$

求得地震作用后，即可按静力分析方法计算结构的最大位移反应。

为便于求地震作用，将单自由度体系的地震最大绝对加速度反应与其自振周期 T 的关系定义为地震加速度反应谱，简称为地震反应谱，记作 $S_{\mathrm{a}}(T)$。

忽略结构的初位移和初速度，即 $x(0)=0,\dot{x}(0)=0$，将地震位移反应表达式(2.3)微分两次有

$$\ddot{x}(t)=\omega_{\mathrm{D}}\int_0^t\ddot{x}_{\mathrm{g}}(\tau)\mathrm{e}^{-\zeta\omega(t-\tau)}\left\{\left[\left(\frac{\omega}{\omega_{\mathrm{D}}}\right)^2-2\left(\frac{\zeta\omega}{\omega_{\mathrm{D}}}\right)^2\right]\sin\omega_{\mathrm{D}}(t-\tau)+\frac{2\zeta\omega}{\omega_{\mathrm{D}}}\cos\omega_{\mathrm{D}}(t-\tau)\right\}\mathrm{d}\tau-\ddot{x}_{\mathrm{g}}(t) \tag{2.4}$$

注意到结构阻尼比一般较小，$\omega_{\mathrm{D}}\approx\omega$，另由 $T=\frac{2\pi}{\omega}$，可得

$$S_{\mathrm{a}}(T)=|\ddot{x}_{\mathrm{g}}(t)+\ddot{x}(t)|_{\max}\approx\left|\omega\int_0^t\ddot{x}_{\mathrm{g}}\mathrm{e}^{-\zeta\omega(t-\tau)}\sin\omega(t-\tau)\mathrm{d}\tau\right|_{\max}=\left|\frac{2\pi}{T}\int_0^t\ddot{x}_{\mathrm{g}}\mathrm{e}^{-\zeta\frac{2\pi}{T}(t-\tau)}\sin\frac{2\pi}{T}(t-\tau)\mathrm{d}\tau\right|_{\max} \tag{2.5}$$

地震加速度反应谱可理解为一个确定的地面运动，通过一族阻尼比相同但自振周期不同的单自由度体系，所引起的各体系最大加速度反应与相应体系自振周期间的关系曲线，如图 2.3 所示。

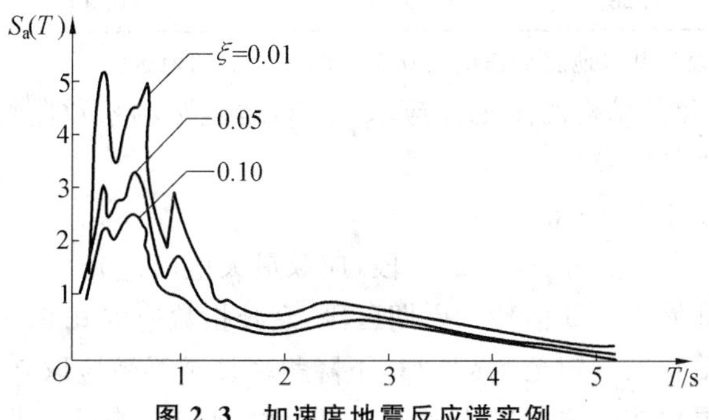

图 2.3 加速度地震反应谱实例

影响地震反应谱的因素有两个：一是阻尼比，二是地震动。一般体系阻尼比越小，体系地震加速度反应越大，因此地震反应谱值越大。

地震动记录不同，显然地震反应谱也将不同，即不同的地震动将有不同的地震反应谱，或地震反应谱总是与一定的地震动相应。因此，影响地震动的各种因素也将影响地震反应谱。

表征地震动的特性有三要素，即振幅、频谱和持时。由于单自由度体系振动系统为线性系统，地震振幅对地震反应谱的影响将是线性的，即地震振幅越大，地震反应谱值也越大，且它们之间呈线性比例关系。因此，地震动振幅仅对地震反应谱值大小有影响。

地震动频谱反映地震动不同频率简谐运动的构成，由共振原理知，地震反应谱的“峰”将分布在震

动的主要频率成分段上。因此地震动的频谱不同，地震反应谱的“峰”的位置也将不同。场地越软和震中距越大，地震动主要频率成分越小（或主要周期成分越长），因而地震反应谱的“峰”对应的周期也越长。可见，地震动频谱对地震反应谱的形状有影响。因而影响地震动频谱的各种因素，如场地条件、震中距等，均对地震反应谱有影响。

地震动持续时间影响单自由度体系地震反应的循环往复次数，一般对其最大反应或地震反应谱影响不大。

2.3.2 设计反应谱

不同的地震记录，地震反应谱不同，当进行结构抗震设计时，由于无法确定今后发生地震的地震动时程，因而就无法确定相应的地震反应谱；可见，地震反应谱直接用于结构设计是有问题的，而供结构抗震设计用的反应谱称为设计反应谱。

将公式 $F=mS_a(T)$ 进行如下修改：

$$F=mS_a(T)=(m\cdot g)\left(\frac{|\ddot{x}_g(t)|_{max}}{g}\right)\left(\frac{S_a(T)}{|\ddot{x}_g(t)|_{max}}\right)$$

式中 G——体系的重量，$G=mg$；

$\dfrac{|\ddot{x}_g(t)|_{max}}{g}$——地震系数，它和基本地震烈度有关，其对应关系见表 2.1；

$\beta(T)$——动力系数，$\beta(T)=\dfrac{S_a(T)}{|\ddot{x}_g(T)|_{max}}$。

为使动力系数能用于结构抗震设计，按不同的阻尼比、场地、震中距将其进行分类，每一类画出多条动力系数曲线，然后再将同类曲线取平均值，就得出了反映某类条件下的动力系数谱曲线 $\bar{\beta}(T)$，为方便应用令 $\alpha(T)=\bar{k}\bar{\beta}(T)$，称为地震影响系数，其曲线简称设计反应谱曲线。我国的《建筑抗震设计规范》(GB 50011—2010)对其做出了规定，如图 2.4 所示，建筑结构地震影响系数曲线的阻尼调整和形状参数应符合下列要求：

表 2.1 水平地震影响系数最大值

地震影响	6 度	7 度	8 度	9 度
多遇地震	0.04	0.08(0.12)	0.16(0.24)	0.32
罕遇地震	0.28	0.50(0.72)	0.90(1.20)	1.40

注：括号中数值分别用于设计基本地震加速度为 0.15g 和 0.30g 的地区

(1)除有专门规定外，建筑结构的阻尼比应取 0.05，地震影响系数曲线的阻尼调整系数应按 1.0 采用，形状参数应符合下列规定：

①直线上升段，周期小于 0.1 s 的区段。

②水平段，自 0.1 s 至特征周期(表 2.2)区段，应取最大值(α_{max})。

③曲线下降段，自特征周期至 5 倍特征周期区段，衰减指数应取 0.9。

④直线下降段，自 5 倍特征周期至 6 s 区段，下降斜率调整系数应取 0.02。

(2)当建筑结构的阻尼比按有关规定不等于 0.05 时，地震影响系数曲线的阻尼调整系数和形状参数应符合下列规定：

①曲线下降段的衰减指数应按下式确定：

$$\gamma=0.9+(0.05-\zeta)/(0.3+6\zeta) \tag{2.6}$$

式中 γ——曲线下降段的衰减指数；

ζ——阻尼比。

②直线下降段的下降斜率调整系数应按下式确定：

$$\eta_1=0.02+(0.05-\zeta)/(4+32\zeta) \tag{2.7}$$

式中 η_1——直线下降段的下降斜率调整系数，小于 0 时取 0。

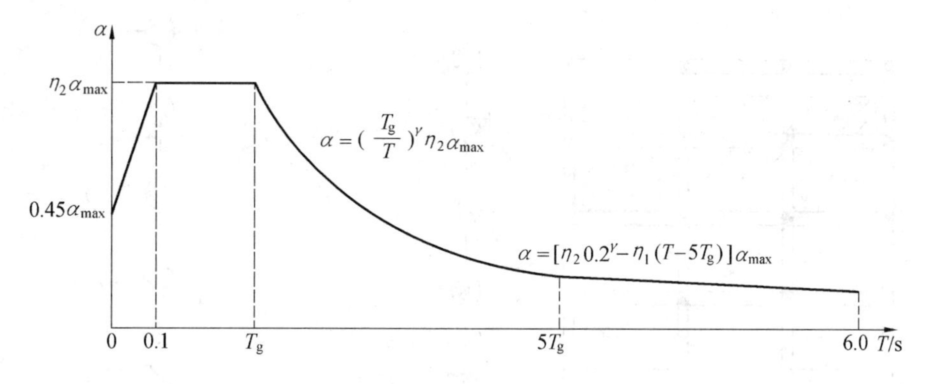

图 2.4　地震影响系数曲线

α—地震影响系数；α_{max}—地震影响系数最大值；η_1—直线下降段的下降斜率调整系数；γ—衰减指数；T_g—特征周期；η_2—阻尼调整系数；T—结构自振周期

③阻尼调整系数应按下式确定：

$$\eta_2=1+(0.05-\zeta)/(0.08+1.6\zeta) \tag{2.8}$$

式中　η_2——阻尼调整系数，当小于 0.55 时，应取 0.55。

表 2.2　特征周期值　　s

设计地震分组	场地类别				
	$Ⅰ_0$	$Ⅰ_1$	Ⅱ	Ⅲ	Ⅳ
第一组	0.20	0.25	0.35	0.45	0.65
第二组	0.25	0.30	0.40	0.55	0.75
第三组	0.30	0.35	0.45	0.65	0.90

2.3.3　单自由度体系水平地震作用计算

由场地条件和本系统的基本烈度及结构参数就可以查出对应的地震影响系数 α，于是根据公式

$$F=\alpha G \tag{2.9}$$

就能求出单自由度体系水平地震最大惯性力和位移。

2.4　多自由度弹性体系的地震反应计算

2.4.1　多自由度体系的运动方程及其通解

在单向水平地面作用下，n 个多自由度体系的变形如图 2.5 所示，各质点的质量为 $m_i(i=1,2,\cdots,n)$；各质点的相对水平位移为 $x_i(i=1,2,\cdots,n)$；各层的阻尼为 $c_i(i=1,2,\cdots,n)$；各层的刚度为 $k_i(i=1,2,\cdots,n)$，则本体系的运动方程为

$$[M]\{\ddot{x}\}+[C]\{\dot{x}\}+[K]\{x\}=-[M]\{1\}\ddot{x}_g \tag{2.10}$$

体系的特征方程为 $|[K]-\omega^2[M]|=0$，根据特征方程可求出体系的 n 个自振频率 ω_i，然后将 ω_i 代入体系的振型方程：$([K]-\omega^2[M])\{\varphi\}=\{0\}$ 就可以求出体系的第 i 阶振型 $\{\varphi_i\}$。

方程(2.10)的通解为

$$\{x\}=\sum_{i=1}^{n}\{\varphi_i\}q_i(t) \tag{2.11}$$

其中

$$q_i(t)=\mathrm{e}^{-\zeta_i\omega_i t}[q_i(0)\cos\omega_{iD}t+\frac{\dot{q}_i(0)+\zeta_i\omega_i q_i(0)}{\omega_{iD}}\sin\omega_{iD}t]-$$

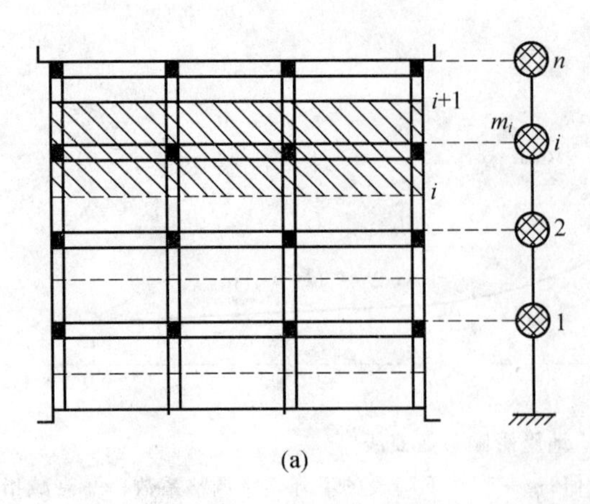

(a) (b)

图 2.5 多自由度体系实例及力学模型

$$\frac{1}{\omega_{i\mathrm{D}}}\int_0^t \gamma_i \ddot{x}_{\mathrm{g}} \mathrm{e}^{-\zeta_i \omega_i (t-\tau)} \sin \omega_{i\mathrm{D}}(t-\tau)\mathrm{d}\tau \tag{2.12}$$

其中 $m_i=\{\varphi_i\}^{\mathrm{T}}[M]\{\varphi_i\}$；

$\omega_i=\sqrt{\dfrac{\{\varphi_i\}^{\mathrm{T}}[K]\{\varphi_i\}}{\{\varphi_i\}^{\mathrm{T}}[M]\{\varphi_i\}}}$；

$\omega_{i\mathrm{D}}=\omega_i\sqrt{1-\zeta_i^2}$；

$\zeta_i=\dfrac{\{\varphi_i\}^{\mathrm{T}}[C]\{\varphi_i\}}{2m_i\omega_i}$；

$\gamma_i=\dfrac{\{\varphi_i\}^{\mathrm{T}}[M]\{1\}}{\{\varphi_i\}^{\mathrm{T}}[M]\{\varphi_i\}}$；

$q_i(0)=\dfrac{\{\varphi_i\}^{\mathrm{T}}[M]\{x(0)\}}{m_i}$；

$\dot{q}_i(0)=\dfrac{\{\varphi_i\}^{\mathrm{T}}[M]\{\dot{x}(0)\}}{m_i}$。

当不考虑体系的初始位移和速度时，有 $q_i(0)=0$，$\dot{q}_i(0)=0$，此时式(2.12)只剩下Duhamel积分项：

$$q_i(t)=-\frac{1}{\omega_{i\mathrm{D}}}\int_0^t \gamma_i \ddot{x}_{\mathrm{g}} \mathrm{e}^{-\zeta_i \omega_i (t-\tau)} \sin \omega_{i\mathrm{D}}(t-\tau)\mathrm{d}\tau=\gamma_i\Delta_i(t) \tag{2.13}$$

式(2.11)是通过求体系的各阶振型和正则坐标实现的，故称为振型分解法。

2.4.2 振型分解反应谱法

由公式(2.11)、(2.13)有

$$x_i(t)=\sum_{j=1}^{n}\gamma_j\Delta_j\varphi_{ji}$$

式中 φ_{ji}—— 振型 j 在质点 i 处的振型位移，则质点 i 在任意时刻的水平相对加速度为

$$\ddot{x}_i(t)=\sum_{j=1}^{n}\gamma_j\ddot{\Delta}_j\varphi_{ji}$$

水平地面加速度可以表达成

$$\ddot{x}_{\mathrm{g}}(t)=\left(\sum_{j=1}^{n}\gamma_j\varphi_{ji}\right)\ddot{x}_{\mathrm{g}}(t)$$

则质点 i 任意时刻的水平地震惯性力为

$$f_i=-m_i[\ddot{x}_i(t)+\ddot{x}_{\mathrm{g}}(t)]=-m_i[\sum_{j=1}^{n}\gamma_j\ddot{\Delta}_j(t)\varphi_{ji}+\sum_{j=1}^{n}\gamma_j\varphi_{ji}\ddot{x}_{\mathrm{g}}(t)]=$$

$$-m_i\sum_{j=1}^{n}\gamma_j\varphi_{ji}[\ddot{\Delta}_j(t)+\ddot{x}_g(t)]=\sum_{j=1}^{n}f_{ji}$$

式中　f_{ji}—— 质点 i 在振型 j 下的水平地震惯性力，$f_{ji}=-m_i\gamma_j\varphi_{ji}[\ddot{\Delta}_j(t)+\ddot{x}_g(t)]$。

于是有质点 i 在振型 j 下的最大水平地震惯性力为

$$F_{ji}=m_i\gamma_j\varphi_{ji}\left|[\ddot{\Delta}_j(t)+\ddot{x}_g(t)]\right|_{\max}=m_i\gamma_j\varphi_{ji}S_a(T_j)=G_i\alpha_j\gamma_j\varphi_{ji} \tag{2.14}$$

式中　α_j—— 按体系第 j 周期计算的第 j 振型下的地震影响系数，为质点 i 的重量。

由于各振型最大反应不在同一时刻发生，因此直接由各振型最大反应叠加估计体系的最大反应，结果偏大，通过随机振动理论分析，得出采用平方和开方的方法(SRSS) 估计体系的最大反应可获得较好的结果，即 $S=\sqrt{\sum S_j^2}$。结构的总地震反应以低阶振型为主，高阶振型反应对结构总地震反应的贡献小，故求结构的总地震反应时，不需要取结构的全部振型反应进行组合，组合方式规定如下：

(1)一般情况下，取结构前 2～3 阶振型反应进行组合，但不多于结构的自由度数。

(2)当结构基本周期 $T_1>1.5$ s 时或建筑高宽比大于 5 时，可适当增加振型的组合数。

2.4.3 底部剪力法

1. 计算假定

采用振型分解反应谱计算结构最大地震反应精度较高，一般情况下无法采用手算，必须通过计算机计算，且计算量较大。理论分析表明，当建筑物高度不超过 40 m，结构以剪切变形为主且质量和刚度沿高度分布较均匀时，结构的地震反应将以第一振型反应为主，而结构的第一振型接近直线。为简化满足上述条件的结构地震反应计算，假定：

(1)结构的地震反应可用第一振型反应表征。

(2)结构的第一振型为线形倒三角形，即任意质点的第一振型位移与其高度成正比。

2. 底部剪力法计算

采用底部剪力法时，各楼层可仅取一个自由度，结构的水平地震作用标准值，应按下列公式确定(图 2.6)：

$$F_{\mathrm{Ek}}=\alpha_1G_{\mathrm{eq}} \tag{2.15}$$

$$F_i=\frac{G_iH_i}{\sum_{j=1}^{n}G_jH_j}F_{\mathrm{Ek}}(1-\delta_n)\quad(i=1,2,\cdots,n) \tag{2.16}$$

$$\Delta F_n=\delta_nF_{\mathrm{Ek}} \tag{2.17}$$

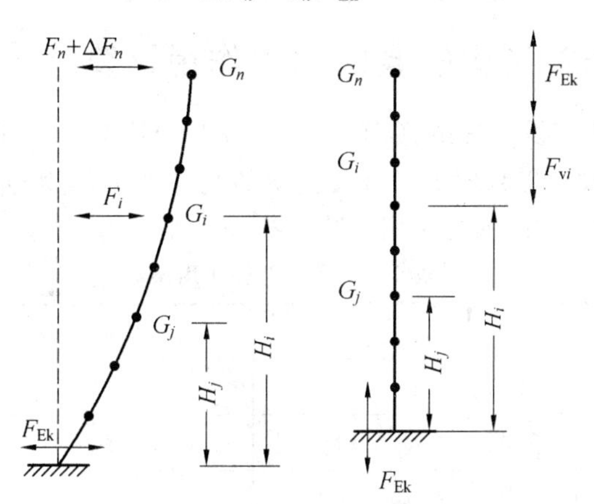

图 2.6　结构水平地震作用和竖向计算简图

式中　F_{Ek}——结构总水平地震作用标准值；

α_1——相应于结构基本自振周期的水平地震影响系数值，应按 GB 50011—2010 第 5.1.4、第

5.1.5 条确定，多层砌体房屋、底部框架砌体房屋，宜取水平地震影响系数最大值；

G_{eq}——结构等效总重力荷载，单质点应取总重力荷载代表值，多质点可取总重力荷载代表值的 85%；

F_i——质点 i 的水平地震作用标准值；

G_i、G_j——分别为集中于质点 i、j 的重力荷载代表值，应按 GB 50011—2010 第 5.1.3 条确定；

H_i、H_j——分别为质点 i、j 的计算高度；

δ_n——顶部附加地震作用系数，多层钢筋混凝土和钢结构房屋可按表 2.3 采用，其他房屋可采用 0.0；

ΔF_n——顶部附加水平地震作用。

表 2.3 顶部附加地震作用系数

T_g/s	$T_1>1.4T_g$	$T_1\leqslant 1.4T_g$
$T_g\leqslant 0.35$	$0.08T_1+0.07$	0.0
$0.35<T_g\leqslant 0.55$	$0.08T_1+0.01$	
$T_g>0.55$	$0.08T_1-0.02$	

注：T_1 为结构基本自振周期

2.5 竖向地震作用

2.5.1 高层建筑竖向地震作用计算

9 度时的高层建筑，其竖向地震作用标准值应按下列公式确定（图 2.6）；楼层的竖向地震作用效应可按各构件承受的重力荷载代表值的比例分配，并宜乘以增大系数 1.5。

$$F_{Evk}=\alpha_{vmax}G_{eq} \tag{2.18}$$

$$F_{vi}=\frac{G_iH_i}{\sum G_jH_j}F_{Evk} \tag{2.19}$$

式中 F_{Evk}——结构竖向地震作用标准值；

F_{vi}——质点 i 的竖向地震作用标准值；

α_{vmax}——竖向地震影响系数的最大值，可取水平地震影响系数最大值的 65%；

G_{eq}——结构等效总重力荷载，可取其重力荷载代表值的 75%。

2.5.2 大跨度、长悬臂结构的竖向地震作用计算

跨度、长度小于《建筑抗震设计规范》(GB 50011—2010) 第 5.1.2 条第 5 款规定且规则的平板型网架屋盖和跨度大于 24 m 的屋架、屋盖横梁及托架的竖向地震作用标准值，宜取其重力荷载代表值和竖向地震作用系数的乘积；竖向地震作用系数可按表 2.4 采用。

表 2.4 竖向地震作用系数

结构类型	烈度	场地类别		
		Ⅰ	Ⅱ	Ⅲ、Ⅳ
平板型网架、钢屋架	8	可不计算(0.10)	0.08(0.12)	0.10(0.15)
	9	0.15	0.15	0.20
钢筋混凝土屋架	8	0.10(0.15)	0.13(0.19)	0.13(0.19)
	9	0.20	0.25	0.25

注：括号中数值用于设计基本地震加速度为 0.30g 的地区

长悬臂构件和不属于上述情况的大跨结构的竖向地震作用标准值，8 度和 9 度可分别取该结构、构件重力荷载代表值的 10%和 20%，设计基本地震加速度为 0.30g 时，可取该结构、构件重力荷载代表值的 15%。

大跨度空间结构的竖向地震作用，尚可按竖向振型分解反应谱方法计算。其竖向地震影响系数可采用水平地震影响系数的 65%，但特征周期可均按设计第一组采用。

2.6 结构的弹塑性地震反应

为保证在罕遇地震下“大震不倒”需进行结构的弹塑性地震反应计算，结构在非线性弹性阶段工作时结构的刚度是不断变化的，因此结构的振型和自振频率是不断变化的，弹性条件下的振型分解法、振型反应谱法和底部剪力法就失去了意义；本节对多自由度剪切型结构在地震作用下的响应分析采用了数值分析方法，给出了绝对位移线性加速法的计算公式和程序步骤；并将本算法的实例结果和振型分解法的实例结果进行了比较；且分析了误差来源，为建筑结构弹塑性地震反应计算提供了基础的计算方法与途径。

2.6.1 线性加速度法下计算模型的建立和方程的求解

用振型分解法求解多自由度剪切型结构的振动问题具有其一定的优越性和局限性，应该说它是一种在结构的弹性范围内精确的解析解法，但当结构进入弹塑性工作状态以后及当结构的阻尼矩阵不关于结构的固有振型正交时，这时结构的刚度将随时间变化及微分方程组无法解耦，这时振型分解法就变得无能为力，需要用其他方法求解这类非线性问题。

如图 2.7 及 2.8 所示，设第 i 层楼盖的质量为 m_i，绝对位移为 $y_i(t)$，线性加速度法的基本思想是逐步积分，这个方法的基本假设是在每个时间增量 Δt 内加速度为线性变化、阻尼和刚度特性保持为常量。以第 i 个质点为例，在 Δt 时间间隔内

$$\ddot{y}_i(t+\tau)=\ddot{y}_i(t)+\frac{\Delta\ddot{y}_i}{\Delta t}\tau$$

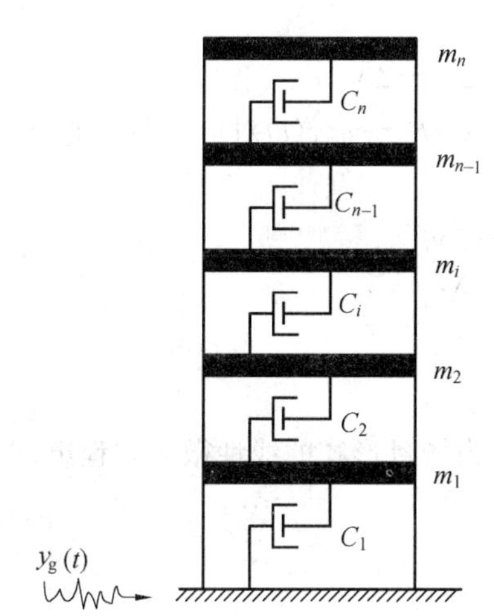

图 2.7 结构模型

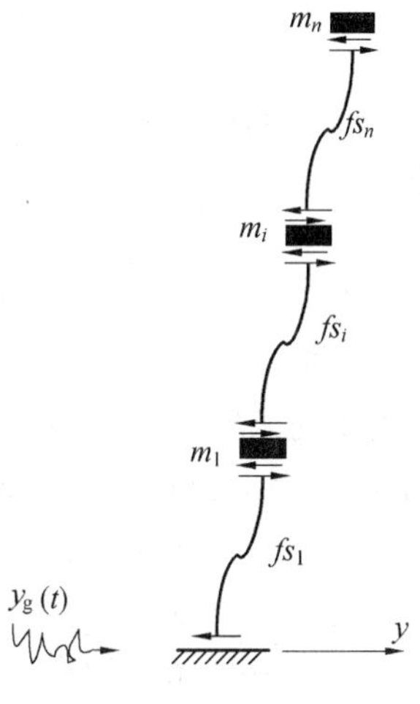

图 2.8 恢复力模型

将上式两边积分

$$\int\ddot{y}_i(t+\tau)\mathrm{d}(t+\tau)=\int\left(\ddot{y}_i(t)+\frac{\Delta\ddot{y}_i}{\Delta t}\tau\right)\mathrm{d}\tau$$

有

$$\dot{y}_i(t+\tau)=\ddot{y}_i(t)\tau+\frac{\Delta\ddot{y}_i}{\Delta t}\times\frac{\tau^2}{2}+c$$

当 $\tau=0$ 时，$c=\dot{y}_i(t)$，即有

$$\dot{y}_i(t+\tau)=\dot{y}_i(t)+\ddot{y}_i(t)\tau+\frac{\Delta\ddot{y}_i}{\Delta t}\times\frac{\tau^2}{2} \tag{2.20a}$$

将式(2.20a)对变量 τ 再积分一次，得到位移关于 τ 的三次方程

$$y_i(t+\tau)=y_i(t)+\dot{y}_i(t)\tau+\ddot{y}_i(t)\frac{\tau^2}{2}+\frac{\Delta\ddot{y}_i}{\Delta t}\times\frac{\tau^3}{6} \tag{2.20b}$$

当 $\tau=\Delta t$ 时，质点 i 在 $t+\Delta t$ 时刻的位移和速度增量为

$$\Delta\dot{y}_i=\ddot{y}_i(t)\Delta t+\Delta\ddot{y}_i\frac{\Delta t}{2} \tag{2.21}$$

$$\Delta y_i=\dot{y}_i(t)\Delta t+\ddot{y}_i(t)\frac{(\Delta t)^2}{2}+\Delta\ddot{y}_i\frac{(\Delta t)^2}{6} \tag{2.22}$$

设在 t 时刻第 i 层的阻尼为 C_i，弹塑性恢复力为 $fs_i(t)$（与本层的相对层间位移和柱子的变形历史有关，且满足 $P-\Delta$ 滞回曲线），于是各层楼盖的动力平衡方程为

顶层：

$$-C_n[\dot{y}_n(t)-\dot{y}_{n-1}(t)]-fs_n(t)=m_n\ddot{y}_n(t) \tag{2.23a}$$

中间层：

$$\{C_{i+1}[\dot{y}_{i+1}(t)-\dot{y}_i(t)]-C_i[\dot{y}_i(t)-\dot{y}_{i-1}(t)]\}+fs_{i+1}(t)-fs_i(t)=m_i\ddot{y}_i(t) \tag{2.23b}$$

底层：

$$\{C_2[\dot{y}_2(t)-\dot{y}_1(t)]-C_1[\dot{y}_1(t)-\dot{y}_g(t)]\}+fs_2(t)-fs_1(t)=m_1\ddot{y}_1(t) \tag{2.23c}$$

在 $t+\Delta t$ 时刻顶层、中间层、底层的动力平衡方程分别为

$$-C_n[\dot{y}_n(t+\Delta t)-\dot{y}_{n-1}(t+\Delta t)]-fs_n(t+\Delta t)=m_n\ddot{y}_n(t+\Delta t) \tag{2.24a}$$

$$\begin{aligned}&\{C_{i+1}[\dot{y}_{i+1}(t+\Delta t)-\dot{y}_i(t+\Delta t)]-C_i[\dot{y}_i(t+\Delta t)-\\&\dot{y}_{i-1}(t+\Delta t)]\}+fs_{i+1}(t+\Delta t)-fs_i(t+\Delta t)=m_i\ddot{y}_i(t+\Delta t)\end{aligned} \tag{2.24b}$$

$$\begin{aligned}&\{C_2[\dot{y}_2(t+\Delta t)-\dot{y}_1(t+\Delta t)]-C_1[\dot{y}_1(t+\Delta t)-\dot{y}_g(t+\Delta t)]\}+\\&fs_2(t+\Delta t)-fs_1(t+\Delta t)=m_1\ddot{y}_1(t+\Delta t)\end{aligned} \tag{2.24c}$$

式(2.24a)减式(2.23a)，式(2.24b)减式(2.23b)，式(2.24c)减式(2.23c)，并注意到

$$\dot{y}_i(t+\Delta t)-\dot{y}_i(t)=\Delta\dot{y}_i$$

$$fs_i(t+\Delta t)-fs_i(t)\approx K_i(t)(\Delta y_i-\Delta y_{i-1})$$

这里 $K_i(t)$——t 时刻第 i 层柱子的 $P-\Delta$ 滞回曲线上与 $y_i(t)-y_{i-1}(t)$ 对应的曲线的斜率。

同时还有

$$\ddot{y}_i(t+\Delta t)-\ddot{y}_i(t)=\Delta\ddot{y}_i$$

$$\dot{y}_g(t+\Delta t)-\dot{y}_g(t)=\Delta\dot{y}_g$$

$$y_g(t+\Delta t)-y_g(t)=\Delta y_g$$

这里 y_g——地震动函数。

于是结构在 t 至 $t+\Delta t$ 时间段的动力方程可近似表达为增量形式的线性微分方程组，即

$$\begin{bmatrix} m_1 & \cdots & 0 & \cdots & 0 \\ \vdots & & \vdots & & \vdots \\ 0 & \cdots & m_i & \cdots & 0 \\ \vdots & & \vdots & & \vdots \\ 0 & \cdots & 0 & \cdots & m_n \end{bmatrix}\begin{bmatrix}\Delta\ddot{y}_1\\ \vdots\\ \Delta\ddot{y}_i\\ \vdots\\ \Delta\ddot{y}_n\end{bmatrix}+\begin{bmatrix} C_1+C_2 & -C_2 & 0 & \cdots & 0 \\ -C_2 & C_2+C_3 & -C_3 & \cdots & 0 \\ \vdots & & \vdots & & \vdots \\ 0 & \cdots & -C_{n-1} & C_{n-1}+C_n & -C_n \\ 0 & \cdots & 0 & -C_n & C_n \end{bmatrix}\begin{bmatrix}\Delta\dot{y}_1\\ \vdots\\ \Delta\dot{y}_i\\ \vdots\\ \Delta\dot{y}_n\end{bmatrix}+$$

$$\begin{bmatrix} K_1+K_2 & -K_2 & 0 & \cdots & 0 \\ -K_2 & K_2+K_3 & -K_3 & \cdots & 0 \\ \vdots & & \vdots & & \vdots \\ 0 & \cdots & -K_{n-1} & K_{n-1}+K_n & -K_n \\ 0 & \cdots & 0 & -K_n & K_n \end{bmatrix}\begin{bmatrix}\Delta y_1\\ \vdots\\ \Delta y_i\\ \vdots\\ \Delta y_n\end{bmatrix}=\begin{bmatrix}K_1\Delta y_g+C_1\Delta\dot{y}_g\\ 0\\ \vdots\\ \vdots\\ 0\end{bmatrix} \tag{2.25}$$

由式(2.21)、式(2.22)、式(2.25)可知未知数 $\Delta\ddot{y}_i$、$\Delta\dot{y}_i$、Δy_i 共有 $3n$ 个，而线性方程的个数也正好是 $3n$ 个，若在 t 时刻 m_i 的加速度、速度、位移和地动荷载已知，可通过解这 $3n$ 个线性方程求出结构 $t+\Delta t$ 时刻 m_i 的加速度、速度、位移的增量 $\Delta\ddot{y}_i$、$\Delta\dot{y}_i$、Δy_i。这个过程需通过计算机来完成，时间步长 Δt 越短计算精度越高，这就是线性加速度法，线性加速度法是有条件稳定的，如果所取的时间步长 Δt 超过结构最小自振周期 T 之半时，计算结果就可能发散，如果时间步长能够取得小于结构最小自振周期 T 的 1/10 时且小于输入地震波最小周期分量的 1/80，则可获得可靠的计算结果。

2.6.2 恢复力模型的建立和计算机流程

1. 抗侧力构件刚度修正技术

结构线性地震反应分析与非线性地震反应分析的主要差别在于刚度矩阵是否变化。对于弹塑性结构，在每一步增量反应计算之前，要先行修正刚度矩阵中各元素的量值，此即刚度修正技术。

修正刚度矩阵的过程实质是重新形成总刚度矩阵的过程。修正刚度矩阵与应用恢复力模型的联系途径是通过这些概念转换的。这一途径可用图 2.9 加以说明。

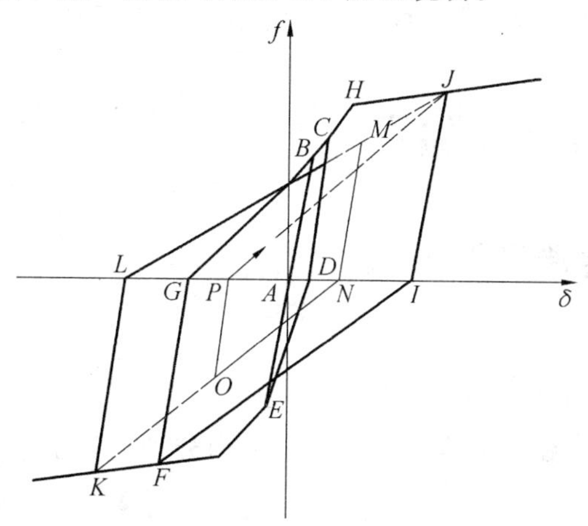

图 2.9 恢复力滞回曲线

以常见的三线型刚度退化型模型介绍刚度修正技术。骨架曲线包括了开裂点、屈服点、极限荷载点等界点。滞回曲线由最大变形点指向和刚度退化规则加以规定。在动力计算开始前要存储骨架曲线界点值，在计算中要存储反向曾经经历过的变形最大值和损伤状态值。

(1)根据变形速度的符号判定变形方向，然后判明本步变形绝对值是否超过同方向历史最大变形绝对值。当超过时，则加载点必在骨架曲线上，此时，可将本步累积变形值与骨架曲线界点变形值相比较。超过界点值时改变状态标识变量并修正刚度；不超过界点值时，不修正刚度。而当不超过历史最大变形绝对值时，应进一步判明相邻时刻内力是否反号，反号时，则可能修正刚度，否则不修正刚度。

(2)当相邻时刻变形速度值发生变化时，变形反向，此时，取卸载段退化刚度为本步刚度值。

在刚度修正技术中，还有界点刚度转换问题，即在前后两时刻刚度发生变化(即恢复力曲线有转折)时，需将时间步长分割，求出刚度发生变化时(即到达恢复力曲线的转折点)的时刻。在此时刻之前按原刚度计算，在此时刻之后按改变后的刚度计算，具体做法请参阅沈聚敏、周锡元、高永旺、刘晶波编著的《抗震工程学》。

2. 计算机流程

结构的弹塑性时程分析计算流程如图 2.10 所示。

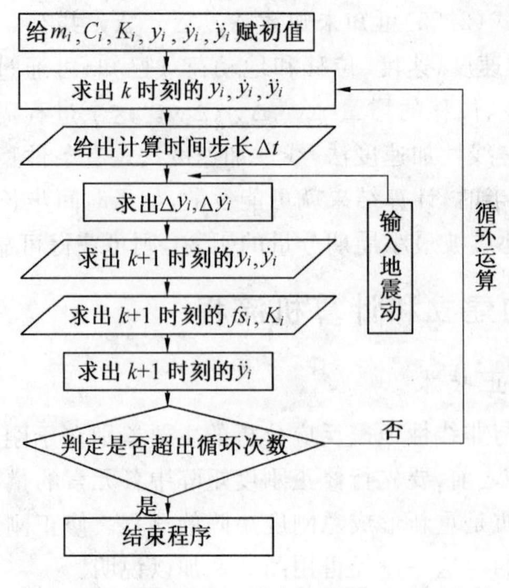

图 2.10　程序流程图

2.7　结构的抗震验算

2.7.1　结构抗震计算原则及方法

1. 结构抗震计算原则

各类建筑结构的地震作用，应符合下列规定：

(1)一般情况下，应至少在建筑结构的两个主轴方向分别计算水平地震作用，各方向的水平地震作用应由该方向抗侧力构件承担。

(2)有斜交抗侧力构件的结构，当相交角度大于 15°时，应分别计算各抗侧力构件方向的水平地震作用。

(3)质量和刚度分布明显不对称的结构，应计入双向水平地震作用下的扭转影响；其他情况，应允许采用调整地震作用效应的方法计入扭转影响。

(4)8、9 度时的大跨度和长悬臂结构及 9 度时的高层建筑，应计算竖向地震作用。

注：8、9 度时采用隔震设计的建筑结构，应按有关规定计算竖向地震作用。

2. 结构抗震计算方法的确定

(1)高度不超过 40 m、以剪切变形为主且质量和刚度沿高度分布比较均匀的结构，以及近似于单质点体系的结构，可采用底部剪力法等简化方法。

(2)除(1)款外的建筑结构，宜采用振型分解反应谱法。

(3)特别不规则的建筑、甲类建筑和表 2.5 所列高度范围的高层建筑，应采用时程分析法进行多遇地震下的补充计算；当取三组加速度时程曲线输入时，计算结果宜取时程法的包络值和振型分解反应谱法的较大值；当取七组及七组以上的时程曲线时，计算结果可取时程法的平均值和振型分解反应谱法的较大值。

表 2.5　采用时程分析的房屋高度范围

烈度、场地类别	房屋高度范围/m
8 度Ⅰ、Ⅱ类场地和 7 度	＞100
8 度Ⅲ、Ⅳ类场地	＞80
9 度	＞60

采用时程分析法时，应按建筑场地类别和设计地震分组选用实际强震记录和人工模拟的加速度时程曲线，其中实际强震记录的数量不应少于总数的 2/3，多组时程曲线的平均地震影响系数曲线应与振型分解反应谱法所采用的地震影响系数曲线在统计意义上相符，其加速度时程的最大值可按表 2.6 采用。弹性时程分析时，每条时程曲线计算所得结构底部剪力不应小于振型分解反应谱法计算结果的 65%，多条时程曲线计算所得结构底部剪力的平均值不应小于振型分解反应谱法计算结果的 80%。

表 2.6　时程分析所用地震加速度时程的最大值

cm/s²

地震影响	6 度	7 度	8 度	9 度
多遇地震	18	35(55)	70(110)	140
罕遇地震	125	220(310)	400(510)	620

注：括号内数值分别用于设计基本地震加速度为 $0.15g$ 和 $0.30g$ 的地区

(4)计算罕遇地震下结构的变形，应按抗震变形验算的规定，采用简化的弹塑性分析方法或弹塑性时程分析法。

(5)平面投影尺度很大的空间结构，应根据结构形式和支承条件，分别按单点一致、多点、多向单点或多向多点输入进行抗震计算。按多点输入计算时，应考虑地震行波效应和局部场地效应。6 度和 7 度Ⅰ、Ⅱ类场地的支承结构、上部结构和基础的抗震验算可采用简化方法，根据结构跨度、长度不同，其短边构件可乘以附加地震作用效应系数 1.15～1.30；7 度Ⅲ、Ⅳ类场地和 8、9 度时，应采用时程分析方法进行抗震验算。

(6)建筑结构的隔震和消能减震设计，应采用《建筑抗震设计规范》(GB 50011—2010)第 12 章规定的计算方法。

(7)地下建筑结构应采用《建筑抗震设计规范》(GB 50011—2010)第 14 章规定的计算方法。

2.7.2 重力荷载代表值

计算地震作用时，建筑的重力荷载代表值应取结构和构配件自重标准值和各可变荷载组合值之和。各可变荷载的组合值系数，应按表 2.7 采用。

表 2.7　组合值系数

可变荷载种类		组合值系数
雪荷载		0.5
屋面积灰荷载		0.5
屋面活荷载		不计入
按实际情况计算的楼面活荷载		1.0
按等效均布荷载计算的楼面活荷载	藏书库、档案库	0.8
	其他民用建筑	0.5
起重机悬吊物重力	硬钩吊车	0.3
	软钩吊车	不计入

注：硬钩吊车的吊重较大时，组合值系数应按实际情况采用

2.7.3 抗震验算最低要求

抗震验算时，结构任一楼层的水平地震剪力应符合下式要求：

$$V_{eki} > \lambda \sum_{j=1}^{n} G_j \tag{2.26}$$

式中　V_{eki}——第 i 层对应于水平地震作用标准值的楼层剪力；

λ——剪力系数，不应小于表 2.8 规定的楼层最小地震剪力系数值，对竖向不规则结构的薄弱层，尚应乘以 1.15 的增大系数；

G_j——第 j 层的重力荷载代表值。

表 2.8　楼层最小地震剪力系数值

类　别	6 度	7 度	8 度	9 度
扭转效应明显或基本周期小于 3.5 s 的结构	0.008	0.016(0.024)	0.032(0.048)	0.064
基本周期大于 5.0 s 的结构	0.006	0.012(0.018)	0.024(0.036)	0.048

注：1. 基本周期介于 3.5 s 和 5 s 之间的结构，按插入法取值

2. 括号内数值分别用于设计基本地震加速度为 $0.15g$ 和 $0.30g$ 的地区

2.7.4 地基－基础的相互作用

结构抗震计算，一般情况下可不计入地基与结构相互作用的影响；8 度和 9 度时建造于Ⅲ、Ⅳ类场地，采用箱基、刚性较好的筏基和桩箱联合基础的钢筋混凝土高层建筑，当结构基本自振周期处于特征周期的 1.2 倍至 5 倍范围时，若计入地基与结构动力相互作用的影响，对刚性地基假定计算的水平地震剪力可按下列规定折减，其层间变形可按折减后的楼层剪力计算。

(1)高宽比小于 3 的结构，各楼层水平地震剪力的折减系数，可按下式计算：

$$\psi=\left(\frac{T_1}{T_1+\Delta T}\right)^{0.9} \tag{2.27}$$

式中　ψ——计入地基与结构动力相互作用后的地震剪力折减系数；

T_1——按刚性地基假定确定的结构基本自振周期，s；

ΔT——计入地基与结构动力相互作用的附加周期(s)，可按表 2.9 采用。

表 2.9　附加周期　　s

烈　度	场地类别	
	Ⅲ类	Ⅳ类
8	0.08	0.20
9	0.10	0.25

(2)高宽比不小于 3 的结构，底部的地震剪力按第(1)款规定折减，顶部不折减，中间各层按线性插入值折减。

(3)折减后各楼层的水平地震剪力，应符合上节的抗震验算最低要求。

2.7.5 结构抗震验算的内容

1. 抗震变形验算

表 2.10 所列各类结构应进行多遇地震作用下的抗震变形验算，其楼层内最大的弹性层间位移应符合下式要求：

$$\Delta u_e \leqslant [\theta_e] h \tag{2.28}$$

式中　Δu_e——多遇地震作用标准值产生的楼层内最大的弹性层间位移；计算时，除以弯曲变形为主的高层建筑外，可不扣除结构整体弯曲变形；应计入扭转变形，各作用分项系数均应采用 1.0；钢筋混凝土结构构件的截面刚度可采用弹性刚度；

$[\theta_e]$——弹性层间位移角限值，宜按表 2.10 采用；

h——计算楼层层高。

表 2.10 弹性层间位移角限值

结构类型	$[\theta_e]$
钢筋混凝土框架	1/550
钢筋混凝土框架—抗震墙、板柱—抗震墙、框架—核心筒	1/800
钢筋混凝土抗震墙、筒中筒	1/1 000
钢筋混凝土框支层	1/1 000
多、高层钢结构	1/250

2.结构在罕遇地震作用下薄弱层的弹塑性变形验算

(1)下列结构应进行弹塑性变形验算：

①8 度Ⅲ、Ⅳ类场地和 9 度时，高大的单层钢筋混凝土柱厂房的横向排架；

②7～9 度时楼层屈服强度系数小于 0.5 的钢筋混凝土框架结构和框排架结构；

③高度大于 150 m 的结构；

④甲类建筑和 9 度时乙类建筑中的钢筋混凝土结构和钢结构；

⑤采用隔震和消能减震设计的结构。

(2)下列结构宜进行弹塑性变形验算：

①表 2.5 所列高度范围且属于竖向不规则类型的高层建筑结构；

②7 度Ⅲ、Ⅳ类场地和 8 度时乙类建筑中的钢筋混凝土结构和钢结构；

③板柱—抗震墙结构和底部框架砌体房屋；

④高度不大于 150 m 的其他高层钢结构；

⑤不规则的地下建筑结构及地下空间综合体。

注：楼层屈服强度系数为按钢筋混凝土构件实际配筋和材料强度标准值计算的楼层受剪承载力和按罕遇地震作用标准值计算的楼层弹性地震剪力的比值；对排架柱，指按实际配筋面积、材料强度标准值和轴向力计算的正截面受弯承载力与按罕遇地震作用标准值计算的弹性地震弯矩的比值。

3.结构在罕遇地震作用下薄弱层(部位)弹塑性变形计算

①不超过 12 层且层刚度无突变的钢筋混凝土框架和框排架结构、单层钢筋混凝土柱厂房可采用式(2.29)、(2.30)的简化计算法。

②除①款以外的建筑结构，可采用静力弹塑性分析方法或弹塑性时程分析法等。

③规则结构可采用弯剪层模型或平面杆系模型，属于模块 1 中规定的不规则结构应采用空间结构模型。

4.结构薄弱层(部位)弹塑性层间位移的简化计算

(1)结构薄弱层(部位)的位置可按下列情况确定：

①楼层屈服强度系数沿高度分布均匀的结构，可取底层；

②楼层屈服强度系数沿高度分布不均匀的结构，可取该系数最小的楼层(部位)和相对较少的楼层，一般不超过 2～3 处；

③单层厂房，可取上柱。

(2)弹塑性层间位移可按下列公式计算

$$\Delta u_p = \eta_p \Delta u_e \tag{2.29}$$

或

$$\Delta u_p = \mu \Delta u_y = \frac{\eta_p}{\xi_y} \Delta u_y \tag{2.30}$$

式中 Δu_p——弹塑性层间位移；

Δu_y——层间屈服位移；

μ——楼层延性系数；

Δu_{e}——罕遇地震作用下按弹性分析的层间位移；

η_{p}——弹塑性层间位移增大系数，当薄弱层（部位）的屈服强度系数不小于相邻层（部位）该系数平均值的0.8时，可按表2.11采用。当不大于该平均值的0.5时，可按表内相应数值的1.5倍采用；其他情况可采用内插法取值；

ξ_{y}——楼层屈服强度系数。

表 2.11　弹塑性层间位移增大系数

结构类型	总层数 n 或部位	ξ_y		
		0.5	0.4	0.3
多层均匀框架结构	2～4	1.30	1.40	1.60
	5～7	1.50	1.65	1.80
	8～12	1.80	2.00	2.20
单层厂房	上柱	1.30	1.60	2.00

5. 结构薄弱层（部位）弹塑性层间位移

结构薄弱层（部位）弹塑性层间位移应符合

$$\Delta u_{p} \leqslant [\theta_{p}] h \tag{2.31}$$

式中　$[\theta_{p}]$——弹塑性层间位移角限值，可按表2.12采用；对钢筋混凝土框架结构，当轴压比小于0.40时，可提高10%；当柱子全高的箍筋构造比抗震规范GB 50011—2010第6.3.9条规定的体积配箍率大30%时，可提高20%，但累计不超过25%；

h——薄弱层楼层高度或单层厂房上柱高度。

表 2.12　弹塑性层间位移角限值

结构类型	$[\theta_p]$
单层钢筋混凝土柱排架	1/30
钢筋混凝土框架	1/50
底部框架砌体房屋中的框架抗震墙	1/100
钢筋混凝土框架－抗震墙、板柱－抗震墙、框架－核心筒	1/100
钢筋混凝土抗震墙、筒中筒	1/120
多、高层钢结构	1/50

6. 多遇地震下结构的强度验算

结构构件的地震作用效应和其他荷载效应的基本组合，应按下式计算：

$$S = \gamma_{G} S_{GE} + \gamma_{Eh} S_{Ehk} + \gamma_{Gv} S_{Evk} + \psi_{w} \gamma_{w} S_{wE} \tag{2.32}$$

式中　S——结构构件内力组合的设计值，包括组合的弯矩、轴向力和剪力设计值等；

γ_{G}——重力荷载分项系数，一般情况应采用1.2，当重力荷载效应对构件承载能力有利时，不应大于1.0；

γ_{Eh}、γ_{Gv}——分别为水平、竖向地震作用分项系数，应按表2.13采用；

γ_{w}——风荷载分项系数，应采用1.4；

S_{GE}——重力荷载代表值的效应，可按表2.7采用，但有吊车时，尚应包括悬吊物重力标准值的效应；

S_{Ehk}——水平地震作用标准值的效应，尚应乘以相应的增大系数或调整系数；

S_{Evk}——竖向地震作用标准值的效应，尚应乘以相应的增大系数或调整系数；

S_{wE}——风荷载标准值的效应；

ψ_w——风荷载组合值系数，一般结构取0.0，风荷载起控制作用的建筑应采用0.20。

表2.13 地震作用分项系数

地震作用	γ_{Eh}	γ_{Ev}
仅计算水平地震作用	1.3	0.0
仅计算竖向地震作用	0.0	1.3
同时计算水平与竖向地震作用(水平地震为主)	1.3	0.5
同时计算水平与竖向地震作用(竖向地震为主)	0.5	1.3

结构构件的截面抗震验算，应采用下列设计表达式：

$$S \leqslant R/\gamma_{RE} \tag{2.33}$$

式中 γ_{RE}——承载力抗震调整系数，除另有规定外，应按表2.14采用；

R——结构构件承载力设计值。

表2.14 承载力抗震调整系数

材料	结构构件	受力状态	γ_{RE}
钢	柱，梁，支撑，节点板件，螺栓，焊缝	强度	0.75
	柱，支撑	稳定	0.80
砌体	两端均有构造柱、芯柱的抗震墙	受剪	0.9
	其他抗震墙	受剪	1.0
混凝土	梁	受弯	0.75
	轴压比小于0.15的柱	偏压	0.75
	轴压比不小于0.15的柱	偏压	0.80
	抗震墙	偏压	0.85
	各类构件	受剪、偏拉	0.85

当仅计算竖向地震作用时，各类结构构件承载力抗震调整系数均应采用1.00。

2.8 建筑的隔震与减震

2.8.1 结构抗震设计思想的演化与发展

由震源产生的地震力，通过一定途径传递到建筑物所在场地，引起结构的地震反应。一般来说，建筑物的地震位移反应沿高度从下向上逐级加大，而地震内力则自上而下逐级增加。当建筑结构某些部分的地震力超过该部分所能承受的力时，结构就将产生破坏。

在抗震设计的早期，人们曾企图将结构物设计为“刚性结构体系”。这种体系的结构地震反应接近地面地震运动，一般不发生结构强度破坏。但这样做的结果必然导致材料的浪费，诚如著名的地震工程专家Rosenblueth所说的那样：“为了满足我们的要求，人类所有财富可能都是不够的，大量的一般结构将成为碉堡。”作为刚性结构体系的对立体系，人们还设想了“柔性结构体系”，即通过大大减小结构物的刚性来避免结构与地面运动发生类共振，从而减轻地震力。但是，这种结构体系在地震动作用下结构位移过大，在较小的地震时即可能影响结构的正常使用，同时，将各类工程结构都设计为柔性结构体系，也存在实践上的困难。长期的抗震工程实践证明：将一般结构物设计为“延性结构”是合宜的。通过适当控制结构物的刚度与强度，使结构构件在强烈地震时进入非弹性状态后仍具有较大的延性，从而可以通过塑性变形消耗地震能量，使结构物至少保证“坏而不倒”，这就是对“延性结构体系”的基本要求。在现代抗震设计中实现延性结构体系设计是工程师所追求的抗震基本目标。

然而，延性结构体系的结构，仍然是处于被动地抵御地震作用的地位。对于多数建筑物，当遭遇相当于当地基本烈度的地震袭击时，结构即可能进入非弹性破坏状态，从而导致建筑物装修与内部设备的破坏，造成巨大的经济损失。对于某些生命线工程（如电力、通信部门的核心建筑），结构及内部设备的破坏可以导致生命线网络的瘫痪，所造成的损失更是难以估量。所以，随着现代化社会的发展，各种昂贵设备在建筑物内部配置的增加，延性结构体系的应用也有了一定的局限性。面对新的社会要求，各国地震工程学家一直在寻求新的结构抗震设计途径。以隔震、减震、制振技术为特色的结构控制设计理论与实践，便是这种努力的结果。

2.8.2 隔震

隔震是通过某种隔离装置将地震动与结构隔开，以达到减小结构振动的目的。隔震方法主要有基础隔震和悬挂隔震等类型。

1.基础隔震原理

基础隔震的基本思想是在结构物地面以上部分的底部设置隔震层，使之与固结于地基中的基础顶面分离开，从而限制地震动向结构物的传递。大量试验研究工作表明：合理的结构隔震设计一般可使结构的水平地震加速度反应降低60%左右，从而可以有效地减轻结构的地震破坏，提高结构物的地震安全性。

2.基础隔震的方法

(1)橡胶支座隔震

橡胶支座是最常见的隔震装置。常见的橡胶支座分为钢板叠层橡胶支座、铅芯橡胶支座、石墨橡胶支座等类型。

钢板叠层橡胶支座由橡胶片和薄钢板叠合而成（图2.11）。由于薄钢板对橡胶片的横向变形有限制作用，因而使支座竖向刚度较纯橡胶支座大大增加。支座的橡胶层总厚度越小，所能承受的竖向荷载越大。为了提高叠层橡胶支座的阻尼，发明了铅芯橡胶支座（图2.12），这种隔震支座是在叠层橡胶支座中间钻孔灌入铅芯而成。铅芯可以提高支座大变形时的吸能能力。一般来说，普通叠层橡胶支座内阻尼较小，常需配合阻尼器一起使用，而铅芯橡胶支座由于集隔震器与阻尼器于一身，因而可以独立使用。在天然橡胶中加入石墨，也可以大幅度提高橡胶支座的阻尼，但石墨橡胶支座在实际中应用还不多。

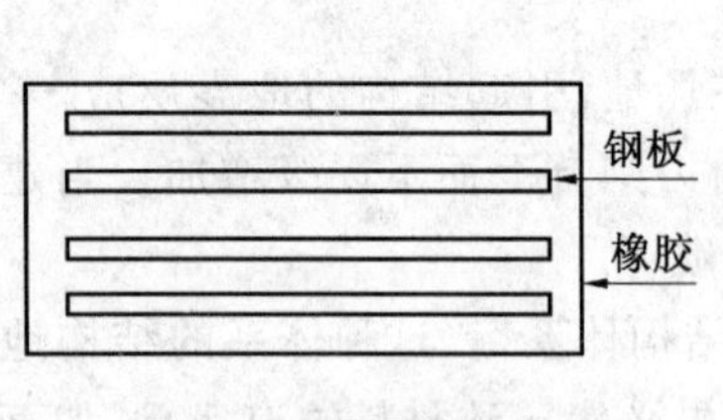

图2.11 叠层橡胶支座

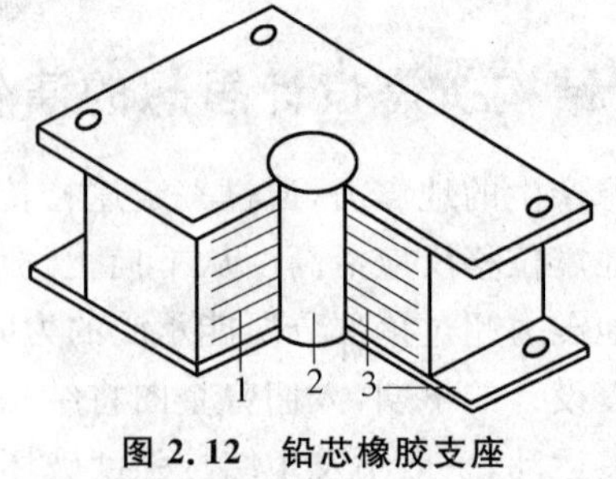

图2.12 铅芯橡胶支座

1—橡胶；2—铅芯；3—钢片

(2)滑移基础隔震

最早提出滑移基础隔震概念的是日本学者河合浩藏，他在1881年提出“……要盖一种在地震时也不震动的房屋”，其做法是先在地基上纵横交错地放几层圆木，圆木上做混凝土基础，再在上面盖房以削弱地震能量向建筑物的传递。1909年，英国医生J.A.卡兰特伦次提出了用滑石和云母进行滑动隔震的思想和方法。

滑移基础隔震，又可分为滚轴隔震、滚珠隔震（图2.13）、聚四氟乙烯摩擦材料隔震几类。

在地震作用下，滑移隔震结构的基底与支撑面之间的相对滑移，能有效地减少上部结构的层间相对位移和内力。

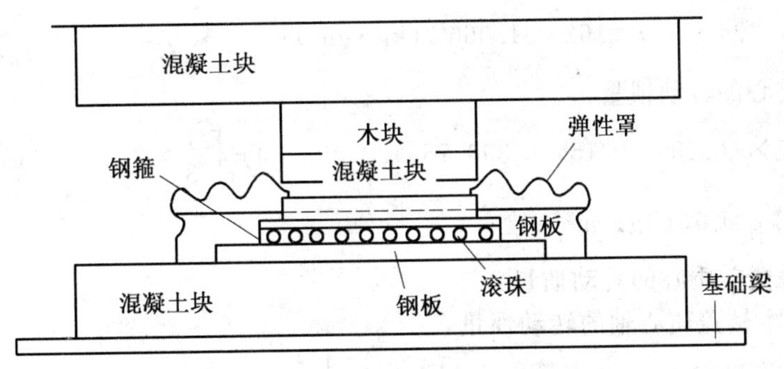

图 2.13　滚珠隔震装置示意图

2.8.3 减震与制振

减震是通过采用一定的耗能装置或附加子结构吸收或消耗地震传递给主体结构的能量，从而减轻结构的振动。减震方法主要有耗能减震、吸振减震、冲击减震等类型。

狭义的制振技术又称结构主动控制。它是通过自动控制系统主动地给结构施加控制力，以期达到减小结构振动的目的。

目前，结构隔震技术已基本进入实用阶段，而对于减震与制振技术，则正处于研究、探索并部分应用于工程实践的时期。

【工程实例 2.1】

1. 工程介绍

工程介绍详见本模块的工程导入。

2. 工程分析

本结构属于奇异型不规则建筑结构类型，根据抗震规范要求，应考虑结构的平扭耦合地震反应。

3. 工程实施

(1)顶层楼盖质量及质心坐标计算

①楼板质量：

$6.4\times9.4\times0.1\times24.5\times10^3/9.8=15\ 040(\text{kg})$；

②半柱质量：

$8\times0.3\times0.3\times1.75\times2\ 500=3\ 150(\text{kg})$；

③露出楼板的框架梁质量：

$[4\times(0.4\times0.25\times5.7)+6\times(0.4\times0.25\times2.7)]\times2\ 500=9\ 750(\text{kg})$

故顶层楼盖的总质量为：

$m_2=15\ 040+3\ 150+9\ 750=27\ 940(\text{kg})$。

④顶层楼盖质心坐标：

$x_{C2}=1\ 800+3\ 200=5\ 000(\text{mm})=5(\text{m})$；

$y_{C2}=0\ \text{m}$；

$$z_{C2}=7\ 600-\frac{15\ 040\times50+3\ 150\times975+9\ 750\times300}{27\ 940}=7\ 358.474(\text{mm})=7.358\ 474(\text{m})。$$

(2)顶层楼盖对过其质心 Z 轴的转动惯量计算

①楼板对楼盖质心的转动惯量:

$\frac{1}{3}\times 15\ 040\times(3.2^2+4.7^2)=162\ 081.066\ 7(\mathrm{kg\cdot m^2})$;

②半柱对楼盖质心的转动惯量:

$4\times\left[\frac{1}{3}\times 393.75\times(0.15^2+0.15^2)+393.75\times 29.25\right]+4\times\left[\frac{1}{3}\times 393.75\times(0.15^2+0.15^2)+393.75\times 11.25\right]=63\ 834.75(\mathrm{kg\cdot m^2})$;

③外露框架梁对楼盖质心的转动惯量:

a. y 向框架梁对本楼盖质心轴的转动惯量:

$2\times\left[\frac{1}{3}\times 675\times(0.125^2+1.35^2)+675\times 9\right]+4\times\left[\frac{1}{3}\times 675\times(0.125^2+1.35^2)+675\times 18\right]=63\ 231.47(\mathrm{kg\cdot m^2})$;

b. x 向框架梁对本楼盖质心轴的转动惯量:

$2\times\left[\frac{1}{3}\times 1\ 425\times(0.125^2+2.85^2)+1\ 425\times 1.5^2\right]+2\times\left[\frac{1}{3}\times 1\ 425\times(0.125^2+2.85^2)+1\ 425\times 4.5^2\right]=65\ 443.72(\mathrm{kg\cdot m^2})$。

总的转动惯量为:

$J_{z2}=162\ 081.06+63\ 834.75+63\ 231.47+65\ 443.72=354\ 591(\mathrm{kg\cdot m^2})$。

(3)一层楼盖及其附属部分的质量

①一层楼板的质量:

$(16.4\times 9.4-1.1\times 3.6)\times 0.1\times 2\ 500=37\ 550(\mathrm{kg})$;

②上下层半柱质量:

$8\times 0.3\times 0.3\times 1.75\times 2\ 500+8\times 0.3\times 0.3\times 1.95\times 2\ 500+2\times 0.3\times 0.3\times 1.95\times 2\ 500+2\times 0.25\times 0.25\times 1.95\times 2\ 500=8\ 146.875(\mathrm{kg})$;

③四根构造柱的质量:

$4\times 0.24^2\times 3.1\times 2\ 500=1\ 785.6(\mathrm{kg})$;

④填充墙的质量:

$(1.76\times 4\times 0.24+1.66\times 2\times 0.24+5\times 2.66\times 0.24)\times 1.5\times 18\times 1\ 000/9.8=15\ 644.571\ 43(\mathrm{kg})$;

⑤露出楼板的框架梁与非框架梁的质量:

$9\ 750+2(9.7\times 0.25\times 0.4)\times 2\ 500+2\times(9.725\times 0.25\times 0.4)\times 2\ 500+2\times(0.25\times 0.4\times 2.725)\times 2\ 500+(2.75\times 0.4\times 0.25)\times 2\ 500+0.2\times 0.3\times 2.75\times 2\ 500=21\ 925(\mathrm{kg})$;

⑥楼梯板的质量:

$1.1\times 0.1\times\sqrt{3.84^2+7.2^2}\times 2\ 500+23\times 0.3\times 0.16\times 1.1\times 2\ 500\times 0.5=3\ 762(\mathrm{kg})$。

总质量为:

$m_1=88\ 814.046\ 43(\mathrm{kg})$。

(4)一层楼盖及其附属部分的总质心坐标计算

① 质心横坐标:

$x_C=\dfrac{\sum_{i=1}^{n}m_i x_i}{\sum_{i=1}^{n}m_i}=(1\ 881-13\ 920+3\times 5\ 400+4\times 6\ 660+4\times 7\ 125+4\times 1\ 665+3\times 1\ 350-2\times$

7 275－2×7 293.75－2×3 510－2×2 440－2×5 450－5 500＋3×14 072＋2×8 148＋2×2 676＋2×5 490＋2×1 784＋2×3 492＋2×3 518)/8 814.046 43＝1.182 31(m)；

② 质心纵坐标：

$$y_C=\frac{\sum_{i=1}^{n}m_iy_i}{\sum_{i=1}^{n}m_i}=(-2\ 970+11\ 286+413\times 3)/88\ 814.046\ 3=0.107\ 58(\text{m})。$$

③ 竖向质心坐标：

$$z_C=\frac{\sum_{i=1}^{n}m_iz_i}{\sum_{i=1}^{n}m_i}=[152\ 233-3\ 910.5+7\ 223.04+(1\ 919.53+1\ 283.344)\times 8+2\ 497.5\times 6+$$

$5\ 272.5\times 4+2\times 8\ 972.5+2\times 8\ 995.625+1\ 548.75+2\times 1\ 283.344+2\times 892.125+2\times 2\ 520.625+2\ 543.75+5\times 8\ 355.25+4\times 5\ 529+2\times 5\ 215.5+4\times 2\ 475.3]/8\ 8814.046\ 43=3.950\ 83(\text{m})$。

(5)一层楼盖及其附属部分对整体质心轴的转动惯量计算

①一层楼板对整体质心轴的转动惯量：

$\frac{1}{3}M(a^2+b^2)+Md^2=\frac{1}{3}\times 38\ 540\times(8.2^2+4.7^2)+38\ 540\times(1.182\ 31^2+0.11^2)-\frac{1}{3}\times 990\times(1.8^2+0.55^2)-990\times[(-1.9-1.182)^2+(3-0.11)^2]=1\ 183\ 090.862(\text{kg}\cdot\text{m}^2)$；

②楼梯板对整体质心轴的转动惯量：

$J_x\cos^2\alpha+J_y\cos^2\beta+J_z\cos^2\gamma+Md^2=\frac{1}{3}\times 3\ 762\times(0.55^2+0.084^2)\times\left(\frac{3.842}{8.16}\right)^2+\frac{1}{3}\times 3\ 762\times(0.55^2+4.08^2)\times\left(\frac{7.2}{8.16}\right)^2+3\ 762\times[(1.182+3.7)^2+(3-0.11)^2]=137\ 702.48(\text{kg}\cdot\text{m}^2)$；

③框架柱对整体质心轴的转动惯量：

a. KZ1 对整体质心轴的转动惯量：

$\frac{1}{3}\times 438.75\times(2\times 0.15^2)+438.75\times[(1.182+8)^2+(4.5-0.11)^2]=45\ 453.228(\text{kg}\cdot\text{m}^2)$；

b. KZ2 对整体质心轴的转动惯量：

$\frac{1}{3}\times 305\times(2\times 0.125^2)+305\times[(1.182+8)^2+(1.5-0.11)^2]=26\ 307.02(\text{kg}\cdot\text{m}^2)$；

c. KZ3 对整体质心轴的转动惯量：

$\frac{1}{3}\times 305\times(2\times 0.125^2)+438.75\times[(1.182+8)^2+(1.5+0.11)^2]=26\ 508.32(\text{kg}\cdot\text{m}^2)$；

d. KZ4 对整体质心轴的转动惯量：

$\frac{1}{3}\times 438.75\times(2\times 0.15^2)+438.75\times[(1.182+8)^2+(4.5+0.11)^2]=46\ 321.952\ 63(\text{kg}\cdot\text{m}^2)$；

e. KZ5 对整体质心轴的转动惯量：

$\frac{1}{3}\times(393.75+438.75)\times 0.045+832.5\times[(2-1.182)^2+(4.5-0.11)^2]=16\ 613.536\ 5(\text{kg}\cdot\text{m}^2)$；

f. KZ6 对整体质心轴的转动惯量：

$12.487\ 5+832.5\times[(2-1.182)^2+(1.5-0.11)^2]=2\ 177.091(\text{kg}\cdot\text{m}^2)$；

g. KZ7 对整体质心轴的转动惯量：

$12.487\ 5+832.5\times[(2-1.182)^2+(1.5+0.11)^2]=2\ 727.46(\text{kg}\cdot\text{m}^2)$；

h. KZ8 对整体质心轴的转动惯量：

$12.487\ 5+832.5\times[(2-1.182)^2+(4.5+0.11)^2]=18\ 261.91(\text{kg}\cdot\text{m}^2)$；

i. KZ9 对整体质心轴的转动惯量：

$12.4875+832.5\times[(8-1.182)^2+(4.5-0.11)^2]=54\,755.27(\text{kg}\cdot\text{m}^2)$；

j. KZ10 对整体质心轴转动惯量：

$12.4875+832.5\times[(8-1.182)^2+(1.5-0.11)^2]=40\,319.723(\text{kg}\cdot\text{m}^2)$；

k. KZ11 对整体质心轴转动惯量：

$12.4875+832.5\times[(8-1.182)^2+(1.5+0.11)^2]=40\,869.173(\text{kg}\cdot\text{m}^2)$；

l. KZ12 对整体质心轴转动惯量：

$12.4875+832.5\times[(8-1.182)^2+(4.5+0.11)^2]=56\,403.623(\text{kg}\cdot\text{m}^2)$；

④框架梁与非框架梁对整体质心轴的转动惯量：

a. KL1 第一跨对整体质心轴的转动惯量：

$\frac{1}{3}\times1\,425\times(0.125^2+2.85^2)+1\,425\times[(5-1.182)^2+(0.11+4.5)^2]=54\,922.08(\text{kg}\cdot\text{m}^2)$；

b. KL1 第二跨对整体质心轴的转动惯量：

$\frac{1}{3}\times2\,425\times(0.125^2+4.85^2)+2\,425\times[(3+1.182)^2+(0.11+4.5)^2]=112\,974.1182(\text{kg}\cdot\text{m}^2)$；

c. KL2 第一跨对整体质心轴的转动惯量：

$3\,865.61+1\,425\times[14.577+2.5921]=28\,331.57(\text{kg}\cdot\text{m}^2)$；

d. KL3 第一跨对整体质心轴的转动惯量：

$3\,865.61+1\,425\times[14.577+1.932]=27\,391.08(\text{kg}\cdot\text{m}^2)$；

e. KL4 第一跨对整体质心轴的转动惯量：

$3\,865.61+1\,425\times[14.577+19.2721]=52\,100.58(\text{kg}\cdot\text{m}^2)$；

f. KL4 第二跨对整体质心轴的转动惯量：

$19\,026.65+2\,425\times[17.489+19.2721]=108\,172.62(\text{kg}\cdot\text{m}^2)$；

g. KL2 第二跨对整体质心轴的转动惯量：

$\frac{1}{3}\times2\,431.25\times(0.125^2+4.8625^2)+2\,431.25\times(17.49+2.59)=67\,996.32(\text{kg}\cdot\text{m}^2)$；

h. KL3 第二跨对整体质心轴的转动惯量：

$19\,174.45+2\,431.25\times[17.489+1.9321]=66\,391.699(\text{kg}\cdot\text{m}^2)$；

i. KL5 第一跨对整体质心轴的转动惯量：

$\frac{1}{3}\times675\times(0.15^2+1.35^2)+675\times[(8-1.182)^2+(3-0.11)^2]=37\,428.62(\text{kg}\cdot\text{m}^2)$；

j. KL5 第二跨对整体质心轴的转动惯量：

$413.58+675\times[46.49+0.11^2]=31\,799.12(\text{kg}\cdot\text{m}^2)$；

k. KL5 第三跨对整体质心轴的转动惯量：

$413.58+675\times[46.49+3.11^2]=38\,319.62(\text{kg}\cdot\text{m}^2)$；

l. KL6 第一跨对整体质心轴的转动惯量：

$413.58+675\times[0.6691+8.3521]=6\,502.89(\text{kg}\cdot\text{m}^2)$；

m. KL6 第二跨对整体质心轴的转动惯量：

$413.58+675\times[0.6691+0.11^2]=873.3225(\text{kg}\cdot\text{m}^2)$；

n. KL6 第三跨对整体质心轴的转动惯量：

$413.58+675\times[0.6691+4.11^2]=7\,393.89(\text{kg}\cdot\text{m}^2)$；

o. KL7 第一跨对整体质心轴的转动惯量：

$\frac{1}{3}\times681.25\times(0.15^2+1.3625^2)+681.25\times[(8+1.182)^2+(3-0.11)^2]=63\,551.163(\text{kg}\cdot\text{m}^2)$；

p. KL7 第三跨对整体质心轴的转动惯量：

$425.107+681.25\times[84.31+9.672\ 1]=64\ 450.41(\text{kg}\cdot\text{m}^2)$；

q. KL7 第二跨对整体质心轴的转动惯量：

$\frac{1}{3}\times 687.5\times(0.15^2+1.375^2)+687.5\times(84.31+0.11^2)=58\ 408.29(\text{kg}\cdot\text{m}^2)$；

r. L1 一跨对整体质心轴的转动惯量：

$\frac{1}{3}\times 413\times(0.1^2+1.375^2)+413\times[1.182^2+(3-0.11)^2]=4\ 288.07(\text{kg}\cdot\text{m}^2)$；

⑤填充墙与构造柱对整体质心轴的转动惯量：

a. 填充墙对整体质心轴的转动惯量：

$5\times\frac{1}{3}\times 1\ 759\times(0.12^2+1.33^2)+1\ 759\times[3\times(8-1.182)^2+2\times(3+0.11)^2+0.11^2+2\times(3-0.11)^2+2\times(2-1.182)^2]+4\times\frac{1}{3}\times 1\ 164\times(0.12^2+0.88^2)+1\ 164\times[2\times(7-1.182)^2+2\times(4.5+0.11)^2+2\times(4.5-0.11)^2+2\times(3-1.182)^2]+2\times\frac{1}{3}\times 1\ 098\times(0.12^2+0.83^2)+1\ 098\times[2\times(5-1.182)^2+(4.5+0.11)^2+(4.5-0.11)^2]=498\ 372(\text{kg}\cdot\text{m}^2)$；

b. 构造柱对整体质心轴的转动惯量：

$4\times\frac{1}{3}\times 446\times(0.12^2+0.12^2)+446\times[2\times(6-1.182)^2+2\times(4.5+0.11)^2+2\times(4.5-0.11)^2+2\times(4-1.182)^2]=63\ 954.17(\text{kg}\cdot\text{m}^2)$；

总的转动惯量：

$J_{z1}=3\ 091\ 133.252(\text{kg}\cdot\text{m}^2)$。

(6)一、二层抗侧力构件竖向刚心坐标计算

①刚心横向坐标的计算：

$$x_{vg1}=\frac{\sum_{i=1}^{12}\frac{E_iA_i}{l_i}\times x_i}{\sum_{i=1}^{n}\frac{E_iA_i}{l_i}}=\frac{0.3^2\times 4\times 8+0.3^2\times 4\times 2-8\times 2\times 0.3^2-2\times 0.25^2\times 8}{10\times 0.3^2+2\times 0.25^2}=1.131\ 71(\text{m})；$$

② 刚心纵向坐标的计算：

$$y_{vg1}=\frac{\sum_{i=1}^{12}\frac{E_iA_i}{l_i}\times y_i}{\sum_{i=1}^{n}\frac{E_iA_i}{l_i}}=0(\text{m})；$$

③ 刚心垂直向坐标的计算：

$z_{vg1}=3.59(\text{m})$；

④ 二层的刚心竖向坐标计算：

$x_{vg2}=5.0\ \text{m}$；$y_{vg2}=0$；$z_{vg2}=7.1(\text{m})$。

(7)结构的自振频率与振型计算

本建筑的结构振动特征方程为 $|[K]-\omega^2[M]|=0$，其中 $[K]$ 为结构的刚度矩阵，$[M]$ 为质量矩阵，即

$$\left(\begin{bmatrix}k_{11} & k_{12}\\ k_{21} & k_{22}\end{bmatrix}-\omega^2\begin{bmatrix}m_1 & 0\\ 0 & m_2\end{bmatrix}\right)\begin{bmatrix}x_1\\ x_2\end{bmatrix}=0$$

这里 $m_1=88\ 814\ \text{kg}$；

$m_2=279\ 40\ \text{kg}$；

$$k_{11}=k_1+k_2=10\times\frac{12EI_{0.3\times0.3}}{l^3}+2\times\frac{12EI_{0.25\times0.25}}{l^3}+8\times\frac{12EI_{0.3\times0.3}}{l^3}=8\ 956\ 997.085(\text{N/m});$$

$$k_{12}=-k_2=\frac{-8\times12EI_{0.3\times0.3}}{l^3}-3\ 778\ 425.656(\text{M/m})。$$

同样有 $k_{21}=k_{12}=-3\ 778\ 425.656\ \text{N/m}$;

$k_{22}=k_2=3\ 778\ 425.656\ \text{N/m}$。

解特征方程有

$$\omega_1=13.93\ \text{rad},\quad \omega_2=6.379\ \text{rad}$$

振型一为:$\{\varphi_1\}=\begin{bmatrix}0.707\ 2\\1\end{bmatrix}$;

振型二为:$\{\varphi_2\}=\begin{bmatrix}-0.457\\1\end{bmatrix}$。

(8)结构地震惯性力计算

根据振型参与系数的计算公式:$\gamma_j=\frac{\{\varphi_j\}^T[M]\{1\}}{\{\varphi_j\}^T[M]\{\varphi_j\}}$,有

$$\gamma_1=\frac{[0.707\ 2,1]\begin{bmatrix}88\ 814 & 0\\0 & 27\ 940\end{bmatrix}\begin{bmatrix}1\\1\end{bmatrix}}{[0.707\ 2,1]\begin{bmatrix}88\ 814 & 0\\0 & 27\ 940\end{bmatrix}\begin{bmatrix}0.707\ 2\\1\end{bmatrix}}=1.254$$

$$\gamma_2=\frac{[-0.457,1]\begin{bmatrix}88\ 814 & 0\\0 & 27\ 940\end{bmatrix}\begin{bmatrix}1\\1\end{bmatrix}}{[-0.457,1]\begin{bmatrix}88\ 814 & 0\\0 & 27\ 940\end{bmatrix}\begin{bmatrix}-0.457\\1\end{bmatrix}}=-0.272$$

查《抗震规范》2010 版表 5.1.4−1 和表 5.1.4−2 得:$T_g=0.25\ \text{s}$,$\alpha_{\max}=0.16$,再根据地震影响系数曲线,有

$$\alpha_1=\left(\frac{T_g}{T}\right)^{\gamma}\alpha_{\max}=\left(\frac{0.25}{0.985}\right)^{0.9}\times0.16=0.046\ 6$$

$$\alpha_2=\left(\frac{T_g}{T}\right)^{\gamma}\alpha_{\max}=\left(\frac{0.25}{0.451}\right)^{0.9}\times0.16=0.094$$

由地震惯性力公式:$F_{ji}=G_i\alpha_j\gamma_j\varphi_{ji}$,得第一振型各质点(各楼盖质心)水平地震作用(图 2.14)为

$$F_{11}=88\ 814\times9.8\times0.046\ 6\times1.254\times0.707\ 2=35.969(\text{kN})$$

$$F_{12}=27\ 940\times9.8\times0.046\ 6\times1.254\times1=16.00(\text{kN})$$

第二振型各质点(各楼盖质心)水平地震作用为

$$F_{21}=88\ 814\times9.8\times0.094\times(-0.272)\times(-0.457)=10.17(\text{kN})$$

$$F_{22}=27\ 940\times9.8\times0.094\times(-0.272)\times1=7.00(\text{kN})$$

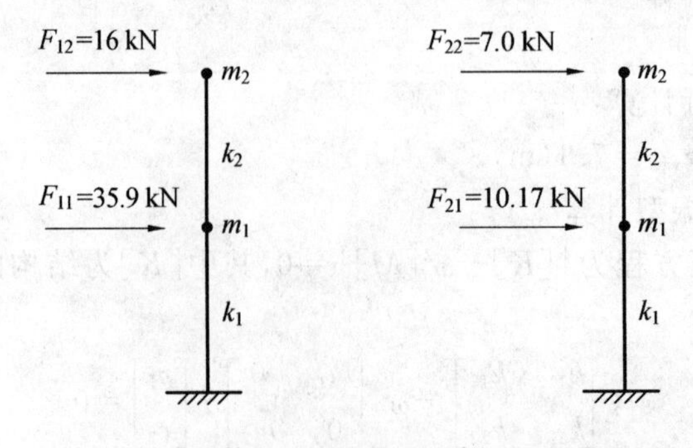

图 2.14 第一振型和第二振型下的最大惯性力

注:限于篇幅及计算的方便,本案例忽略了家具、设备、人员流动活荷载的地震反应贡献并未使用

平扭耦合振型及自振频率的计算公式，但这里考虑了扭转的影响。请参阅后续模块的处理办法。

(9)各层抗侧力构件水平向刚心位置计算

①2012 版的《砌体结构设计规范》里规定：对抗震区的框架结构包括框剪结构的填充墙的构造柱上端宜和梁或板脱开设置，二层刚心不考虑柱的影响，根据结构对称性知

$$x_{kg2}=5\ m,\quad y_{kg2}=0\ m,\quad z_{kg2}=7.1\ m$$

②一层抗侧力刚心位置计算：

$$x_{kg1}=\frac{\sum_{i=1}^{12}K_{yi}x_i}{\sum_{i=1}^{12}K_{yi}}\underline{\underline{k_y=12I_x/l^3}}$$

$$\frac{2\times0.3^4\times(-8)+2\times0.25^4\times(-8)+4\times0.3^4+4\times0.3^4\times2+4\times0.3^4\times8}{0.3^4\times10+0.25^4\times2}=1.485\ 4(m);$$

根据结构的对称性知：$y_{kg1}=0$ m；$z_{kg1}=3.5$ m。

(10)第一振型下二层地震反应计算(设一维水平地震波沿 Y 向)

分析：二层刚心(包括竖向与水平刚心)与质心在水平面内的投影重合，Y 向惯性力会在 Y 向对二层柱端产生柱端倾覆力，从而会影响到各轴的轴力分配：

各柱端剪力为

$$V_{y5}=V_{y6}=V_{y11}=V_{y7}=V_{y12}=V_{y10}=V_{y9}=V_{y8}=16/8=2(kN)$$

水平惯性力产生的倾覆力矩为

$$M_{qy}=16\times(7.358\ 5-7.1)=4.136(kN\cdot m)$$

Y 向的层间位移为

$$\Delta_{yi}=2/12EI_x/l^3=2.452\times10^{-4}(m)$$

各柱柱端弯矩为

$$M_{yi}(i=5,6,11,7,12,10,9,8)=\frac{6EI_x}{l^2}\times\Delta_{yi}=3.1(kN\cdot m)$$

总的倾覆力矩为

$$M_{qy}=4.136+12\times3.1=41.336(kN\cdot m)$$

根据轴力计算公式：$N_i=\frac{m_2 g}{8}+\frac{M_{qy}\times\frac{EA_{xi}}{l}\times y_i}{\sum_{i=1}^{8}\frac{EA_{xi}}{l}\times y_i^2}$，有

$N_5=N_8=36\ 293.3$ N；$N_6=N_9=34\ 915.43$ N；$N_{11}=N_{10}=33\ 537.57$ N；$N_7=N_{12}=32\ 159.7$ N

(11) 第一振型下一层地震反应计算(设一维水平地震波沿 Y 向)

分析：一层的刚心与一层的质心不重合，再加上二层质心偏心，Y 向惯性力会在 Y 向对一层柱端产生倾覆力矩的同时会使一层的楼盖发生扭转，故会引发 X 向的地震反应。

① 惯性力引起的一层各柱平动 Y 向层间位移：

$$\Delta=\frac{F_{11}+F_{12}}{\sum_{i=1}^{12}\frac{12EI_{xi}}{l_i^3}}=\frac{(16+35.969)\times10^3}{5\ 178\ 571.429}=0.010\ 035\ 393(m);$$

② 各层惯性力使一层楼盖产生的扭转角：

$$\theta=\frac{F_{12}(x_{C2}-x_{kg1})+F_{11}(x_{C1}-x_{kg1})}{\sum_{i=1}^{12}\frac{12EI_i}{l_i^3}(r_{xi}^2+r_{yi}^2)}=$$

$$\frac{16\ 000\times(5-1.484\ 5)-35\ 969\times(1.485\ 4-1.182)}{12\times472\ 303.207\times a+12\times227\ 769.679\ 3\times b}=1.631\ 5\times10^{-5}$$

这里

$a=3\times(-4.5)^2+2\times(-1.5)^2+2\times1.5^2+3\times4.5^2+4\times(8-1.4845)^2+4\times(2-1.4845)^2+2\times(-8-1.4845)^2$；

$b=(-1.5)^2+1.5^2+2\times(-8-1.4845)^2$。

③ 各柱由于平动与转动引起的柱端内力 M_x、V_x、M_y、V_y 和层间位移 Δ_x、Δ_y：

$M_{xi}=\dfrac{6EI_{yi}}{l_i^2}\times(\theta\times r_{yi})$； $M_{yi}=\dfrac{6EI_{xi}}{l_i^2}\times(\Delta+\theta\times r_{xi})$；

$V_{xi}=\dfrac{12EI_{yi}}{l_i^3}\times\Delta_{xi}$； $V_{yi}=\dfrac{12EI_{xi}}{l_i^3}\times\Delta_{yi}$；

$\Delta_{xi}=\theta\times r_{yi}$； $\Delta_{yi}=\Delta+\theta\times r_{xi}$

各柱由于平动与转动引起的柱端内力 M_x、V_x、M_y、V_y 和层间位移 Δ_x、Δ_y 的计算结果列于表 2.15。

表 2.15 一层各柱第一振型下的内力反应峰值

柱号	r_x/m	r_y/m	M_x/(N·m)	V_x/N	M_y/(N·m)	V_y/N	Δ_x/m	Δ_y/m
1	−9.484 5	4.5	728.21	416.12	97 999.92	55 999.95	0.000 073 42	0.009 880 65
2	−9.484 5	1.5	117.054	66.89	4 726.076	27 006.15	0.000 024 472	0.009 880 65
3	−9.484 5	−1.5	−117.054	−66.89	47 260.76	27 006.15	−0.000 024 472	0.009 880 65
4	−9.484 5	−4.5	−728.21	−416.12	97 999.92	55 999.95	−0.000 073 42	0.009 880 65
5	0.515 5	4.5	728.21	416.12	99 618.13	56 924.64	0.000 073 42	0.010 043 803
6	0.515 5	1.5	242.72	138.70	99 618.13	56 924.64	0.000 024 472	0.010 043 803
7	0.515 5	−4.5	−728.21	−416.12	99 618.13	56 924.64	−0.000 073 42	0.010 043 803
8	6.515 5	4.5	728.21	416.12	100 589.0	57 479.43	0.000 073 42	0.010 141 69
9	6.515 5	1.5	242.72	138.70	100 589.0	57 479.43	0.000 024 472	0.010 141 69
10	6.515 5	−1.5	−242.72	−138.70	100 589.0	57 479.43	−0.000 024 472	0.010 141 69
11	0.515 5	−1.5	−242.72	−138.70	99 618.13	56 924.64	−0.000 024 472	0.010 043 803
12	6.515 5	−4.5	−728.21	−416.12	100 589.0	57 479.43	−0.000 073 42	0.010 141 69

(12)Y、X 向总倾覆力矩计算

$$M_{yq}=F_{11}(h_{m2}-h_{vg1})+F_{12}(h_{m1}-h_{vg1})+m_2g(y_{C2}-y_{vg1})+m_1g(y_{C1}-y_{vg1})+\sum_{i=1}^{12}M_{yi}=1\ 265\ 059.362(\mathrm{N\cdot m})$$

$$M_{xq}=m_2g(x_{C2}-x_{vg1})+m_1g(x_{C1}-x_{vg1})+\sum_{i=1}^{12}M_{xi}=1\ 102\ 955.51(\mathrm{N\cdot m})$$

(13) 各柱的轴力分配值计算

$$N_{ik}=\frac{M_{yq}}{\sum\limits_{j=1}^{12}\dfrac{EA_j}{l_j}(y_{ik}-y_{vg1})^2}\times\frac{EA_k}{l_k}\times(y_{ik}-y_{vg1})+\frac{M_{xq}}{\sum\limits_{j=1}^{12}\dfrac{EA_j}{l_j}(x_{ik}-x_{vg1})^2}\times\frac{EA_k}{l_k}\times(x_{ik}-x_{vg1})+\frac{(m_1+m_2)g}{\sum\limits_{j=1}^{12}\dfrac{EA_j}{l_j}}\times\frac{EA_k}{l_k}$$

各轴的最终轴向压力值的计算过程见表 2.16。

表 2.16 一层各柱第一振型下的内力反应峰值

柱号	X_k	Y_k	X_k-X_g	$(X_k-X_g)^2$	Y_k-Y_g	$(Y_k-Y_g)^2$	N_y	N_x	N_{mg}	N
1	−8	4.5	−9.137 1	83.486 6	4.5	20.25	42.909	−22.932	100.465	120.442
2	−8	1.5	−9.137 1	83.496 6	1.5	2.25	6.897 7	−11.059	69.768	65.607
3	−8	−1.5	−9.137 1	83.496 6	−1.5	2.25	−6.897 7	−11.059	69.768	51.811
4	−8	−4.5	−9.137 1	83.486 6	−4.5	20.25	−42.909	−22.932	100.465	34.642
5	2	4.5	0.868 29	0.753 93	4.5	20.25	42.909	2.181	100.465	145.555
6	2	1.5	0.868 29	0.763 93	1.5	2.25	14.303	2.181	100.465	116.949
7	2	−4.5	0.868 29	0.753 93	−4.5	20.25	−42.909	2.181	100.465	59.737
8	8	4.5	6.868 29	47.173 4	4.5	20.25	42.909	17.248	100.465	160.622
9	8	1.5	6.868 29	47.173 4	1.5	2.25	14.303	17.248	100.465	132.016
10	8	−1.5	6.868 29	47.173 4	−1.5	2.25	−14.303	17.248	100.465	103.41
11	2	−1.5	0.868 29	0.753 93	−1.5	2.25	−14.303	2.181	100.465	88.343
12	8	−4.5	6.868 29	47.173 4	−4.5	20.25	−42.909	17.248	100.465	74.804

以上为振型分解反应谱法第一振型下的各层框架柱的内力及变形计算，框架梁的地震反应内力可根据节点的平衡条件按梁的线刚度进行分配，这里从略。

当计算第二振型的地震反应时，计算过程和方法同上，同一构件的地震反应效应按公式：$S_{Ek}=\sqrt{\sum_{j=1}^{2}S_j^2}$ 进行组合，这里：S_j 为构件第 j 振型下某类型的地震反应。

【工程实例 2.2】

1. 工程介绍

工程介绍详见本模块的工程导入。

2. 工程分析

本次任务是进行时程法下的本结构罕遇地震作用下地震反应计算，采用本模块 2.6 节介绍的时程分析计算方法编写本工程的空间结构的计算机程序，将地震波及结构系统参数输入计算即可。

3. 工程实施

结构选用二维 EL—Centro 波(北南和西东向)输入(结构初方位角为 0)(表 2.17)：

表 2.17 EL－Centro 波的有关数据

Earthquake	Station	Record/ component	PGA /g	PGV /(cm·s^{-1})	PGD /cm	NPTS	DT /s	Data Source
ImperialValley 1940/05/19 04:37	117El－Centro Array＃9	IMPVLL/I －ELC－UP	0.205	10.7	9.16	4000	0.01	USGS
ImperialValley 1940/05/19 04:37	117El－Centro Array＃9	IMPVLL/I －ELC－180	0.313	29.8	13.32	4000	0.01	USGS
ImperialValley 1940/05/19 04:37	117El－Centro Array＃9	IMPVLL/I －ELC－270	0.215	30.2	23.91	4000	0.01	USGS

现将 1940 年 5 月 18 日发生在美国，由 Imperial Valley 灌溉地区的地震观测站记录的 EL－Centro 各向波的加速度时程显示如图 2.15～2.17 所示。

将地震波数据及结构数据输入计算机，即可输出结构的各类时程反应曲线，现将部分结构显示如图 2.22 及图 2.23 所示。

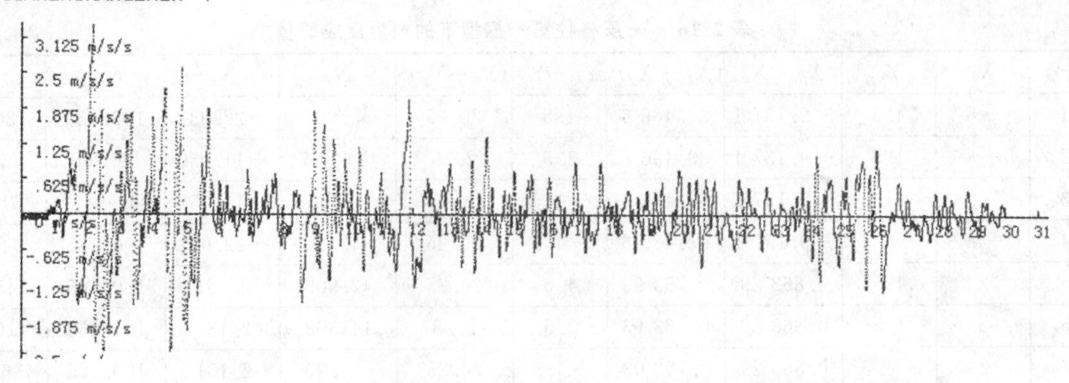

图 2.15　EL－Centro 南北波

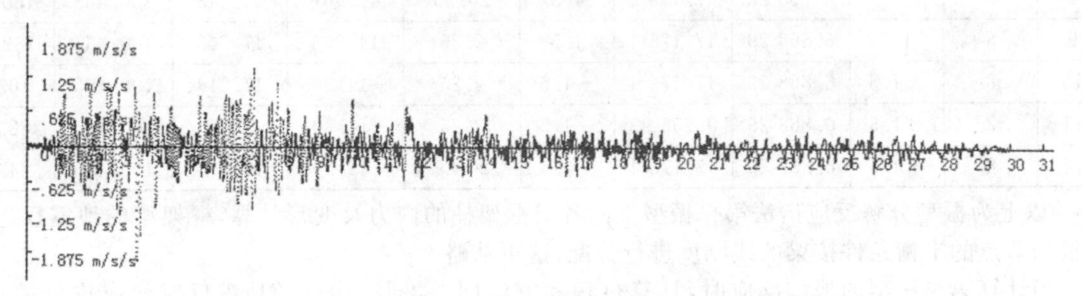

图 2.16　EL－Centro 上下波

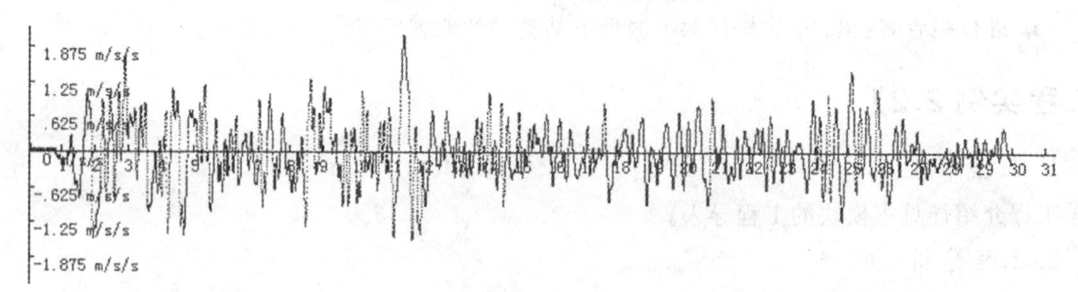

图 2.17　EL－Centro 东西波

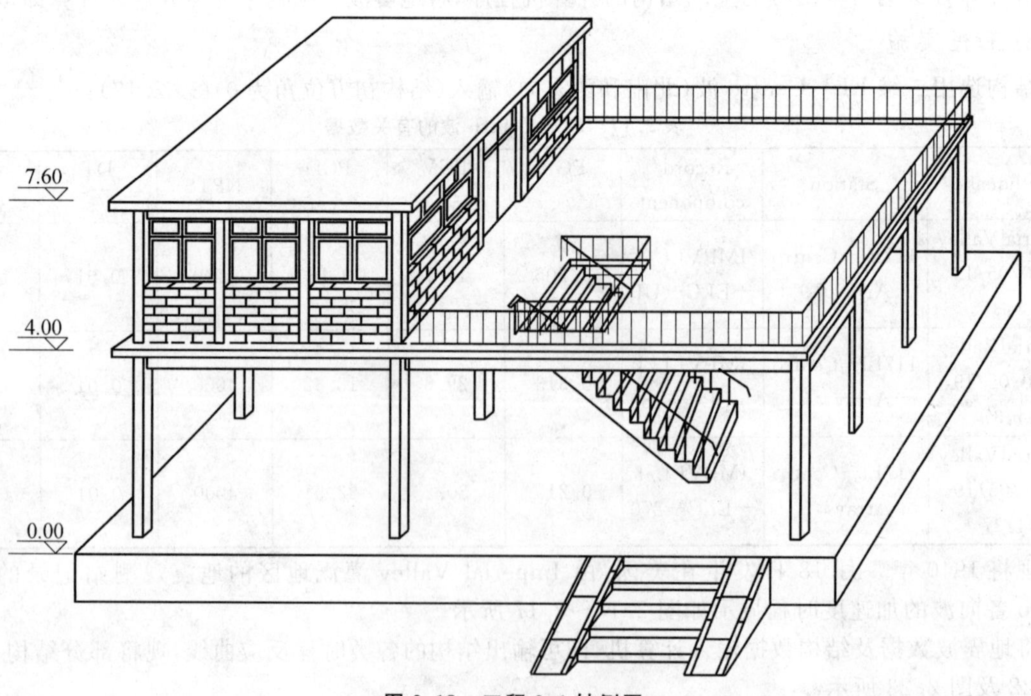

图 2.18　工程 2.1 轴侧图

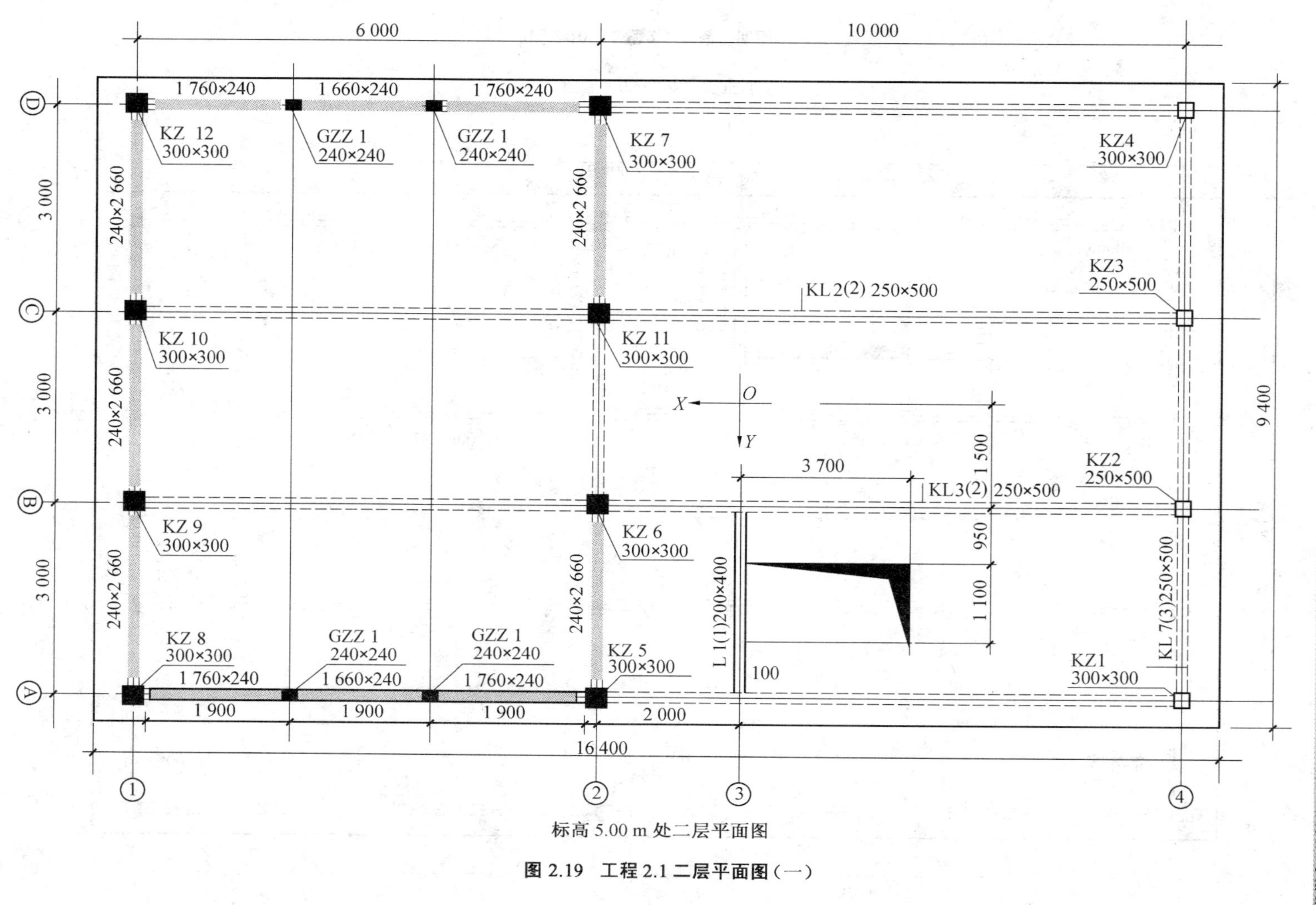

标高 5.00 m 处二层平面图

图 2.19　工程 2.1 二层平面图（一）

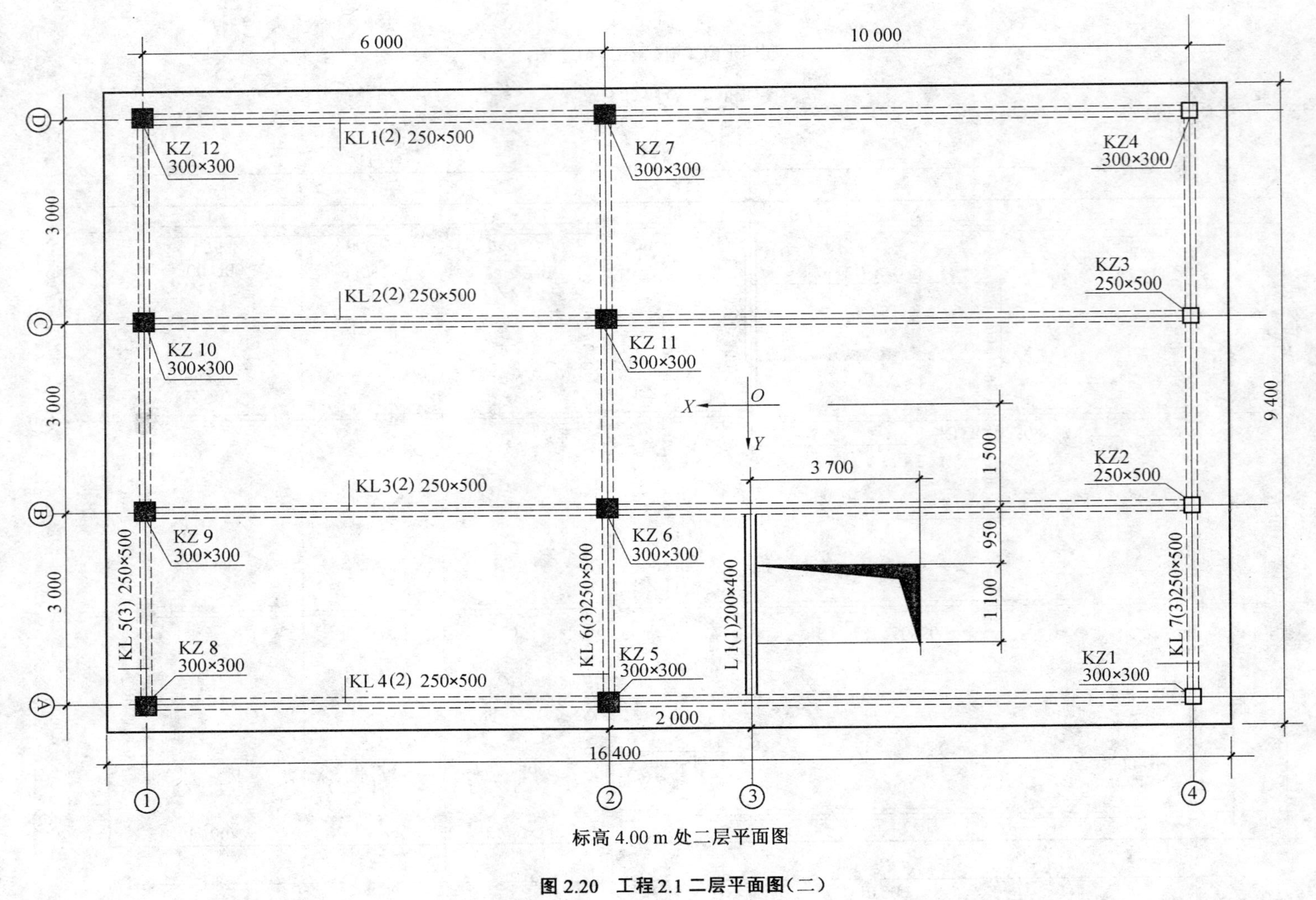

标高 4.00 m 处二层平面图

图 2.20 工程 2.1 二层平面图(二)

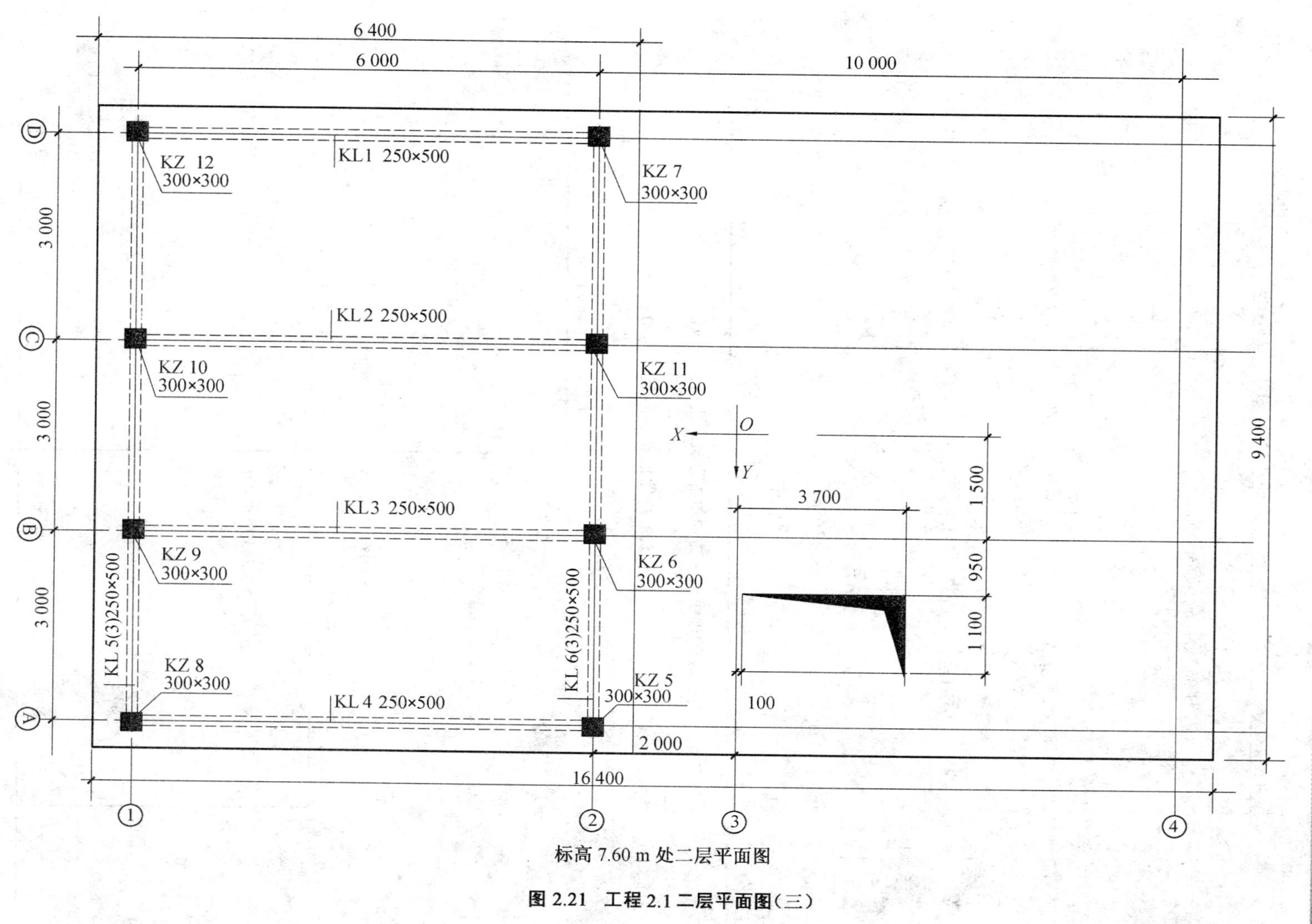

标高 7.60 m 处二层平面图

图 2.21 工程 2.1 二层平面图(三)

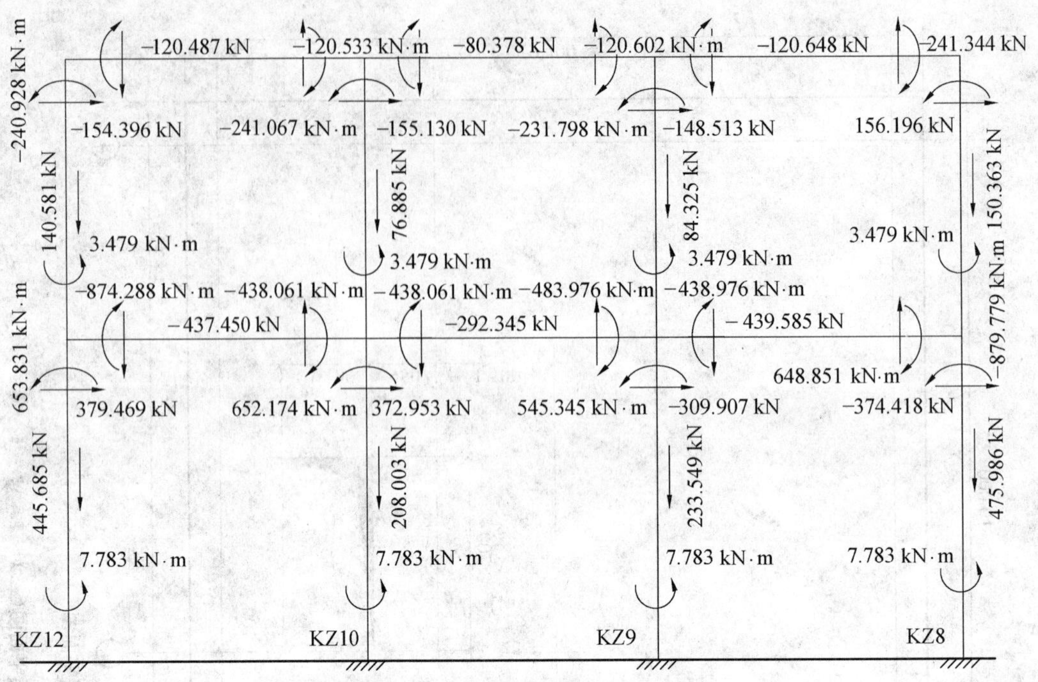

①轴线上 Y 方向单榀框架地震内力反应值

图 2.22　工程 2.1 构件地震最大反应内力图(一)

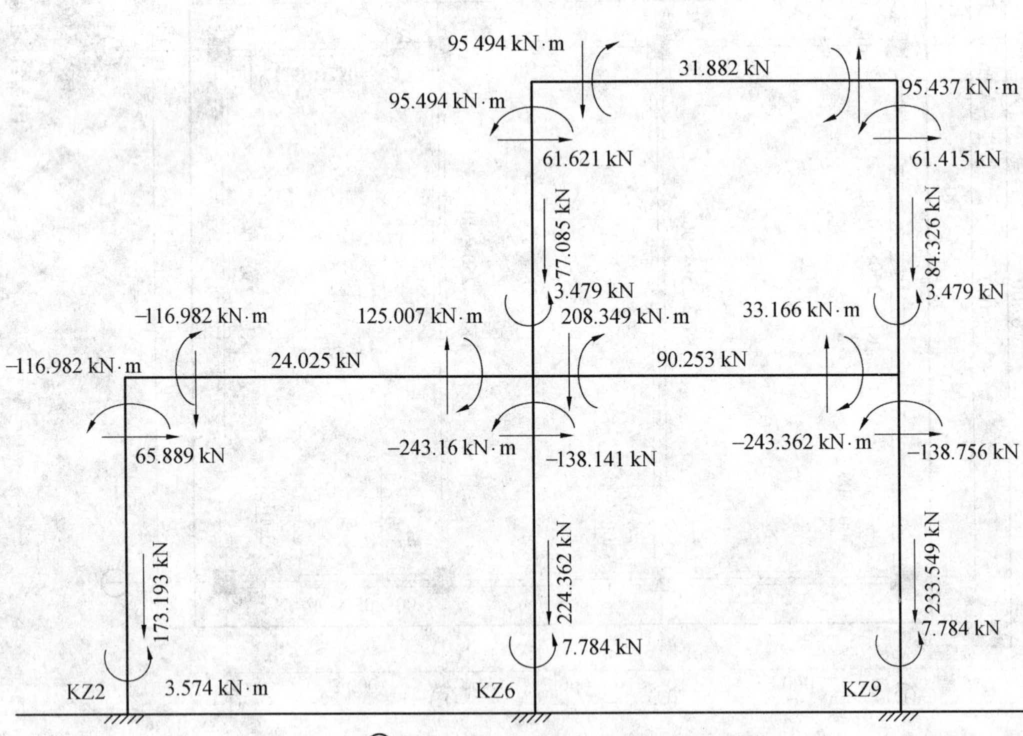

Ⓑ轴线上 X 方向单榀框架最大内力反应值

图 2.23　工程 2.1 构件地震最大反应内力图(二)

【重点串联】

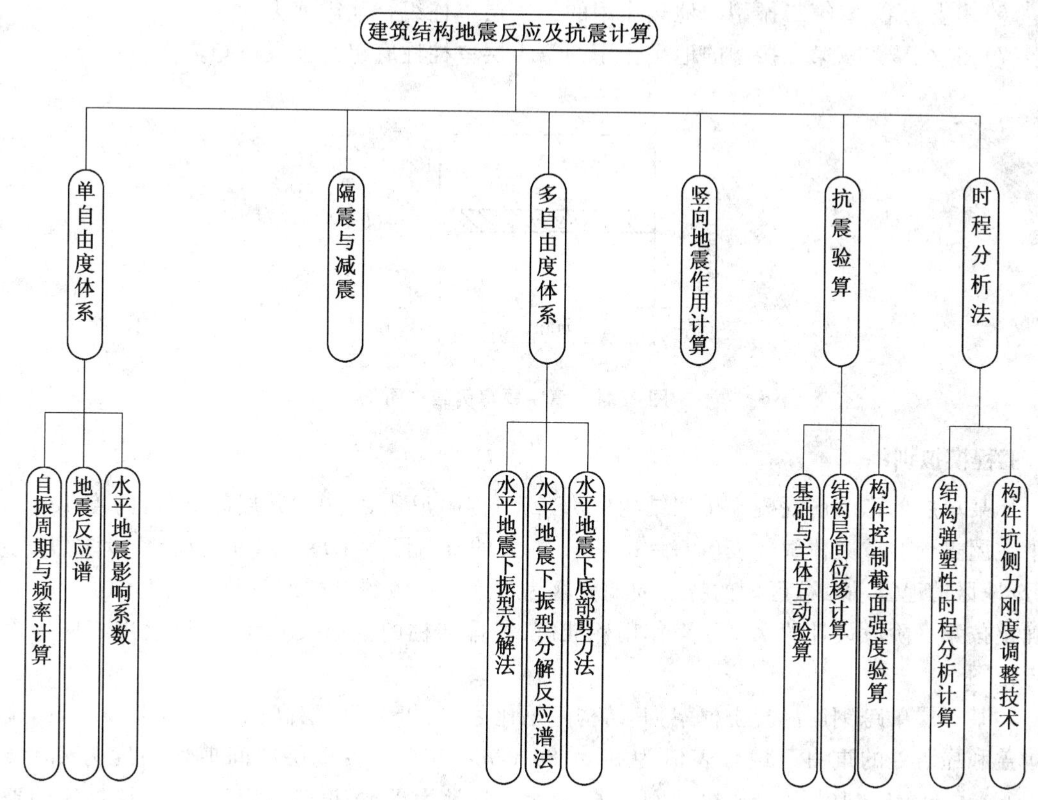

【知识链接】

本模块的内容主要涉及《建筑抗震设计规范》(GB 50011—2010)第五章的内容。

拓展与实训

基础训练

一、填空题

某二层钢筋混凝土框架，集中于楼盖和屋盖处的重力荷载代表值相等，$G_1=G_2=800$ kN，每层层高 4.0 m，跨度 9.0 m，柱的截面尺寸 350 mm×350 mm，采用 C20 的混凝土，梁的刚度 $EI=\infty$。场地为Ⅲ类，设防烈度为 7 度，该地区的地震动参数区划的特征周期分区为三区。已求得柔度系数 δ_{11}、δ_{12}、δ_{22} 分别为 8.366×10^{-5} m/kN、8.366×10^{-5} m/kN 和 16.73×10^{-5} m/kN，$\omega_1=6.11\ \text{s}^{-1}$，$\omega_2=15.99\ \text{s}^{-1}$；主振型为

$$x_{11}=1.000,\quad x_{21}=1.618$$

$$x_{12}=1.000,\quad x_{22}=-0.618$$

第一阶段设计按振型分解反应谱法确定图 2.24 所示钢筋混凝土框架的多遇地震作用计算，试求：

(1)相应于第一振型自振周期 T_1 的地震影响系数 $\alpha_1=$________。

(2)第一振型参与系数 $\gamma_1=$________。

(3)作用在第一振型上的水平地震作用 $F_{11}=$________，$F_{12}=$________。

(4)第二振型参与系数 $\gamma_2=$________。

(5)作用在第二振型上的水平地震作用 $F_{21}=$________,$F_{22}=$________。

(6)相应于第一、第二振型的地震作用的第 1 层单柱组合地震剪力为 $V_1=$________。

(7)相应于第一、第二振型的地震作用的第 1 层单柱柱底组合地震弯矩为 $M_1=$________。

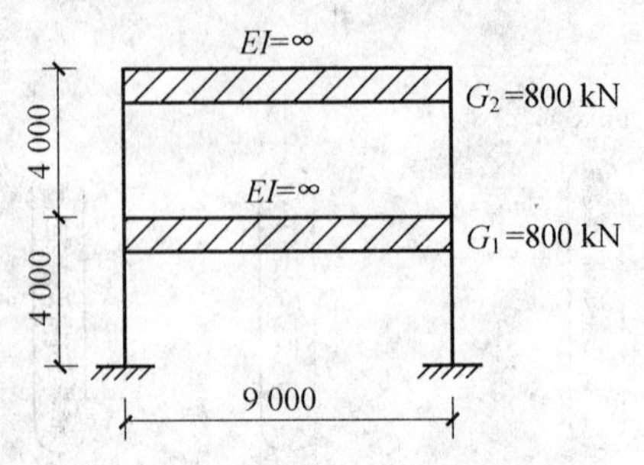

图 2.24 填空题案例结构图

工程模拟训练

1. 某单层单跨钢筋混凝土排架结构厂房,其结构阻尼比 $\xi=0.05$,层高 9 m,跨度 18.0 m。集中在屋盖处的重力荷载代表值 $G=1\ 500$ kN,梁的抗弯刚度 $EI=\infty$,Ⅱ类场地,设防烈度为 8 度,该地区的地震动参数区划的特征周期分区为二区。已测得其柔度系数为 2.4×10^{-4} m/kN。试确定按第一阶段设计的水平地震作用标准值,若排架柱的截面尺寸相同,试绘出相应地震作用弯矩图。

2. 某二层单跨钢筋混凝土框架,其结构阻尼比 $\xi=0.05$,每层层高 4.8 m,跨度 9.0 m,集中于楼盖和屋盖处的重力荷载代表值为 $m_1=80$ t,$m_2=60$ t,各楼层层间剪切刚度为 $k_1=6\times10^4$ kN/m,$k_2=5\times10^4$ kN/m,梁的刚度 $EI=\infty$。场地为Ⅲ类,设防烈度为 7 度,该地区的地震动参数区划的特征周期分区为二区。试确定第一阶段设计按底部剪力法计算的水平地震作用,并绘出地震作用的剪力图。

链接职考

全国注册建筑师、结构工程师、建造师执业资格考试模拟试题

1.《建筑抗震设计规范》给出的设计反应谱中,当结构的自振周期在 0.1 s~T_g 之间时,谱曲线为(　　)。

A. 水平直线　　B. 斜直线　　C. 抛物线　　D. 指数曲线

2. 规范规定不考虑扭转效应时,用什么方法进行水平地震作用效应组合的计算?(　　)

A. 完全二次项组合法(CQC)　　B. 平方和开平方法(SRSS)

C. 杜哈密积分　　D. 振型分解反应谱法

3. 底部剪力法计算水平地震作用时适用于下面何类建筑?(　　)

A. 40 m 以上的高层建筑　　B. 自振周期 $T_1>4$ s 的高层建筑

C. 垂直方向上质量、刚度均匀的多高层建筑

D. 平面上质心、刚心位置差别较大的多高层建筑

4. 当框架结构考虑填充墙的刚度时,T_1 和 F_e 如何变化?(　　)

A. T_1 降 F_e 升　　B. T_1 升 F_e 升　　C. T_1 降 F_e 降　　D. T_1 升 F_e 降

5. 抗震设防区框架结构的框架梁与框架柱中线出现的偏差允许值为(　　)。

A. 柱宽的 1/4　　B. 梁宽的 1/4　　C. 柱宽的 1/8　　D. 梁宽的 1/8

6. 楼层屈服强度系数 ξ 抗侧刚度沿高度比较均匀的结构,薄弱部位出现在(　　)。

A. 最顶层　　B. 中间层　　C. 第二层　　D. 底层

7. 水平地震作用标准值 F_{ek} 除与结构的质量、地震烈度、自振周期有关外，还与下列（　　）因素有关。

A. 场地平面尺寸　　B. 场地特征周期　C. 荷载分项系数　D. 抗震等级

8. 表征地震动特性的要素有三个，下面哪类要素不是？（　　）

A. 加速度峰值　　B. 地震烈度　　C. 频谱成分　　D. 地震动持时

9. 震级大的远震和震级小的近震对某地区产生相同的宏观烈度，则对本地区的建筑产生的不同影响是（　　）。

A. 震级大的远震对本地区刚性大的结构破坏厉害

B. 震级大的远震对本地区柔性大的结构破坏厉害

C. 震级小的近震对本地区柔性大的结构破坏厉害

D. 震级小的近震对本地区刚性大的结构破坏减弱

10. 对于不规则结构的抗震设计，下列哪项叙述是正确的？（　　）

A. 应采用空间结构计算模型，对各楼层采取加强的抗震措施

B. 对平面不规则而竖向规则的结构，可采用简化计算方法，但是要考虑扭转的影响，并且控制楼层竖向构件的最大弹性位移和层间位移

C. 平面规则而竖向不规则的结构中，应采用空间结构模型计算，薄弱层的地震剪力应予提高

D. 不规则多层框架结构可用底部剪力法计算地震作用，同时要对边榀结构的地震剪力乘以提高系数

模块 3

多层砌体结构的抗震设计

【模块概述】

本模块介绍多层砌体房屋和底部框架—抗震墙上部砌体结构房屋的震害及其原因、平面与立面设计、抗震计算的方法、主要的抗震构造措施。

【知识目标】

1. 了解多层砌体房屋和底部框架—抗震墙上部砌体结构房屋的震害及其分析；
2. 理解多层砌体房屋和底部框架—抗震墙上部砌体结构房屋的平面与立面设计；
3. 掌握多层砌体房屋和底部框架—抗震墙上部砌体结构房屋抗震计算的方法；
4. 熟悉多层砌体房屋和底部框架—抗震墙上部砌体结构房屋的主要抗震构造措施。

【技能目标】

1. 通过本模块的学习与训练，使学生能根据砌体房屋的震害现象解释其原因，对规则的多层砌体房屋和底部框架—抗震墙上部砌体结构房屋进行抗震计算；
2. 能够确定多层砌体房屋和底部框架—抗震墙上部砌体结构房屋的主要抗震构造措施。

【工程导入】

本模块工程实例是某四层砖砌体办公楼，尺寸如图 3.1 所示。其结构设防烈度为 7 度，设计基本地震加速度为 0.2g，Ⅱ类场地。楼盖及屋盖均采用预应力混凝土空心板，横墙承重。楼梯间突出屋顶，屋顶层层高 3 m，其他各层层高均为 3.6 m，室内外高差 0.3 m，基础顶面到室外地坪的距离为 0.5 m。除图中注明者外，窗口尺寸为 1.5 m×2.1 m，门洞尺寸为 1.0 m×2.5 m。墙体用砖的强度等级为 MU10，砂浆强度等级：一、二层为 M10.0，三、四层为 M7.5，屋顶间为 M5.0。经计算各层的重力荷载代表值为：$G_1=4\ 840$ kN，$G_2=4\ 410$ kN，$G_3=4\ 410$ kN，$G_4=3\ 760$ kN，$G_5=210$ kN。本模块对本工程中的抗震设计要求、各楼层地震剪力的计算、墙体的抗震强度及主要抗震构造措施进行逐步介绍。

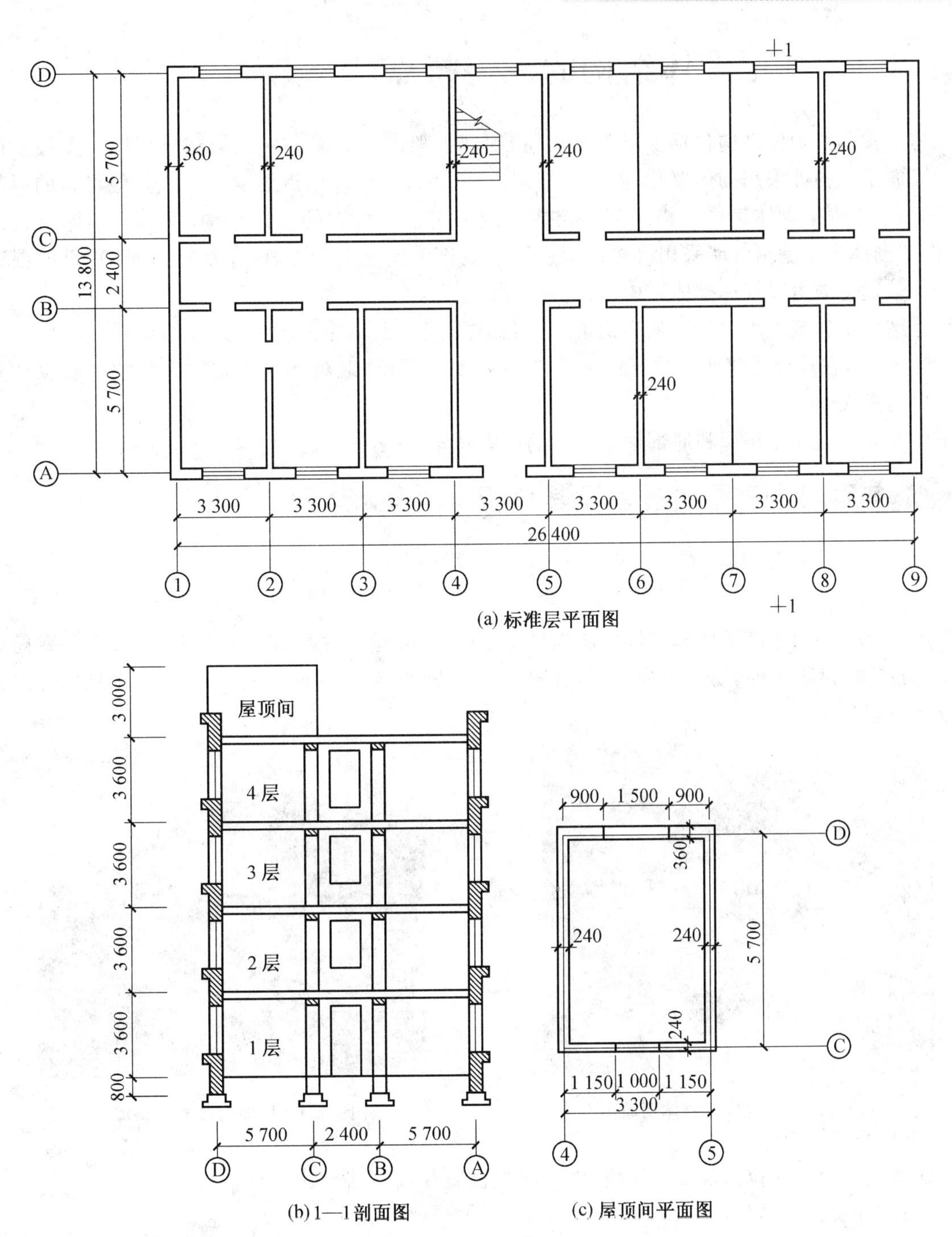

图 3.1　工程范例 3.3 图(图中尺寸单位为 mm)

3.1 多层砌体结构的震害特点

工程上常用的砌体结构包括多层砌体房屋、底部框架砌体房屋和内框架砌体房屋。多层砌体房屋是指竖向承重构件采用砌体墙片，而水平承重构件(楼、屋盖)采用钢筋混凝土或其他材料的混凝土结构房屋;底部框架砌体房屋是指底部一层或二层采用空间较大的框架结构、上部为砌体结构的房屋;内框架砌体房屋是指外墙采用砌体墙、柱承重，内部为钢筋混凝土柱(单排或多排)承重的混凝土结构房屋。这三类房屋统称砌体结构。

砌体结构是建筑工程中使用最广泛的一种结构形式。据不完全统计，砌体结构在我国住宅中的比例高达80%，在整个建筑业中的比例占60%～70%。因此，地震区多层砌体房屋的抗震设计具有十分重要的意义。

下面介绍多层砌体房屋和底部框架房屋的震害现象，并分析其原因。

3.1.1 多层砌体房屋的震害及其分析

1. 多层砌体房屋的震害

(1)房屋倒塌

当房屋墙体特别是底层墙体整体抗震强度不足时，易发生房屋整体倒塌(图 3.2);当房屋局部或上层墙体抗震强度不足时，易发生局部倒塌(图 3.3)。另外，当构件连接强度不足时，个别构件因失去稳定也会倒塌。

图 3.2 砖混房屋整体倒塌

图 3.3 砖混房屋局部倒塌

(2)纵横墙连接破坏

纵横墙交接处因受拉出现竖向裂缝，严重时纵横脱开，外纵墙倒塌(图 3.4)。

(3)墙体开裂、局部塌落

横墙(包括山墙)、纵墙墙面出现斜裂缝、交叉裂缝、水平裂缝，严重者则呈现倾斜、错动和倒塌现象(图 3.5)。

(4)墙角破坏

墙角为纵横墙的交汇处，地震作用下其应力状态极其复杂，因而其破坏形态多种多样，有受剪斜裂缝，也有受拉或受压而产生的竖向裂缝，严重时块材被压碎、拉脱或墙角脱落(图 3.6)。

(5)楼梯间破坏

楼梯间破坏主要是楼梯间墙体破坏(图 3.7)，而楼梯本身很少破坏。楼梯间由于刚度相对较大，所受的地震作用也大，且墙体高厚比较大，较易发生破坏。

图 3.4 外纵墙破坏

(a) 墙体的剪切裂缝

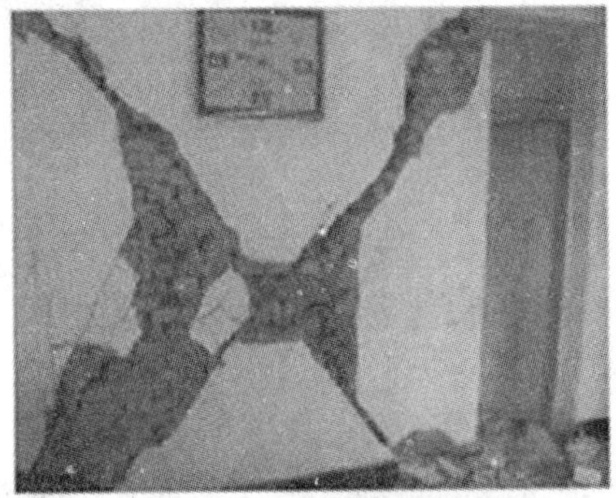

(b) 内纵墙交叉裂缝

(c) 内纵墙的斜裂缝

(d) 横墙单向斜裂缝

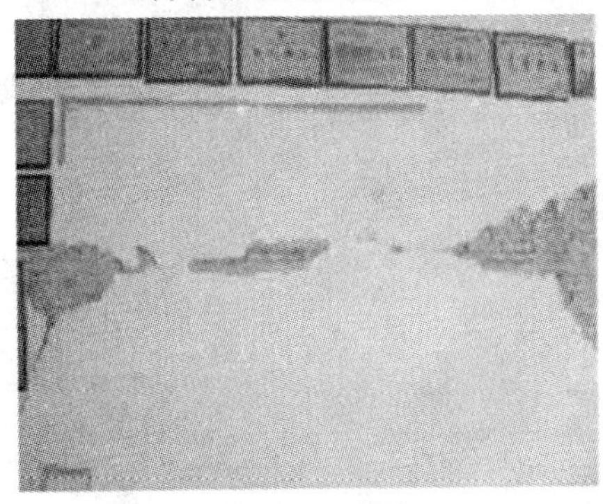

(e) 横墙水平裂缝

(f) 外墙角断裂错位

图 3.5 墙体的破坏

(6)楼盖与屋盖的破坏

楼盖与屋盖的破坏主要是由于楼板搁置长度不够,引起局部倒塌,或是其下部的支承墙体倒塌,引起楼、屋盖倒塌(图 3.8)。

(a) 墙角破坏

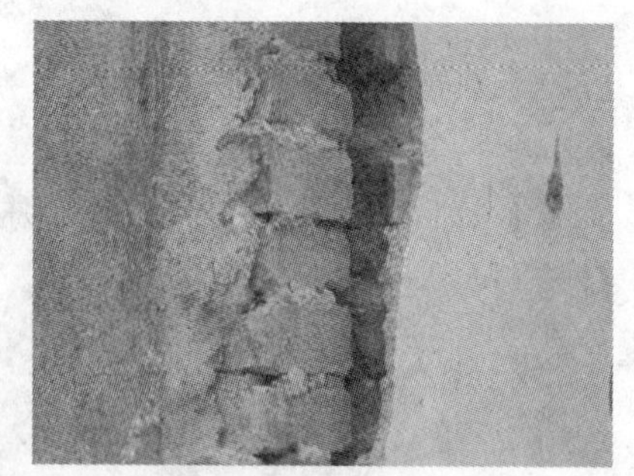
(b) 纵横外墙转角处的破坏

图 3.6　墙角的破坏

(a) 楼梯间的破坏

(b) 楼梯间的倒塌

(c) 悬挑楼梯休息平台的破坏

(d) 楼梯间进户门上墙体的裂缝

图 3.7　楼梯间的破坏

图 3.8　楼盖、屋盖的破坏

(7)房屋附属物的破坏

女儿墙、突出屋面的小烟囱、突出屋面的屋顶间等由于地震时鞭梢效应的影响，地震反应强烈，易发生倒塌。而隔墙等非结构构件、室内装饰等易开裂、倒塌(图 3.9)。

(a) 小阁楼的破坏

(b) 女儿墙的破坏

(c) 塑钢窗变形

图 3.9　附属物的破坏

2. 多层砌体房屋在地震作用下破坏的原因

多层砌体房屋在地震作用下发生破坏的根本原因是地震作用在结构中产生的效应(内力、应力)超过了结构材料的抗力或强度。从这一点出发,我们可将多层砌体房屋发生震害的原因分为三大类:

①房屋建筑布置、结构布置不合理造成局部地震作用过大。

②砌体墙片抗震强度不足,当墙片所受的地震力大于墙片的抗震强度时,墙片将会开裂,甚至局部倒塌。

③房屋构件(墙片、楼盖、屋盖)间的连接强度不足使各构件间的连接遭到破坏。

3.1.2 底部框架-抗震墙房屋的震害及其分析

底部框架—抗震墙砌体房屋的上部砌体房屋震害具体破坏情况和多层砌体房屋的震害情况相似,而底部框架的震害和混凝土框架结构的震害情况相似,主要有以下一些类型:

①底层塌落上部未塌(图 3.10)。

②上部砖房倒塌底层框架未塌(图 3.11)。

图 3.10　底层倒塌

图 3.11　底框上部砌体倒塌

③底层柱和墙破坏(图 3.12)。

④第二层砖墙破坏(图 3.13)。

⑤后纵墙局部倒塌(图 3.14)。

(a) 底层柱和墙破坏

(b) 底框底层变形过大

(c) 底框柱头破坏

(d) 山墙弯曲破碎

图 3.12　底层柱和墙的破坏

图 3.13　底框二层砌体破坏

图 3.14　底框后纵墙局部倒塌

两者产生震害的原因也相似,底部框架砌体房屋(底部框架无抗震墙时)震害产生的原因是底部薄弱层的存在。由于底部框架抗侧刚度和上层砌体房屋抗侧刚度相差过大,底部框架受到的地震作用异常增大,从而使底部框架首先达到破坏,严重时底部框架倒塌。

3.2　多层砌体结构的平面与立面设计

大量的震害表明,房屋为简单的长方体的各部位受力比较均匀,薄弱环节比较少,震害程度要轻一些。因此,房屋的平面最好为矩形。但 L 形、Ⅱ形等平面,由于扭转和应力集中等影响而加重震害。体型更复杂的就更难避免扭转的影响和变形不协调的现象产生。

复杂的立面造成的附加震害更为严重。比如局部突出的小建筑,在 6 度区房屋的主体结构无明显破坏的情况下,有不少发生了相当严重的破坏。

在进行砌体结构平面、立面以及结构抗震体系的布置与选择上,除应满足一般原则要求外,还必须遵循以下一些规定。

3.2.1 结构体型

1. 多层砌体房屋的结构体系

多层砌体房屋对结构布置的基本要求是：

(1)应优先采用横墙承重或纵横墙共同承重的结构体系。不应采用砌体墙和混凝土墙混合承重的结构体系。

(2)纵横向砌体抗震墙的布置应符合下列要求：

①宜均匀对称，沿平面内宜对齐，沿竖向应上下连续；且纵横向墙体的数量不宜相差过大。

②平面轮廓凹凸尺寸，不应超过典型尺寸的 50%；当超过典型尺寸的 25%时，房屋转角处应采取加强措施。

③楼板局部大洞口的尺寸不宜超过楼板宽度的 30%，且不应在墙体两侧同时开洞。

④房屋错层的楼板高差超过 500 mm 时，应按两层计算；错层部位的墙体应采取加强措施。

⑤同一轴线上的窗间墙宽度宜均匀；墙面洞口的面积，6、7 度时不宜大于墙面总面积的 55%，8、9 度时不宜大于 50%。

⑥在房屋宽度方向的中部应设置内纵墙，其累计长度不宜小于房屋总长度的 60%(高宽比大于 4 的墙段不计入)。

(3)房屋有下列情况之一时宜设置防震缝，缝两侧均应设置墙体，缝宽应根据烈度和房屋高度确定，可采用 70～100 mm：

①房屋立面高差在 6 m 以上。

②房屋有错层，且楼板高差大于层高的 1/4。

③各部分结构刚度、质量截然不同。

(4)楼梯间不宜设置在房屋的尽端和转角处。

(5)不应在房屋转角处设置转角窗。

(6)横墙较少、跨度较大的房屋，宜采用现浇钢筋混凝土楼、屋盖。

上述各点要求主要是根据震害调查、分析得到的。有时由于建筑外形或使用功能方面的要求，建筑和结构布置从结构抗震的角度不尽合理，这时应按上述第(3)点要求设置防震缝，利用防震缝，使分割后的结构单体具有良好的抗震性能。

2. 底部框架一抗震墙上部砌体结构房屋

底部框架一抗震墙房屋的结构布置应符合下列要求：

(1)上部的砌体墙体与底部的框架梁或抗震墙，除楼梯间附近的个别墙段外均应对齐。

(2)房屋的底部，应沿纵横两方向设置一定数量的抗震墙，并应均匀对称布置。6 度且总层数不超过四层的底层框架一抗震墙砌体房屋，应允许采用嵌砌于框架之间的约束普通砖砌体或小砌块砌体的砌体抗震墙，但应计入砌体墙对框架的附加轴力和附加剪力并进行底层的抗震验算，且同一方向不应同时采用钢筋混凝土抗震墙和约束砌体抗震墙；其余情况，8 度时应采用钢筋混凝土抗震墙，6、7 度时应采用钢筋混凝土抗震墙或配筋小砌块砌体抗震墙。

(3)底层框架一抗震墙砌体房屋的纵横两个方向，第二层计入构造柱影响的侧向刚度与底层侧向刚度的比值，6、7 度时不应大于 2.5，8 度时不应大于 2.0，且均不应小于 1.0。

(4)底部两层框架一抗震墙砌体房屋纵横两个方向，底层与底部第二层侧向刚度应接近，第三层计入构造柱影响的侧向刚度与底部第二层侧向刚度的比值，6、7 度时不应大于 2.0，8 度时不应大于 1.5，且均不应小于 1.0。

(5)底部框架一抗震墙砌体房屋的抗震墙应设置条形基础、筏形基础等整体性好的基础。

3.2.2 砌体房屋总高度及层数

震害调查资料表明，砌体房屋的震害与其总高度和层数有密切关系，随层数增加，震害随之加重，特别是房屋的倒塌与房屋的层数成正比增加。因此，对砌体房屋的总高度及层数要予以一定的限制。我国《建筑抗震设计规范》对多层砌体房屋的总高度及层数的限制见表 3.1。

对医院、教学楼等横墙较少的房屋，总高度应比表 3.1 的规定相应降低 3 m，层数相应减少一层。对各层横墙很少的多层砌体房屋，还应再减少一层。横墙较少是指同一楼层内开间大于 4.2 m 的房间占该层总面积的 40%以上；其中，开间不大于 4.2 m 的房间占该层总面积不到 20%且开间大于 4.8 m的房间占该层总面积的 50%以上为横墙很少。

6、7 度时，对于横墙较少的丙类多层砌体房屋，当按规定采取加强措施并满足抗震承载力要求时，其高度和层数应允许仍按表 3.1 的规定采用。

采用蒸压灰砂砖和蒸压粉煤灰砖的砌体的房屋，当砌体的抗剪强度仅达到普通黏土砖砌体的 70%时，房屋的层数应比普通砖房减少一层，总高度应减少 3 m；当砌体的抗剪强度达到普通黏土砖砌体的取值时，房屋层数和总高度的要求同普通砖房屋。

表 3.1　房屋的层数和总高度限制　　m

房屋类型		最小抗震墙厚度/mm	烈度和设计基本地震加速度											
			6		7				8				9	
			0.05g		0.10g		0.15g		0.20g		0.30g		0.40g	
			高度	层数	高度	层数	高度	层数	高度	层数	高度	层数	高度	层数
多层砌体房屋	普通砖	240	21	7	21	7	21	7	18	6	15	5	12	4
	多孔砖	240	21	7	21	7	18	6	18	6	15	5	9	3
	多孔砖	190	21	7	18	6	15	5	15	5	12	4	—	—
	小砌块	190	21	7	21	7	18	6	18	6	15	5	9	3
底部框架一抗震墙房屋	普通砖、多孔砖	240	22	7	22	7	19	6	16	5	—	—	—	—
	多孔砖	190	22	7	19	6	16	5	13	4	—	—	—	—
	小砌块	190	22	7	22	7	19	6	16	5	—	—	—	—

注：1. 房屋的总高度指室外地面到主要屋面板板顶或檐口的高度，半地下室从地下室室内地面算起，全地下室和嵌固条件好的半地下室应允许从室外地面算起；对带阁楼的坡屋面应算到山尖墙的 1/2 高度处

2. 室内外高差大于 0.6 m 时，房屋总高度应允许比表中的数据适当增加，但增加量应少于 1.0 m

3. 乙类的多层砌体房屋仍按本地区设防烈度查表，其层数应减少一层且总高度应降低 3 m；不应采用底部框架一抗震墙砌体房屋

4. 本表小砌块砌体房屋不包括配筋混凝土小型空心砌块砌体房屋

普通砖、多孔砖和小砌块砌体承重房屋的层高，不应超过 3.6 m；底部框架一抗震墙房屋的底部层高不应超过 4.5 m；当底层采用约束砌体抗震墙时，底层层高不应超过 4.2 m。当使用功能确有需要时，采用约束砌体等加强措施的普通砖房屋，层高不应超过 3.9 m。

3.2.3 房屋的最大高宽比

当高宽比较大时，地震时易发生整体弯曲破坏。一般情况下，多层砌体房屋不作整体弯曲验算，但为了保证房屋的稳定性，房屋总高度和总宽度的最大比值应满足表 3.2 的要求。

表 3.2　房屋最大高宽比

烈　度	6	7	8	9
最大高宽比	2.5	2.5	2.0	1.5

注：1. 单面走廊房屋的总宽度不包括走廊宽度

2. 建筑平面接近正方形时，其高宽比宜适当减小

3.2.4 抗震横墙的间距

抗震横墙间距过大，横墙数量就少，结构的空间刚度就小，抗震性能就差；抗震横墙间距过大，纵墙的侧向支撑就少，房屋的整体性就差，纵墙也容易破坏；抗震横墙间距过大，楼盖在侧向力作用下支承点的间距就大，楼盖就可能发生过大的平面内变形，从而不能有效地将地震力均匀地传递至各抗侧力构件。为了保证结构的空间刚度，保证楼盖具有传递水平地震力给墙体的水平刚度，多层砌体房屋的抗震横墙间距不应超过表 3.3 中的规定值。

表 3.3　房屋抗震横墙最大间距　　m

房屋类型		烈度			
		6	7	8	9
多层砌体房屋	现浇或装配整体式钢筋混凝土楼、屋盖	15	15	11	7
	装配式钢筋混凝土楼、屋盖	11	11	9	4
	木屋盖	9	9	4	—
底部框架—抗震墙房屋	上部各层	同多层砌体房屋			—
	底层或底部两层	18	15	11	—

注：1. 多层砌体房屋的顶层，除木屋盖外的最大横墙间距应允许适当放宽，但应采取相应加强措施

2. 多孔砖抗震横墙厚度为 190 mm 时，最大横墙间距应比表中数值减少 3 m

表中所规定的抗震横墙最大间距是指一栋房屋中有个别或部分横墙间距较大时应满足的要求。若整栋房屋中的横墙间距均比较大，那么最好按空旷房屋进行抗震验算，在构造措施和结构布置上也应采取更高的要求。

3.2.5 房屋局部尺寸

房屋局部尺寸的影响，有时仅造成局部的破坏，并未造成结构的倒塌。事实上，房屋局部破坏必然影响房屋的整体抗震能力，而且，某些重要部位的局部破坏却会带来连锁反应，形成墙体各个击破的破坏甚至倒塌。为防止因局部破坏发展成为整栋房屋的破坏，多层砌体房屋的局部尺寸应符合表 3.4 的要求。

表 3.4　房屋的局部尺寸限制　　m

部位	6 度	7 度	8 度	9 度
承重窗间墙最小宽度	1.0	1.0	1.2	1.5
承重外墙尽端至门窗洞边的最小距离	1.0	1.0	1.2	1.5
非承重外墙尽端至门窗洞边的最小距离	1.0	1.0	1.0	1.0
内墙阳角至门窗洞边的最小距离	1.0	1.0	1.5	2.0
无锚固女儿墙(非出入口处)的最大高度	0.5	0.5	0.5	0.0

注：1. 局部尺寸不足时，应采取局部加强措施弥补，且最小宽度不宜小于 1/4 层高和表列数据的 80%

2. 出入口处的女儿墙应有锚固

3.3　多层砌体结构的抗震计算

多层砌体房屋的抗震设计包括抗震概念设计、结构抗震计算和抗震构造措施三个方面，而 3.2 节所述的属于概念设计的范畴。本节主要讲述多层砌体房屋的抗震计算。

对多层砌体房屋进行抗震计算，一般只要求进行水平地震作用条件下的计算。

多层砌体房屋的水平地震作用计算包括三个基本步骤：确定计算简图；地震剪力的计算与分配；对不利墙段进行抗震验算。

3.3.1 计算简图

满足3.2节结构布置要求的多层砌体结构房屋，可认为在水平地震作用下的变形以剪切变形为主，并假定楼盖平面内的变形可忽略不计。因此，对于图3.15(a)所示的一般多层砌体结构，可以采用图3.15(b)所示的计算简图。

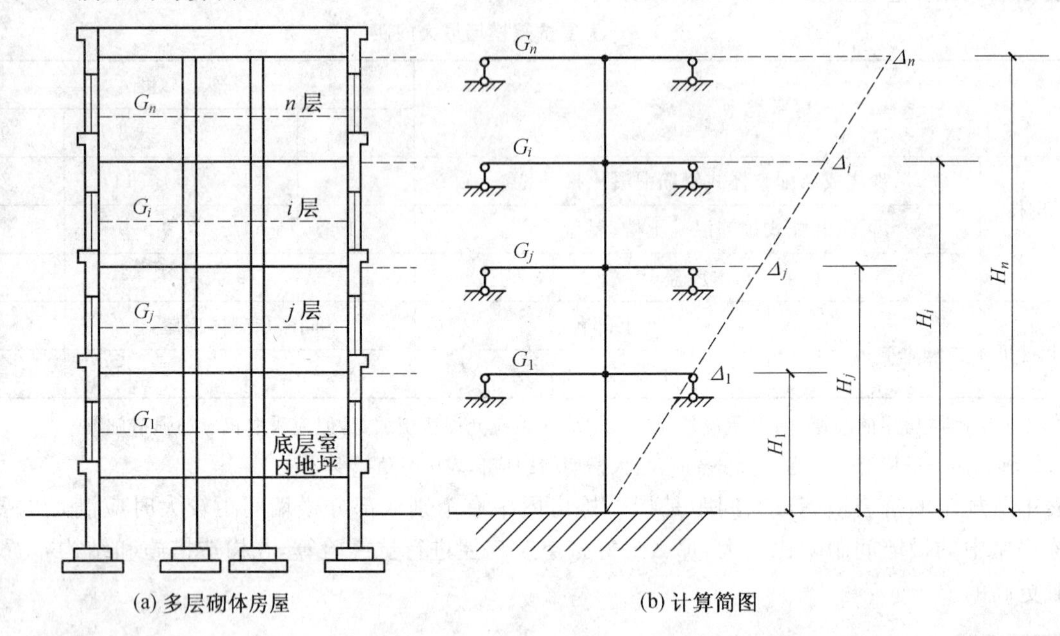

图3.15 多层砌体结构的计算简图

在确定上述计算简图时，应以防震缝所划分的结构单元作为计算单元。在计算单元中各楼层的重量可集中到楼、屋盖标高处。各楼层质点重力荷载应包括：楼、屋盖自重，活荷载组合值及上下各半层的墙体、构造柱重量之和。计算简图中，底部固定端按下述规定确定：当基础埋置较浅时，取为基础顶面；当基础埋置较深时，取为室外地坪下500 mm处；当设有整体刚度很大的全地下室时，取为地下室顶板顶部；当地下室整体刚度较小或为半地下室时，则取为地下室室内地坪处，此时，地下室顶板也算一层楼面。

3.3.2 楼层地震剪力的计算与分配

1.地震剪力的计算

多层砌体结构房屋的质量与刚度沿高度分布一般比较均匀，且以剪切变形为主，故可按底部剪力法计算水平地震作用，且可不考虑顶层质点的附加地震作用。通常情况下，多层砌体房屋的水平地震作用可按下列步骤计算：

(1)按规范规定计算各质点的重力荷载代表值 G_i；

(2)计算等效总重力荷载代表值 G_{eq}

$$G_{eq}=\begin{cases} G_i & (n=1) \\ 0.85\sum_{i=1}^{n} G_i & (n>1) \end{cases} \tag{3.1}$$

(3)计算总水平地震作用

$$F_{Ek}=\alpha_{max}G_{eq} \tag{3.2}$$

(4)计算各质点地震作用标准值

$$F_i = \frac{G_i H_i}{\sum_{j=1}^{n} G_j H_j} F_{Ek} \quad (i=1,2,\cdots,n) \tag{3.3}$$

(5)计算各楼层地震剪力

楼层地震剪力，是作用在整个房屋某一楼层上的剪力，第 i 楼层的层间地震剪力标准值为

$$V_{ik} = \sum_{j=i}^{n} F_j \tag{3.4}$$

对于突出屋面的屋顶间、女儿墙、烟囱等，其地震作用宜乘以增大系数 3，以考虑鞭梢效应的影响。但增大的两倍不应往下传递，即计算房屋下层层间地震剪力时不考虑上述地震作用增大部分的影响。

2. 楼层地震剪力设计值在各墙体间的分配

由于楼层地震剪力是作用在整个房屋某一楼层上的剪力，所以首先要把它分配到同一楼层的各道墙上，然后再把每道墙上的地震剪力分配到同一道墙的某一墙段上。

楼层 i 地震剪力的设计值 V_i 为

$$V_i = 1.3 V_{ik} \tag{3.5}$$

(1) 水平地震剪力在楼层内的分配

① 横向楼层地震剪力的分配。

根据多层砖房、屋盖的状况分为三种情况：

a. 现浇和装配整体式钢筋混凝土楼、屋盖，按抗震墙侧移刚度的比例分配，第 i 层第 j 道横墙的地震剪力设计值为

$$V_{ij} = \frac{K_{ij}}{\sum_{j=1}^{m} K_{ij}} V_i \tag{3.6}$$

式中　K_{ij}—— 第 i 层第 j 道横墙的侧移刚度。

若同一层墙体材料及高度均相同，经简化后可得

$$V_{ij} = \frac{A_{ij}}{\sum_{j=1}^{m} A_{ij}} V_i \tag{3.7}$$

式中　A_{ij}—— 第 i 层第 j 道墙体的净横截面面积。

b. 木楼、屋盖的多层砖房，按横墙从属面积上重力荷载的比例分配，第 i 层第 j 道横墙的地震剪力设计值为

$$V_{ij} = \frac{G_{ij}}{G_i} V_i \tag{3.8}$$

式中　G_{ij}—— 第 i 层楼盖上第 j 道墙与左右两侧相邻墙之间各一半楼盖面积(从属面积)上承担的重力荷载之和；

G_i—— 第 i 层楼盖上所承担的总重力荷载。

当楼层重力荷载均匀分布时，上述计算可进一步简化为按各墙从属面积的比例进行分配，即

$$V_{ij} = \frac{A_{ij}^f}{A_i^f} V_i \tag{3.9}$$

式中　A_{ij}^f—— 第 i 层楼盖上第 j 道墙墙体的从属面积；

A_i^f—— 第 i 层楼盖总面积。

c. 预制钢筋混凝土楼、屋盖可采用前述两种分配算法的平均值，即

$$V_{ij} = \frac{1}{2}\left(\frac{K_{ij}}{\sum_{j=1}^{m} K_{ij}} + \frac{G_{ij}}{G_i}\right) V_i \tag{3.10}$$

当墙高相同，所用材料相同且楼盖上重力荷载分布均匀时，可采用

$$V_{ij}=\frac{1}{2}\left(\frac{A_{ij}}{\sum_{j=1}^{m}A_{ij}}+\frac{A_{ij}^{f}}{A_{i}^{f}}\right)V_{i} \tag{3.11}$$

同一类建筑物中各层采用不同的楼盖时，应根据各层楼盖类型分别按上述三种方法分配楼层地震剪力。

② 纵向楼层地震剪力的分配。

房屋纵向尺寸一般比横向大得多，纵墙的间距在一般砌体房屋中也比较小。因此，不论哪种楼盖在房屋的纵向刚度都比较大，可按刚性楼盖考虑。即纵向楼层地震剪力可按各纵墙的侧移刚度比例进行分配。

③ 同一道墙上各墙肢间地震剪力的分配。

在同一道墙上，门窗洞口之间各墙肢所承担的地震剪力可按各墙肢的侧移刚度比例进行分配。设第 j 道墙上共划分出 s 个墙肢，则第 r 墙肢分配的地震剪力为

$$V_{jr}=\frac{K_{jr}}{\sum_{r=1}^{s}K_{jr}}V_{ij} \tag{3.12}$$

式中 K_{jr}—— 第 j 墙体第 r 墙肢的侧移刚度。

(2)墙肢侧移刚度

墙肢侧移刚度，按墙肢的高宽比 h/b 的大小，分为三种情况：

①高宽比小于 1 时，确定层间抗侧移等效刚度可只考虑剪切变形的影响，即

$$K=\frac{Et}{3h/b} \tag{3.13}$$

式中 E——砌体弹性模量；

b、t——墙体的宽度和厚度；

h——墙体的高度。

②高宽比不大于 4 且不小于 1 时，应同时考虑弯曲和剪切变形，即

$$K=\frac{Et}{(h/b)\left[3+(h/b)^{2}\right]} \tag{3.14}$$

③高宽比大于 4 时，由于侧移柔度值很大，可不考虑其刚度，即取 $K=0$。

在计算高宽比时，墙肢高度 h 的取法是：窗间墙取窗洞高；门间墙取门洞高；门窗之间的墙取窗洞高；尽端墙取紧靠尽端的门洞或窗洞高。

3.3.3 墙体抗震验算

1. 普通砖、多孔砖墙体

普通砖、多孔砖墙体的截面抗震受剪承载力，一般情况下，应按下式验算：

$$V\leqslant\frac{f_{vE}A}{r_{RE}} \tag{3.15}$$

式中 V——墙体地震剪力设计值；

A——墙体横截面面积，多孔砖取毛截面面积；

r_{RE}——承载力抗震调整系数，一般承重墙体取 1.0；两端均有构造柱约束的承重墙体取 0.9；自承重墙体取 0.75；

f_{vE}——砖砌体沿阶梯形截面破坏的抗震抗剪强度设计值；

$$f_{vE}=\zeta_{N}f_{V} \tag{3.16}$$

f_{V}——非抗震设计的砌体抗剪强度设计值，可按《砌体结构设计规范》(GB 50003—2011)采用；

ζ_{N}——砌体抗震抗剪强度的正应力影响系数，可按表 3.5 采用。

表 3.5　砌体强度的正应力影响系数

砌体类别	σ_0/f_V							
	0.0	1.0	3.0	5.0	7.0	10.0	12.0	≥16.0
普通砖、多孔砖	0.80	0.99	1.25	1.47	1.65	1.90	2.05	—
小砌块	—	1.23	1.69	2.15	2.57	3.02	3.32	3.92

注：σ_0 为对应于重力荷载代表值的砌体截面平均压应力

2. 水平配筋普通砖、多孔砖墙体

水平配筋普通砖、多孔砖墙体的截面抗震受剪承载力，应按下式验算：

$$V\leqslant\frac{1}{\gamma_{RE}}(f_{vE}A+\zeta_s f_{yh}A_{sh}) \tag{3.17}$$

式中　f_{yh}——水平钢筋抗拉强度设计值；

A_{sh}——层间墙体竖向截面的总水平钢筋面积，其配筋率应不小于 0.07%且不大于 0.17%；

ζ_s——钢筋参与工作系数，可按表 3.6 采用。

表 3.6　钢筋参与工作系数

墙体高宽比	0.4	0.6	0.8	1.0	1.2
ζ_s	0.10	0.12	0.14	0.15	0.12

3. 小砌块墙体

小砌块墙体的截面抗震受剪承载力，应按下式验算：

$$V\leqslant\frac{1}{\gamma_{RE}}[f_{vE}A+(0.3f_tA_c+0.05f_yA_s)\zeta_c] \tag{3.18}$$

式中　f_t——芯柱混凝土轴心抗拉强度设计值；

A_c——芯柱截面总面积；

A_s——芯柱钢筋截面总面积；

ζ_c——芯柱参与工作系数，可按表 3.7 采用，表中填孔率指芯柱根数（含构造柱和填实孔洞数量）与孔洞总数之比。

表 3.7　芯柱参与工作系数

填孔率 ρ	$\rho<0.15$	$0.15\leqslant\rho<0.25$	$0.25\leqslant\rho<0.5$	$\rho\geqslant0.5$
ζ_c	0.0	1.0	1.10	1.15

当同时设置芯柱和构造柱时，构造柱截面可作为芯柱截面，构造柱钢筋可作为芯柱钢筋。

3.4　多层砌体结构的抗震构造措施

结构抗震构造措施的主要目的是加强结构的整体性，保证抗震计算目的的实现，弥补抗震计算的不足。对于多层砌体房屋，由于抗震验算仅对承受水平地震剪力的墙体进行，因而砌体结构的抗震构造措施尤为重要。

3.4.1　多层砖砌体房屋抗震构造措施

1. 设置钢筋混凝土构造柱

(1) 构造柱的作用

设置钢筋混凝土构造柱可以明显改善多层砌体结构房屋的抗震性能，其作用如下：

①提高砌体的抗剪强度，一般可提高 10%～30%。

②对砌体起约束作用，提高其变形能力。

③位于连接构造比较薄弱和易于产生应力集中部位的构造柱可起到减轻震害的作用。

(2)设置位置和要求

①多层普通砖房、多孔砖房应按表 3.8 的要求设置钢筋混凝土构造柱。

②外廊式和单面走廊式的多层房屋，应根据房屋增加一层的层数，按表 3.8 的要求设置构造柱，且单面走廊两侧的纵墙均应按外墙处理。

③横墙较少的房屋，应根据房屋增加一层的层数，按表 3.8 的要求设置构造柱。当横墙较少的房屋为外廊式或单面走廊式时，应按本条②款要求设置构造柱；但 6 度不超过四层、7 度不超过三层和 8 度不超过二层时，应按增加二层的层数对待。

④各层横墙很少的房屋，应按增加二层的层数设置构造柱。

⑤采用蒸压灰砂砖和蒸压粉煤灰砖的砌体房屋，当砌体的抗剪强度仅达到普通黏土砖砌体的 70%时，应根据增加一层的层数按①～④款要求设置构造柱；但 6 度不超过四层、7 度不超过三层和 8 度不超过二层时，应按增加二层的层数对待。

表 3.8　多层砖砌体房屋构造柱设置要求

房屋层数				设置部位	
6 度	7 度	8 度	9 度		
四、五	三、四	二、三		楼、电梯间四角、楼梯斜梯段上下端对应的墙体处； 外墙四角和对应转角； 错层部位横墙与外纵墙交接处； 较大洞口两侧	隔 12 m 或单元横墙与外纵墙交接处； 楼梯间对应的另一侧内横墙与外纵墙交接处
六	五	四	二		隔开间横墙(轴线)与外墙交接处； 山墙与内纵墙交接处
七	≥六	≥五	≥三		内墙(轴线)与外墙交接处； 内横墙的局部较小墙垛处； 内纵墙与横墙(轴线)交接处

注：较大洞口，内墙指不小于 2.1 m 的洞口；外墙在内外墙交接处已设置构造柱时应允许适当放宽，但洞侧墙体应加强

(3) 截面尺寸、配筋和连接的要求

①截面和配筋。

多层普通砖房构造柱最小截面可采用 240 mm×180 mm(墙厚 190 mm 时为 180 mm×190 mm)，纵向钢筋宜采用 4ϕ12，箍筋间距不宜大于 250 mm，且在柱上下两端应适当加密；6、7 度时超过六层、8 度时超过五层和 9 度时，构造柱纵向钢筋宜采用 4ϕ14，箍筋间距不应大于 200 mm；房屋四角的构造柱应适当加大截面及配筋。

②构造柱与墙体的连接。

构造柱与墙连接处应砌成马牙槎，沿墙高每隔 500 mm 设 2ϕ6 水平钢筋和 ϕ4 分布短筋平面内点焊组成的拉结网片或 ϕ4 点焊钢筋网片，每边伸入墙内不宜小于 1 m(图 3.16)。6、7 度时底部 1/3 楼层，8 度时底部 1/2 楼层，9 度时全部楼层，上述拉结钢筋网片应沿墙体水平通长设置。

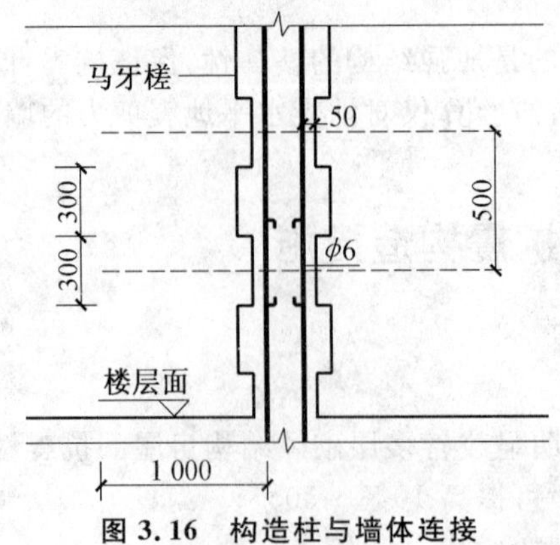

图 3.16　构造柱与墙体连接

③构造柱与圈梁的连接。

构造柱应与圈梁连接,在连接处,构造柱的纵筋应穿过圈梁纵筋内侧,保证构造柱纵筋上下贯通。

④构造柱的基础。

构造柱可不单独设基础,但应伸入室外地面下 500 mm(图 3.17),或与埋深小于 500 mm 的基础圈梁相连。

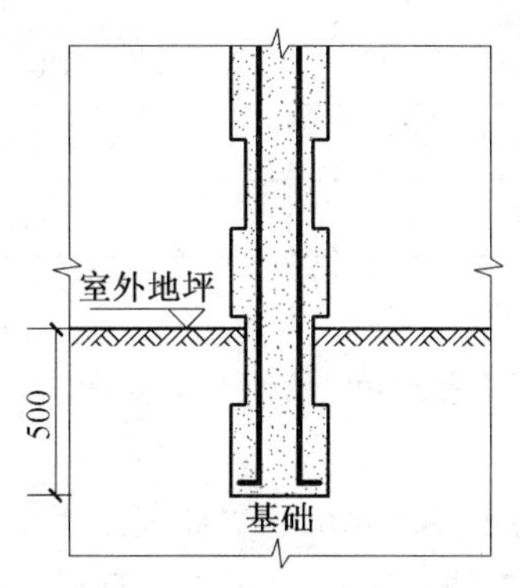

图 3.17 构造柱根部示意图

⑤房屋高度和层数接近限值时构造柱的间距。

横墙内的构造柱间距不宜大于层高的 2 倍;下部 1/3 楼层的构造柱间距适当减少。当外纵墙开间大于 3.9 m 时,应另设加强措施。内纵墙的构造柱间距不宜大于 4.2 m。

2. 合理布置圈梁

(1) 圈梁的作用

圈梁是提高多层砌体结构房屋抗震性能的一种经济有效的措施,其主要功能如下:

①加强房屋的整体性。

②作为楼盖的边缘构件,提高了楼盖的水平刚度。

③限制墙体斜裂缝的开展和延伸。

④减轻地震时地基不均匀沉陷对房屋的影响。

⑤减轻和防止地震时的地表裂隙将房屋撕裂。

(2) 设置位置和要求

装配式钢筋混凝土楼、屋盖的砖房,横墙承重时应按表 3.9 的要求设置圈梁,纵墙承重时,抗震横墙上的圈梁间距应比表 3.9 内要求适当加密。

现浇或装配整体式钢筋混凝土楼、屋盖与墙体有可靠连接的房屋,应允许不另设圈梁,但楼板沿抗震墙体周边均应加强配筋并应与相应的构造柱钢筋可靠连接。

圈梁应闭合,遇有洞口,圈梁应上下搭接。圈梁宜与预制板设在同一标高处或紧靠板底。圈梁在表 3.8 要求的间距内无横墙时,应利用梁或板缝中配筋替代圈梁。

表 3.9 多层砖砌体房屋现浇钢筋混凝土圈梁设置要求

墙类	烈度		
	6、7	8	9
外墙和内纵墙	屋盖处及每层楼盖处	屋盖处及每层楼盖处	屋盖处及每层楼盖处
内横墙	同上; 屋盖处间距不应大于 4.5 m; 楼盖处间距不应大于 7.2 m; 构造柱对应部位	同上; 各层所有横墙,且间距不应大于 4.5 m; 构造柱对应部位	同上; 各层所有横墙

(3)圈梁的截面尺寸及配筋

圈梁的截面高度不应小于 120 mm,配筋应符合表 3.10 的要求;为加强基础整体性和刚性而增设的基础圈梁,截面高度不应小于 180 mm,配筋不应少于 4ϕ12。

表 3.10　多层砖砌体房屋圈梁配筋要求

配　筋	烈　　度		
	6、7	8	9
最小纵筋	4ϕ10	4ϕ12	4ϕ14
最大箍筋间距/mm	250	200	150

3.重视楼梯间的设计

楼梯间的震害往往较重,而地震时楼梯间是疏散人员和进行救灾的要道,因此,对其抗震构造措施要给予足够的重视。

(1) 顶层楼梯间墙体应沿墙高每隔 500 mm 设 2ϕ6 通长钢筋和 ϕ4 分布短钢筋平面内点焊组成的拉结网片或 ϕ4 点焊网片;7～9 度时其他各层楼梯间墙体应在休息平台或楼层半高处设置 60 mm 厚、纵向钢筋不应少于 2ϕ10 的钢筋混凝土带或配筋砖带,配筋砖带不少于 3 皮,每皮的配筋不少于 2ϕ6,砂浆强度等级不应低于 M7.5 且不低于同层墙体的砂浆强度等级。

(2) 楼梯间及门厅内墙阳角处的大梁支承长度不应小于 500 mm,并应与圈梁连接。

(3) 装配式楼梯段应与平台板的梁可靠连接,8、9 度时不应采用装配式楼梯段;不应采用墙中悬挑式踏步或踏步竖肋插入墙体的楼梯,不应采用无筋砖砌栏板。

(4) 突出屋顶的楼、电梯间,构造柱应伸到顶部,并与顶部圈梁连接,所有墙体应沿墙高每隔 500 mm设 2ϕ6 通长钢筋和 ϕ4 分布短筋平面内点焊组成的拉结网片或 ϕ4 点焊网片。

4.加强结构的连接

(1) 纵横墙的连接

6、7 度时长度大于 7.2 m 的大房间,以及 8、9 度时外墙转角及内外墙交接处,应沿墙高每隔 500 mm配置 2ϕ6 的通长钢筋和 ϕ4 分布短筋平面内点焊组成的拉结网片或 ϕ4 点焊网片(图 3.18)。

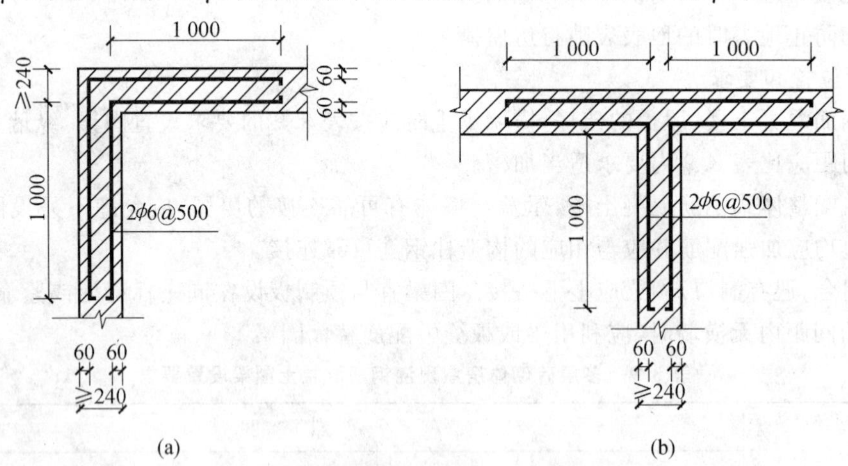

图 3.18　外墙转角及内外墙交接处的连接

后砌的非承重隔墙应沿墙高每隔 500～600 mm 配置 2ϕ6 拉结钢筋与承重墙或柱拉结,每边伸入墙内不应少于 500 mm(图 3.19);8 度和 9 度时,长度大于 5 m 的后砌隔墙,墙顶尚应与楼板或梁拉结,独立墙肢端部及大门洞两侧宜设钢筋混凝土构造柱。

烟道、风道、垃圾道等不应削弱墙体;当墙体被削弱时,应对墙体采取加强措施;不宜采用无竖向配筋的附墙烟囱或出屋面的烟囱。

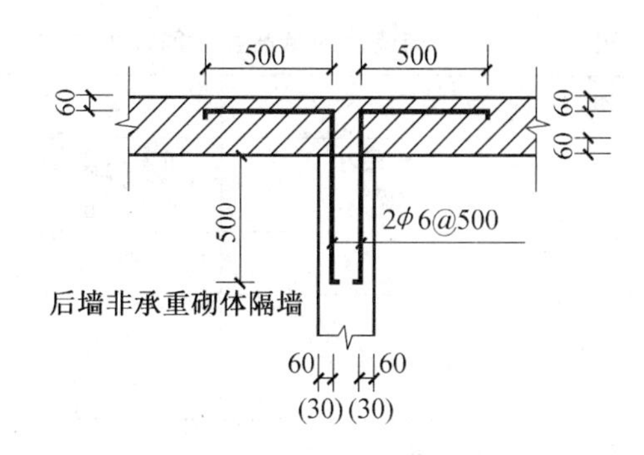

图 3.19　非承重隔墙与墙体的拉结

(2) 楼盖、屋盖构件的连接

①现浇钢筋混凝土楼板或屋面板伸进纵、横墙内的长度，均不应小于 120 mm。

②装配式钢筋混凝土楼板或屋面板，当圈梁未设在板的同一标高时，板端伸进外墙的长度不应小于 120 mm，伸进内墙的长度不应小于 100 mm 或采用硬架支模连接，在梁上不应小于 80 mm 或采用硬架支模连接。

③当板的跨度大于 4.8 m 并与外墙平行时，靠外墙的预制板侧边应与墙或圈梁拉结。

④房屋端部大的房间的楼盖，6 度时房屋的屋盖和 7～9 度时房屋的楼、屋盖，当圈梁设在板底时，钢筋混凝土预制板应相互拉结，并应与梁、墙或圈梁拉结。

⑤楼、屋盖的钢筋混凝土梁或屋架应与墙、柱(包括构造柱)或圈梁可靠连接；不得采用独立砖柱。跨度不小于 6 m 大梁的支承构件应采用组合砌体等加强措施，并满足承载力要求。

⑥坡屋顶房屋的屋架应与顶层圈梁可靠连接，檩条或屋面板应与墙、屋架可靠连接，房屋出入口处的檐口瓦应与屋面构件锚固。采用硬山搁檩时，顶层内纵墙顶宜增砌支承山墙的踏步式墙垛，并设置构造柱。

⑦预制阳台，6、7 度时应与圈梁和楼板的现浇板带可靠连接，8、9 度时不应采用预制阳台。

5. 采用同一类型的基础

同一结构单元的基础(或桩承台)，宜采用同一类型的基础，底面宜埋置在同一标高上，否则应增设基础圈梁并应按 1∶2 的台阶逐步放坡。

6. 横墙较少砖房的有关规定与加强措施

丙类的多层砖砌体房屋，当横墙较少且总高度和层数接近或达到规定限值时，应采取下列加强措施：

①房屋的最大开间尺寸不宜大于 6.6 m。

②同一个结构单元内横墙错位数量不宜超过横墙总数的 1/3，且连续错位不宜多于两道；错位的墙体交接处均应增设构造柱，且楼、屋面板应采用现浇钢筋混凝土板。

③横墙和内纵墙上洞口的宽度不宜大于 1.5 m；外纵墙上洞口的宽度不宜大于 2.1 m 或开间尺寸的一半；且内外墙上洞口位置不应影响内外纵墙与横墙的整体连接。

④所有纵横墙均应在楼、屋盖标高处设置加强的现浇钢筋混凝土圈梁：圈梁的截面高度不宜小于 150 mm，上下纵筋各不应少于 3ϕ10，箍筋不小于 ϕ6，间距不大于 300 mm。

⑤所有纵横墙交接处及横墙的中部，均应增设构造柱，该构造柱在纵、横墙内的柱距不宜大于 3.0 m，最小截面尺寸不宜小于 240 mm×240 mm(墙厚 190 mm 时为 240 mm×190 mm)，配筋宜符合表 3.11 的要求。

表 3.11 增设构造柱的纵筋和箍筋设置要求

<table>
<tr><th rowspan="2">位置</th><th colspan="3">纵向钢筋</th><th colspan="3">箍筋</th></tr>
<tr><th>最大配筋率/%</th><th>最小配筋率/%</th><th>最小直径/mm</th><th>加密区范围/mm</th><th>加密区间距/mm</th><th>最小直径/mm</th></tr>
<tr><td>角柱</td><td rowspan="2">1.8</td><td rowspan="2">0.8</td><td>14</td><td>全高</td><td rowspan="3">100</td><td rowspan="3">6</td></tr>
<tr><td>边柱</td><td>14</td><td rowspan="2">上端 700
下端 500</td></tr>
<tr><td>中柱</td><td>1.4</td><td>0.6</td><td>12</td></tr>
</table>

⑥ 同一结构单元的楼、屋面板应设置在同一标高处。

⑦ 房屋底层和顶层的窗台标高处，宜设置沿纵横墙通长的水平现浇钢筋混凝土带；其截面高度不小于 60 mm，宽度不小于墙厚，纵向钢筋不少于 2ϕ10，横向分布筋的直径不小于 ϕ6 且其间距不大于 200 mm。

3.4.2 多层砌块房屋抗震构造措施

1. 设置钢筋混凝土芯柱

(1) 设置部位和数量

为了增加混凝土小型空心砌块砌体房屋的整体性和延性，提高其抗震能力，应按表 3.12 的要求设置钢筋混凝土芯柱。对外廊式和单面走廊式的多层房屋、横墙较少的房屋、各层横墙很少的房屋，尚应分别按多层砖房砌体房屋(2)中②～④款关于增加层数的对应要求，按表 3.12 的要求设置芯柱。

表 3.12 多层小砌块房屋芯柱设置要求

<table>
<tr><th colspan="4">房屋层数</th><th rowspan="2">设置部位</th><th rowspan="2">设置数量</th></tr>
<tr><th>6 度</th><th>7 度</th><th>8 度</th><th>9 度</th></tr>
<tr><td>四、五</td><td>三、四</td><td>二、三</td><td></td><td>外墙转角，楼、电梯间四角，楼梯斜梯段上下端对应的墙体处；
大房间内外墙交接处；
错层部位横墙与外纵墙交接处；
隔 12 m 或单元横墙与外纵墙交接处</td><td rowspan="2">外墙转角，灌实 3 个孔；
内外墙交接处，灌实 4 个孔；
楼梯斜梯段上下端对应的墙体处，灌实 2 个孔</td></tr>
<tr><td>六</td><td>五</td><td>四</td><td></td><td>同上；
隔开间横墙(轴线)与外纵墙交接处</td></tr>
<tr><td>七</td><td>六</td><td>五</td><td>二</td><td>同上；
各内墙(轴线)与外纵墙交接处；
内纵墙与横墙(轴线)交接处和洞口两侧</td><td>外墙转角，灌实 5 个孔；
内外墙交接处，灌实 4 个孔；
内墙交接处，灌实 2 个孔；
洞口两侧各灌实 1 个孔</td></tr>
<tr><td></td><td>七</td><td>≥六</td><td>≥三</td><td>同上；
横墙内芯柱间距不大于 2 m</td><td>外墙转角，灌实 7 个孔；
内外墙交接处，灌实 5 个孔；
内墙交接处，灌实 4～5 个孔；
洞口两侧各灌实 1 个孔</td></tr>
</table>

注：外墙转角，内外墙交接处，楼、电梯间四角等部位，应允许采用钢筋混凝土构造柱替代部分芯柱

(2)截面尺寸、混凝土强度等级和配筋

混凝土小型空心砌块房屋芯柱截面不宜小于 120 mm×120 mm；芯柱混凝土强度等级不应低于 Cb20；芯柱竖向钢筋应贯通墙身且与圈梁连接；插筋不应小于 1ϕ12，6、7 度时超过五层、8 度时超过四层和 9 度时，插筋不应小于 1ϕ14；芯柱应伸入室外地面下 500 mm 或锚入浅于 500 mm 的基础圈梁内。为提高墙体抗震受剪承载力而设置的芯柱，宜在墙体内均匀布置，最大净距不宜大于 2.0 m。

多层小砌块房屋墙体交接处或芯柱与墙体连接处应设置拉结钢筋网片，网片可采用直径 4 mm 的钢筋点焊而成，沿墙高间距不大于 600 mm，并应沿墙体水平通长设置。6、7 度时底部 1/3 楼层，8

度时底部 1/2 楼层，9 度时全部楼层，上述拉结钢筋网片沿墙高间距不大于 400 mm。

(3)替代芯柱的钢筋混凝土构造柱

①截面与配筋。

替代芯柱的钢筋混凝土构造柱最小截面可采用 190 mm×190 mm，纵向钢筋宜采用 4ϕ12，箍筋间距不宜大于 250 mm，且在柱上下端宜适当加密；6、7 度时超过五层、8 度时超过四层和 9 度时，构造柱纵向钢筋宜采用 4ϕ14，箍筋间距不应大于 200 mm，外墙转角的构造柱可适当加大截面及配筋。

构造柱与砌块墙连接处应砌成马牙槎，与构造柱相邻的砌块孔洞，6 度时宜填实，7 度时应填实，8、9 度时应填实并插筋。构造柱与砌块墙之间沿墙高每隔 600 mm 设置 ϕ4 点焊拉结钢筋网片，并应沿墙体水平通长设置。6、7 度时底部 1/3 楼层，8 度时底部 1/2 楼层，9 度时全部楼层，上述拉结钢筋网片沿墙高间距不大于 400 mm。

②构造柱与圈梁连接。

构造柱与圈梁连接处，构造柱的纵筋应在圈梁纵筋内侧穿过，保证构造柱纵筋上下贯通。

③构造柱的基础。

构造柱可不单独设置基础，但应伸入室外地面下 500 mm，或与埋深小于 500 mm 的基础圈梁相连。

2. 合理布置圈梁

多层小砌块房屋的现浇钢筋混凝土圈梁的设置位置应按多层砖砌体房屋现浇圈梁的要求设置，圈梁宽度不应小于 190 mm，配筋不应少于 4ϕ12，箍筋间距不应大于 200 mm。

3. 设置钢筋混凝土带

多层小砌块房屋的层数，6 度时超过五层、7 度时超过四层、8 度时超过三层和 9 度时，在底层和顶层的窗台标高处，沿纵横墙应设置通长的水平现浇钢筋混凝土带；其截面高度不小于 60 mm，纵筋不少于 2ϕ10，并应有分布拉结钢筋；其混凝土强度等级不应低于 C20。

水平现浇混凝土带也可采用槽形砌块替代模板，其纵筋和拉结钢筋不变。

4. 横墙较少且总高度和层数接近限制的有关规定与加强措施

丙类的多层小砌块房屋，当横墙较少且总高度和层数接近或达到规定限值时，应符合砖砌体房屋的相关要求；其中，墙体中部的构造柱可采用芯柱替代，芯柱的灌孔数量不应少于 2 孔，每孔插筋的直径不应小于 18 mm。

5. 其他抗震构造措施

小砌块房屋的其他抗震构造措施，应符合普通砖砌体房屋的相应要求。

3.5 底部框架－抗震墙上部砌体结构房屋的抗震设计

底部框架－抗震墙上部砌体结构房屋主要用于底部需要大空间，而上面各层可采用较多纵横墙的房屋，如底层设置商店、餐厅的多层住宅、旅馆、办公楼等建筑。这类房屋因底部刚度小、上部刚度大，竖向刚度急剧变化，抗震性能较差，地震时往往在底部出现变形集中、产生过大侧移而被严重破坏，甚至倒塌。

3.5.1 地震作用计算

1. 水平地震作用计算

对于比较规则的底部框架－抗震墙房屋，可采用底部剪力法。计算中地震影响系数取 $\alpha_1=\alpha_{\max}$，顶部附加地震影响系数取 $\delta_n=0$。为了提高底部的抗震能力，我国《建筑抗震设计规范》规定，底部框架－抗震墙房屋，底层的纵向和横向地震剪力设计值均应乘以增大系数 ξ

$$\xi=\sqrt{\gamma} \tag{3.19}$$

式中　γ——第二层与底层侧移刚度之比，当 $\xi<1.2$ 时，取 $\xi=1.2$；$\xi>1.5$ 时，取 $\xi=1.5$。

同理，对于底部两层框架房屋的底层与第二层，其纵横向地震剪力设计值也均乘以增大系数 ξ。

底层或底部两层框架－抗震墙房屋的横向和纵向地震剪力设计值应全部由该方向的抗震墙承担，并按各抗震墙侧向刚度比例分配。

2. 底层地震剪力设计值在框架和抗震墙中的分配

底部框架－抗震墙中的框架柱和抗震墙的设计，可按两道防线的思想进行设计，即在结构弹性阶段，不考虑框架柱的抗剪贡献，而由抗震墙承担全部纵横向的地震剪力。在结构进入弹塑性阶段后，考虑到抗震墙的损失，由抗震墙和框架柱共同承担地震剪力。我国《建筑抗震设计规范》规定，框架柱承担的地震剪力设计值，可按各抗侧力构件有效侧向刚度比例分配确定；有效侧向刚度的取值，框架不折减，混凝土墙可乘以折减系数 0.30，砖墙可乘以折减系数 0.20，据此可确定框架柱所承担的地震剪力为

$$V_c=\frac{K_c}{0.3\sum K_{wc}+0.2\sum K_{wm}+\sum K_c}V_1 \tag{3.20}$$

式中　K_{wc}、K_{wm}、K_c—— 分别为一片混凝土抗震墙、一片砖抗震墙、一根钢筋混凝土框架柱的弹性侧移刚度。

V_1—— 底层地震剪力设计值。

3. 底层框架柱轴向压力和剪力

底层框架柱的轴向压力和剪力，应考虑砖墙或小砌块墙引起的附加轴向压力和附加剪力，其值可按下列公式确定：

$$N_f=V_wH_f/l \tag{3.21}$$

$$V_f=V_w \tag{3.22}$$

式中　V_w—— 墙体承担的剪力设计值，柱两侧有墙时可取二者的较大值；

N_f—— 框架柱的附加轴向压力设计值；

V_f—— 框架柱的附加剪力设计值；

H_f、l—— 分别为框架的层高和跨度。

4. 底部框架－抗震墙上部砖房部分水平地震剪力的分配

底部框架－抗震墙上部砖房部分的楼层水平地震剪力，应按下列原则分配：

① 现浇和装配整体式钢筋混凝土楼、屋盖等刚性楼盖建筑，宜按抗侧力构件侧移刚度的比例分配。

② 普通预制板的装配式钢筋混凝土楼、屋盖的建筑，按抗侧力构件侧移刚度比例和其从属面积上重力荷载代表值比例的平均值分配。

5. 地震倾覆力矩的计算及分配

(1) 地震倾覆力矩的计算

在底层框架抗震墙砖房中，作用于整个房屋底层的地震倾覆力矩设计值为

$$M_1=\gamma_{Eh}\sum_{i=2}^{n}F_i(H_i-H_1) \tag{3.23}$$

式中　M_1—— 整个房屋底层的地震倾覆力矩；

γ_{Eh}—— 水平地震作用分项系数；

F_i——i 质点的水平地震作用标准值；

H_i——i 质点的计算高度。

在底部两层框架抗震墙砖房中，作用于整个房屋第二层的地震倾覆力矩为

$$M_2 = \sum_{i=3}^{n} F_i (H_i - H_2) \tag{3.24}$$

式中　M_2——整个房屋第二层的地震倾覆力矩。

(2) 地震倾覆力矩的分配

我国《建筑抗震设计规范》规定，地震倾覆力矩可近似按底部抗震墙和框架的侧移刚度的比例分配。

3.5.2 抗震受剪承载力验算

嵌砌于框架之间的普通砖墙及两端框架柱，其抗震受剪承载力应按下式验算：

$$V \leqslant \frac{1}{\gamma_{\text{REc}}} \sum (M_{yc}^{u} + M_{yc}^{l}) / H_0 + \frac{1}{\gamma_{\text{REw}}} \sum f_{\text{vE}} A_{\text{w0}} \tag{3.25}$$

式中　V——嵌砌普通砖墙或小砌块墙及两端框架柱剪力设计值；

A_{w0}——砖墙或小砌块墙水平截面的计算面积，无洞口时取实际截面的 1.25 倍，有洞口时取截面净面积，但不计入宽度小于洞口高度 1/4 的墙肢截面面积；

M_{yc}^{u}、M_{yc}^{l}——分别为底层框架柱上下端的正截面受弯承载力设计值，可按现行国家标准《混凝土结构设计规范》GB 50010 非抗震设计的有关公式取等号计算；

H_0——底层框架柱的计算高度，两侧均有砌体墙时取柱净高的 2/3，其余情况取柱净高；

γ_{REc}——底层框架柱承载力抗震调整系数，可采用 0.8；

γ_{REw}——嵌砌普通砖墙或小砌块墙承载力抗震调整系数，可采用 0.9。

3.5.3 抗震构造措施

1. 上部墙体应设置钢筋混凝土构造柱或芯柱的构造

底部框架一抗震墙砌体房屋的上部墙体应设置钢筋混凝土构造柱或芯柱，并应符合下列要求：

(1)钢筋混凝土构造柱、芯柱的设置部位，应根据房屋的总层数按多层砖砌体房屋或多层小砌块房屋的规定设置。

(2)构造柱、芯柱除了符合前面所述的要求外，尚应符合下列要求：

①砖砌体墙中构造柱截面不宜小于 240 mm×240 mm(墙厚 190 mm 时为 240 mm×190 mm)。

②构造柱的纵向钢筋不宜少于 4ϕ14，箍筋间距不宜大于 200 mm；芯柱每孔插筋不应小于 1ϕ14，芯柱之间沿墙高应每隔 400 mm 设 ϕ4 焊接钢筋网片。

③构造柱、芯柱应与每层圈梁连接，或与现浇楼板可靠拉结。

2. 过渡层墙体的构造

过渡层墙体的构造，应符合下列要求：

(1)上部砌体墙的中心线宜与底部的框架梁、抗震墙的中心线相重合；构造柱或芯柱宜与框架柱上下贯通。

(2)过渡层应在底部框架柱、混凝土墙或约束砌体墙的构造柱所对应处设置构造柱或芯柱；墙体内的构造柱间距不宜大于层高；芯柱除按《建筑抗震设计规范》(GB 50011—2010)抗震表 7.4.1 设置外，最大间距不宜大于 1 m。

(3)过渡层构造柱的纵向钢筋，6、7 度时不宜少于 4ϕ16，8 度时不宜少于 4ϕ18。过渡层芯柱的纵向钢筋，6、7 度时不宜少于每孔 1ϕ16，8 度时不宜少于每孔 1ϕ18。一般情况下，纵向钢筋应锚入下部的框架柱或混凝土墙内；当纵向钢筋锚固在托墙梁内时，托墙梁的相应位置应加强。

(4)过渡层的砌体墙在窗台标高处，应设置沿纵横墙通长的水平现浇钢筋混凝土带；其截面高度不小于 60 mm，宽度不小于墙厚，纵向钢筋不少于 2ϕ10，横向分布筋的直径不小于 6 mm 且其间距不大于 200 mm。此外，砖砌体墙在相邻构造柱间的墙体，应沿墙高每隔 360 mm 设置 2ϕ6 通长水平钢

筋和 ϕ4 分布短筋平面内点焊组成的拉结网片或 ϕ4 点焊钢筋网片，并锚入构造柱内；小砌块砌体墙芯柱之间沿墙高应每隔 400 mm 设置 ϕ4 通长水平点焊钢筋网片。

(5)过渡层的砌体墙，凡宽度不小于 1.2 m 的门洞和 2.1 m 的窗洞，洞口两侧宜增设截面不小于 120 mm×240 mm(墙厚 190 mm 时为 120 mm×190 mm)的构造柱或单孔芯柱。

(6)当过渡层的砌体抗震墙与底部框架梁、墙体不对齐时，应在底部框架内设置托墙转换梁，并且过渡层砖墙或砌块墙应采取比(4)更高的加强措施。

3.底部框架一抗震墙砌体房屋的底部采用钢筋混凝土墙的构造

底部框架一抗震墙砌体房屋的底部采用钢筋混凝土墙时，其截面和构造应符合下列要求：

(1)墙体周边应设置梁(或暗梁)和边框柱(或框架柱)组成的边框；边框梁的截面宽度不宜小于墙板厚度的 1.5 倍，截面高度不宜小于墙板厚度的 2.5 倍；边框柱的截面高度不宜小于墙板厚度的 2 倍。

(2)墙板的厚度不宜小于 160 mm，且不应小于墙板净高的 1/20；墙体宜开设洞口形成若干墙段，各墙段的高宽比不宜小于 2。

(3)墙体的竖向和横向分布钢筋配筋率均不应小于 0.30%，并应采用双排布置；双排分布钢筋间拉筋的间距不应大于 600 mm，直径不应小于 6 mm。

(4)墙体的边缘构件可按有关规定设置。

4.约束砖砌体墙的构造

当 6 度设防的底层框架一抗震墙砖房的底层采用约束砖砌体墙时，其构造应符合下列要求：

(1) 砖墙厚不应小于 240 mm，砌筑砂浆强度等级不应低于 M10，应先砌墙后浇框架。

(2)沿框架柱每隔 300 mm 配置 2ϕ8 水平钢筋和 ϕ4 分布短筋平面内点焊组成的拉结网片，并沿砖墙水平通长设置；在墙体半高处尚应设置与框架柱相连的钢筋混凝土水平系梁。

(3)墙长大于 4 m 时和洞口两侧，应在墙内增设钢筋混凝土构造柱。

5.约束小砌块砌体墙的构造

当 6 度设防的底层框架一抗震墙砌块房屋的底层采用约束小砌块砌体墙时，其构造应符合下列要求：

(1)墙厚不应小于 190 mm，砌筑砂浆强度等级不应低于 Mb10，应先砌墙后浇框架。

(2)沿框架柱每隔 400 mm 配置 2ϕ8 水平钢筋和 ϕ4 分布短筋平面内点焊组成的拉结网片，并沿砌块墙水平通长设置；在墙体半高处尚应设置与框架柱相连的钢筋混凝土水平系梁，系梁截面不应小于 190 mm×190 mm，纵筋不应小于 4ϕ12，箍筋直径不应小于 ϕ6，间距不应大于 200 mm。

(3)墙体在门、窗洞口两侧应设置芯柱，墙长大于 4 m 时，应在墙内增设芯柱，芯柱应符合前面所述的有关规定；其余位置，宜采用钢筋混凝土构造柱替代芯柱，钢筋混凝土构造柱应符合前面所述的有关规定。

6.框架柱的构造

底部框架一抗震墙砌体房屋的框架柱应符合下列要求：

(1)柱的截面不应小于 400 mm×400 mm，圆柱直径不应小于 450 mm。

(2)柱的轴压比，6 度时不宜大于 0.85，7 度时不宜大于 0.75，8 度时不宜大于 0.65。

(3)柱的纵向钢筋最小总配筋率，当钢筋的强度标准值低于 400 MPa 时，中柱在 6、7 度时不应小于 0.9%，8 度时不应小于 1.1%；边柱、角柱和混凝土抗震墙端柱在 6、7 度时不应小于 1.0%，8 度时不应小于 1.2%。

(4)柱的箍筋直径，6、7 度时不应小于 8 mm，8 度时不应小于 10 mm，并应全高加密箍筋，间距不大于 100 mm。

(5)柱的最上端和最下端组合的弯矩设计值应乘以增大系数，一、二、三级的增大系数应分别按

1.5、1.25 和 1.15 采用。

7. 楼盖的构造

底部框架—抗震墙砌体房屋的楼盖应符合下列要求：

(1)过渡层的底板应采用现浇钢筋混凝土板，板厚不应小于 120 mm；并应少开洞、开小洞，当洞口尺寸大于 800 mm 时，洞口周边应设置边梁。

(2)其他楼层，采用装配式钢筋混凝土楼板时均应设现浇圈梁；采用现浇钢筋混凝土楼板时应允许不另设圈梁，但楼板沿抗震墙体周边均应加强配筋并应与相应的构造柱可靠接结。

8. 钢筋混凝土托墙梁的构造

底部框架—抗震墙砌体房屋的钢筋混凝土托墙梁，其截面和构造应符合下列要求：

(1)梁的截面宽度不应小于 300 mm，梁的截面高度不应小于跨度的 1/10。

(2)箍筋的直径不应小于 8 mm，间距不应大于 200 mm；梁端在 1.5 倍梁高且不小于 1/5 梁净跨范围内，以及上部墙体的洞口处和洞口两侧各 500 mm 且不小于梁高的范围内，箍筋间距不应大于 100 mm。

(3)沿梁高应设腰筋，数量不应少于 2ϕ14，间距不应大于 200 mm。

(4)梁的纵向受力钢筋和腰筋应按受拉钢筋的要求锚固在柱内，且支座上部的纵向钢筋在柱内的锚固长度应符合钢筋混凝土框支梁的有关要求。

9. 材料要求

底部框架房屋的材料强度等级，应符合下列要求：

(1)框架柱、抗震墙和托墙梁的混凝土强度等级，不应低于 C30。

(2)过渡层砌体块材的强度等级不应低于 MU10，砖砌体砌筑砂浆强度的等级不应低于 M10，砌块砌体砌筑砂浆强度的等级不应低于 Mb10。

【工程实例 3.1】

1. 工程介绍

工程介绍详见本模块中工程导入。

2. 工程分析

本任务是根据工程导入中给定的条件，验算工程导入中房屋是否满足抗震设计的一般要求。

3. 工程实施

结构计算书：抗震设计一般要求的检验见表 3.13。

表 3.13　抗震设计一般要求的检验

项目	规范规定值	实际值	结论
房屋总高度/m	21	14.7	符合抗震规范要求
房屋总层数	七	四	符合抗震规范要求
房屋高宽比	2.5	1.07	符合抗震规范要求
抗震横墙最大间距/m	15	9.9	符合抗震规范要求
承重窗间墙的最小宽度/m	1.0	1.8	符合抗震规范要求
非承重外墙尽端至门窗洞边的最小距离/m	1.0	0.9	墙段需加构造柱
内墙阳角至门窗洞边的最小距离/m	1.0	1.0	符合抗震规范要求
承重外墙尽端至门窗洞边最小距离/m	1.5	—	

【工程实例 3.2】

1. 工程介绍

工程介绍详见本模块中工程导入。

2. 工程分析

本任务是根据工程导入中给定的条件，计算该房屋各楼层的地震剪力。

3. 工程实施

结构计算书：(1)计算结构总的地震作用标准值

设防烈度 7 度，设计基本地震加速度为 0.2g，查表得 $\alpha_{\max}=0.08$，所以

$$F_{\mathrm{Ek}}=0.85\times0.08\times\sum_{i=1}^{n}G_i=0.85\times0.08\times(210+3\,760+4\,410+4\,410+4\,840)=1\,199\ \mathrm{kN}$$

(2) 计算各楼层地震剪力标准值

计算过程列于表 3.14。

表 3.14 楼层地震剪力标准值计算

楼层 \ 分项	G_i/kN	H_i/m	G_iH_i /(kN·m)	$G_iH_i/\sum_{j=1}^{5}G_jH_j$	F_i/kN	V_{ik}/kN
屋顶间	210	18.2	3 822	0.023	27.6	27.6
4	3 760	15.2	57 152	0.339	406.5	434.1
3	4 410	11.6	51 156	0.303	363.3	797.4
2	4 410	8.0	35 280	0.209	250.6	1 048
1	4 840	4.4	21 296	0.126	151.0	1 199
$\sum$	17 630		168 706	1.000	1 199	

【工程实例 3.3】

1. 工程介绍

工程介绍详见本模块中工程导入。

2. 工程分析

本任务是根据工程导入中给定的条件，验算屋顶间墙体的抗震强度。

3. 工程实施

结构计算书：屋顶间墙体抗震承载力验算

屋顶间地震剪力取其计算值的 3 倍，即 $V_{5\mathrm{k}}=82.8$ kN

以验算 C、D 轴线为例。

(1) 墙体剪力设计值(表 3.15)

C、D 轴线的净截面面积为

$$A_{\mathrm{C}}=(3.54-1.0)\times0.24=0.61(\mathrm{m}^2)$$

$$A_{\mathrm{D}}=(3.54-1.5)\times0.36=0.73(\mathrm{m}^2)$$

表 3.15 墙体剪力设计值

轴线	墙净面积 A_{ij}/m²	$A_{ij}/\sum_{j=1}^{2}A_{ij}$	$A_{ij}^f/\sum_{j=1}^{2}A_{ij}^f$	$\frac{1}{2}\left(\frac{A_{ij}}{\sum_{j=1}^{2}A_{ij}}+\frac{A_{ij}^f}{\sum_{j=1}^{2}A_{ij}^f}\right)$	$V_{\mathrm{k}}=\frac{1}{2}\left(\frac{A_{ij}}{\sum_{j=1}^{2}A_{ij}}+\frac{A_{ij}^f}{\sum_{j=1}^{2}A_{ij}^f}\right)V_{5\mathrm{k}}$ /kN	$V=1.3V_{\mathrm{k}}$ /kN
C	0.61	0.454	0.5	0.477	39.5	51.35
D	0.73	0.546	0.5	0.523	43.3	56.29
$\sum$	1.34					

(2) 抗震抗剪强度设计值(表 3.16)

表 3.16　抗震抗剪强度设计值

轴线	σ_0/MPa	f_V/MPa	σ_0/f_V	ζ_N	$f_{VE}=\zeta_N f_V$
C	0.034 4	0.11	0.313	0.863	0.094 9
D	0.041 3	0.11	0.375	0.875	0.096 3

注:σ_0 为层高半高处的平均压应力(计算过程略);ζ_N 根据 σ_0/f_V 查表 3.5 所得

(3) 截面抗震承载力验算(表 3.17)

表 3.17　截面抗震承载力验算

轴线	f_{VE}/MPa	墙体面积 A/ mm²	$f_{VE}A/\gamma_{RE}$/kN	V/kN	验算结论
C	0.094 9	610×10^3	77.2	51.35	满足要求
D	0.096 3	730×10^3	93.7	56.29	满足要求

【工程实例 3.4】

1. 工程介绍

工程介绍详见本模块中工程导入。

2. 工程分析

本任务是根据工程导入中给定的条件,验算首层 ③ 轴横墙截面的抗震强度。

3. 工程实施

结构计算书:(1) ③ 轴线承担的地震剪力计算

③ 轴线墙体横截面面积为

$$A_{13}=(6-0.9)\times0.24=1.224(\text{m}^2)$$

③ 轴线墙体从属面积为

$$A_{13}^f=3.3\times7.08=23.36(\text{m}^2)$$

首层横墙总截面面积为

$$\sum A_{1j}=23.95\ \text{m}^2$$

首层楼盖总面积为

$$A_1^f=380\ \text{m}^2$$

首层横墙的地震剪力标准值为

$$V_{13k}=\frac{1}{2}\left(\frac{A_{13}}{\sum A_{1j}}+\frac{A_{13}^f}{A_1^f}\right)V_{1k}=\frac{1}{2}\left(\frac{1.224}{23.95}+\frac{23.36}{380}\right)\times1\ 199=67.49(\text{kN})$$

(2) ③ 轴线承担的地震剪力在各墙段的分配

③ 轴线有门洞 0.9 m×2.1 m,将墙分成 a、b 两段,两墙段的 h/b 值为:

a 墙段　　$h/b=2.1/1.0=2.1$

b 墙段　　$h/b=2.1/4.1=0.51$

在计算墙段的侧移刚度时,对 a 段考虑剪切和弯曲变形的影响,对 b 段仅考虑剪切变形的影响。

$$K_a=\frac{Et}{\frac{h}{b}\left[\left(\frac{h}{b}\right)^2+3\right]}=\frac{Et}{2.1[(2.1)^2+3]}=0.064Et$$

$$K_b=\frac{Et}{3\frac{h}{b}}=\frac{Et}{3\times0.51}=0.654Et$$

各墙段的地震剪力为

$$V_{ak}=\frac{K_a}{K_a+K_b}V_{13k}=\frac{0.064Et}{(0.064+0.654)Et}\times 67.49=6.02(\mathrm{kN})$$

$$V_{bk}=\frac{K_b}{K_a+K_b}V_{13k}=\frac{0.654Et}{(0.064+0.654)Et}\times 67.49=61.47(\mathrm{kN})$$

(3) 抗震抗剪强度设计值(表3.18)

表3.18　抗震抗剪强度设计值

墙 段	σ_0/MPa	f_V/MPa	σ_0/f_V	ζ_N	$f_{VE}=\zeta_N f_V$
a	0.603 3	0.17	3.55	1.34	0.228
b	0.461 2	0.17	2.71	1.24	0.211

(4) 墙体抗震承载力验算(表3.19)

表3.19　墙体抗震承载力验算

墙 段	f_{VE}/MPa	墙体面积 A/ mm^2	$f_{VE}A/\gamma_{RE}$/kN	V/kN	验算结论
a	0.228	240×10^3	54.7	7.83	满足要求
b	0.211	984×10^3	207.6	79.9	满足要求

【工程实例3.5】

1. 工程介绍

工程介绍详见本模块中工程导入。

2. 工程分析

本任务是根据工程导入中给定的条件,验算外纵墙的抗震强度。

3. 工程实施

结构计算书:以第一层D轴线为例。

(1) 作用在D轴线的地震剪力标准值

$$V_{1Dk}=\frac{A_{1D}}{A_1}V_{1k}$$

由于D轴线各窗间墙宽度相等,故作用在每个窗间墙的地震剪力标准值 V_{Dik},可按水平截面面积的比例分配:

$$A_{Di}=0.36\times(0.9+0.9)=0.648(\mathrm{m}^2)$$

$$V_{Dik}=\frac{A_{Di}}{A_{1D}}V_{1Dk}=\frac{A_{Di}}{A_{1D}}\frac{A_{1D}}{A_1}V_{1k}=\frac{0.648}{23.95}\times 1\,199=37.1(\mathrm{kN})$$

(2) 每一窗间墙剪力设计值

$$V=1.3V_{Dik}=1.3\times 37.1=48.23(\mathrm{kN})$$

(3) 在层高半高处截面上的平均压应力

$$\sigma_0=0.367\ \mathrm{MPa}$$

$$\sigma_0/f_V=0.367/0.17=2.16$$

查表得 $\zeta_N=1.16$

$$f_{VE}=\zeta_N f_V=1.16\times 0.17=0.197$$

$$\frac{f_{VE}A}{\gamma_{RE}}=\frac{0.197\times 648\times 10^3}{1.0}=127.66(\mathrm{kN})>V=48.23(\mathrm{kN})$$

外纵墙抗震承载力满足要求。

【工程实例3.6】

1. 工程介绍

工程介绍详见本模块中工程导入。

2. 工程分析

本任务是根据工程导入中给定的条件，确定该房屋的主要抗震构造措施。

3. 工程实施

主要抗震构造措施：

(1) 钢筋混凝土构造柱的设置

本房屋为四层砖混办公楼，结构设防烈度为 7 度，设计基本地震加速度为 0.2g，应在楼、电梯间四角，楼梯斜梯段上下端对应的墙体处；外墙四角和对应转角；错层部位横墙与外纵墙交接处；较大洞口两侧，隔 12 m 或单元横墙与外纵墙交接处；楼梯间对应的另一侧内横墙与外纵墙交接处（构造柱的具体位置图略）。

(2)钢筋混凝土圈梁的设置

本建筑采用装配式钢筋混凝土楼、屋盖，按抗震规范的规定，外墙和内纵墙在屋盖和每层楼盖处均设置钢筋混凝土圈梁；内横墙在屋盖处及每层楼盖处应设置钢筋混凝土圈梁，且屋盖处间距不应大于 4.5 m；楼盖处间距不应大于 7.2 m；并在构造柱对应部位设置钢筋混凝土圈梁。

(3) 墙体与构造柱的拉结

构造柱与墙连接处应砌成马牙槎，沿墙高每隔 500 mm 设 2ϕ6 水平钢筋和 ϕ4 分布短筋平面内点焊组成的拉结网片或 ϕ4 点焊钢筋网片，每边伸入墙内不宜小于 1 m。底部 1/3 楼层，上述拉结钢筋网片应沿墙体水平通长设置。

【重点串联】

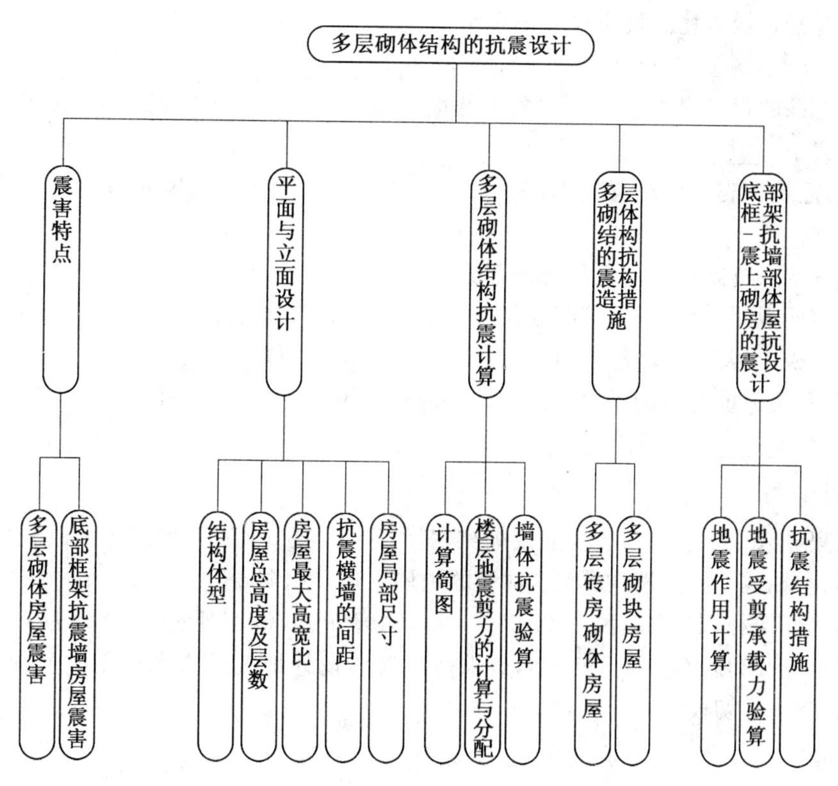

【知识链接】

本模块的内容涉及《建筑抗震设计规范》(GB 50011—2010)的第七章的内容和《砌体结构设计规范》(GB 50003—2011)对应章节的内容。

拓展与实训

基础训练

一、思考题

1. 限制多层砌体房屋的总高度和层数的原因是什么？
2. 为什么要控制砌体房屋的最大高宽比？
3. 多层砌体房屋中设置构造柱有何作用？
4. 多层砌体房屋中设置圈梁有何作用？
5. 多层砌体房屋抗震计算一般包括哪些内容？
6. 多层砌体房屋的水平地震作用如何计算？
7. 底部框架－抗震墙上部砌体房屋的主要抗震措施有哪些？

二、填空题

1. 多层砌体房屋的震害主要有________、________、________、________、________、________和________。

2. 多层砌体房屋应优先采用________或________的结构体系。

3. 多层砌体房屋的抗震设计包括________、________和________三个方面。

4. 多层砌体房屋的水平地震作用计算，包括三个基本步骤：________、________和________。

5. 钢筋混凝土构造柱的最小尺寸不宜小于________。

6. 混凝土小型空心砌块房屋芯柱截面不宜小于________。

7. 替代芯柱的钢筋混凝土构造柱最小截面可采用________，纵向钢筋宜采用________，箍筋间距不宜大于________。

8. 我国《建筑抗震设计规范》(GB 50011—2010)规定，框架柱承担的地震剪力设计值，可按各抗侧力构件________分配确定。

9. 底部框架－抗震墙砖房上部砖房部分的楼层水平地震剪力，应按下列原则分配：现浇和装配整体式钢筋混凝土楼、屋盖等刚性楼盖建筑，宜按抗侧力构件________分配；普通预制板的装配式钢筋混凝土楼、屋盖的建筑，按抗侧力构件________和________分配。

10. 底部框架－抗震墙砌体房屋的框架柱应符合下列要求：柱的截面不应小于________，圆柱直径不应小于________。

工程模拟训练

1. 将工程导入中多层砖房改为底层框架房屋，上部各层均不变，底层平面改动如下：拆除底层②、③、⑥、⑧轴线上的横墙，在B、C轴线的山墙上加开门洞，尺寸为1.8 m×2.4 m。在各轴线交叉点设置框架柱，柱截面尺寸为400 mm×400 mm，混凝土强度等级为C30($E_c=3\times10^4$ N/mm^2)，经改动后$G_1=4\ 531$ kN，试求底层横向设计地震剪力和框架柱所承担的地震剪力。(提示砌体的剪切模量$G=0.4E$)

链接职考

全国注册建筑师、结构工程师、建造师执业资格考试真题

1. 多层砌体房屋，其主要抗震措施是(　　)。(2013年一级注册建筑师考试　建筑结构真题第91题)

A. 限制高度和层数

B. 限制房屋的高宽比

C. 设置构造柱和圈梁

D. 限制墙段的最小尺寸，并规定横墙最大间距

2. 抗震设防的多层砌体房屋其结构体系和结构布置，下列说法正确的是（　　）。（2013 年一级注册建筑师考试　建筑结构真题第 94 题）

A. 优先采用横墙承重的结构体系

B. 房屋宽度方向中部内横墙累计长度一般不宜小于房屋总长度的 50%

C. 不应采用砌体和混凝土墙混合承重的结构体系

D. 可在房屋转角处设置转角窗

3. 加强多层砌体结构房屋抵抗地震能力的构造措施有（　　）。（2012 年一级注册建造师实务真题第 23 题）

A. 提供砌体材料的强度

B. 增大楼面结构厚度

C. 设置钢筋混凝土构造柱

D. 加强楼梯间的整体性

E. 设置钢筋混凝土圈梁并与构造柱连接起来

4. 多层砌体房屋应优先选用的结构体系是（　　）。（2013 年二级注册建筑师　建筑结构与设备真题第 16 题）

Ⅰ. 纵墙承重　　Ⅱ. 横墙承重　　Ⅲ. 纵横墙共同承重　　Ⅳ. 砌体墙与混凝土墙共同承重

A. Ⅰ、Ⅱ　　B. Ⅱ、Ⅲ　　C. Ⅲ、Ⅳ　　D. Ⅰ、Ⅳ

5. 下列抗震设防区多层砌体房屋结构布置中，错误的是（　　）。（2013 年二级注册建筑师　建筑结构与设备真题第 34 题）

A. 纵横向砌体抗震墙沿竖向应上下连续

B. 楼梯间应设置在房屋的尽端或转角处

C. 楼板局部大洞口的尺寸不宜超过楼板宽度的 30%

D. 同一轴线的窗间墙宽度宜均匀

6. 底部框架一抗震墙砌体房屋，底部层高的最大限值是（　　）。（2013 年二级注册建筑师　建筑结构与设备真题第 36 题）

A. 3.6 m　　B. 3.9 m　　C. 4.5 m　　D. 4.8 m

7. 下列多层小砌块房屋芯柱的构造要求中，正确的是（　　）。（2013 年二级注册建筑师　建筑结构与设备真题第 38 题）

A. 芯柱混凝强度等级最低取 Cb15

B. 芯柱截面尺寸应大于 240 mm×240 mm

C. 芯柱的竖向插筋最小可取 1ϕ10

D. 所有芯柱与墙体连接处应设置拉结钢筋网片

8. 关于多层砖房砌体房屋的构造柱柱底的做法，不合理的是（　　）。（2013 年二级注册建筑师　建筑结构与设备真题第 46 题）

A. 必须单独设置基础

B. 仅与埋深 200 mm 的基础圈梁相连

C. 应与埋深 400 mm 的基础圈梁相连

D. 应伸入室外地面下 500 mm

9. 有抗震要求的砖砌体房屋，构造柱的施工（　　）。（2011 年二级注册建筑师考试　建筑结构与设备真题第 38 题）

A. 应先砌墙后浇混凝土

B. 条件许可时宜先砌墙后浇柱

C. 如混凝土柱留出马牙槎，则可先浇柱后砌墙

D. 如混凝土柱留出马牙槎并预留拉结钢筋，则可先浇柱后砌墙

10. 有抗震要求的砌体房屋，在 8 度设防区，当采用黏土砖时，其层数限制为（　　）。（2010 年一级建筑师考试　建筑结构真题第 98 题）

A. 二层　　B. 四层　　C. 六层　　D. 八层

11. 有抗震要求的多层砌体房屋，位于 7 度设防区，其最大高宽比限制为（　　）。（2010 年一级建筑师考试　建筑结构真题第 99 题）

A. 3.0　　B. 2.5　　C. 2.0　　D. 1.5

模块 4

多高层钢筋混凝土结构建筑的抗震设计

【模块概述】

本模块介绍了多高层钢筋混凝土建筑结构中常见的三种体系(钢筋混凝土框架结构、钢筋混凝土剪力墙结构、钢筋混凝土框架—剪力墙结构)的受力特点,并介绍了它们各自在水平地震作用下的反应的基本计算方法。并给出了最新抗震设计规范、钢筋混凝土设计规范、高层建筑混凝土结构技术规程所规定的结构设计计算公式和构造措施。

【知识目标】

1. 掌握剪力墙的分类方法、D值法、连续栅片法、结构的刚度中心的计算方法以及具体结构构件抗震构造措施;
2. 了解多高层钢筋混凝土结构平扭耦联地震反应算法和有限单元法,明确不同的地震反应算法的优缺点及其可能带来的计算误差;
3. 了解结构材料的性质对结构抗震措施的影响;
4. 了解钢筋混凝土筒体结构体系的特点、筒中筒结构体系的特点;
5. 了解结构的延性耗能设计理念。

【技能目标】

1. 通过本模块的学习与训练,使学生初步具有对多、高层钢筋混凝土结构的设计与施工技术参数的处理能力;
2. 能够利用底部剪力法和振型分解反应谱法进行结构的地震内力及变形反应计算;
3. 能够按照最新抗震设计规范、钢筋混凝土设计规范、高层建筑混凝土结构技术规程选择技术参数及计算公式。

【工程导入】

本模块的工程选择的是上海市某六层办公楼(图 4.16、图 4.17、图 4.18),主体为现浇钢筋混凝土框架结构,占地面积为 1 310 m^2,建筑面积 5 240 m^2,建筑物共六层,底层层高 5.1 m,标准层层高 3.6 m,顶层层高 4.5 m,总高度 25.5 m,室内外高差 0.450 m,基础顶面距离室外地面 1.05 m,基础采用柱下独立基础。该办公楼主要以层为单元出租,每层为一个独立的单元,拥有接待室、会议室、档案室、普通办公室、专用办公室等。楼内设有两个电梯、三个楼梯,主、次楼梯开间均为 3 m,进深均为 6.6 m,楼梯的布置均符合消防、抗震的要求。抗震设防烈度:7 度设防,抗震设计分组为第一组,设计基本地震加速度值为 0.1g;基本风压 0.55 kN/m^2,B 类粗糙度;雪荷载标准值为 0.2 kN/m^2;结构体系为现浇钢筋混凝土框架结构。工程地质条件:拟建场地地形平坦,土质分布具体情况见表4.13,Ⅱ类场地土。地下稳定水位距地表−9 m,表 4.13 中给定土层深度由自然地坪算起。建筑地点冰冻深度−0.5 m。试根据本模块的知识展开该建筑的抗震设计计算。

4.1 多高层钢筋混凝土结构体系及布置

4.1.1 多高层钢筋混凝土结构体系

所谓高层建筑的结构体系，是指结构抵抗外部作用的构件类型和组成方式。在高层建筑中，随高度增加，抵抗水平力和地震作用下的侧向变形是主要问题。因此，抗侧力结构体系的合理选择和布置，就成为高层建筑结构设计的关键。高层建筑的基本抗侧力单元有框架、剪力墙、实腹筒、框筒等，由此组成的结构体系有以下几种。

1. 框架结构体系

框架是由梁和柱刚结而成的平面结构体系。如果整幢结构都由框架作为抗侧向力单元，就称为框架结构体系。其优点是：

①建筑平面布置灵活，分隔方便。

②整体性、抗震性能好，设计合理时结构具有较好的塑性变形能力。

③外墙采用轻质填充材料时，结构自重小。

其缺点是：侧向刚度小，抵抗侧向变形能力差。正是这一点，限制了框架结构的建造高度。

2. 剪力墙结构体系

一般是在钢筋混凝土结构中，用实心的钢筋混凝土墙片作为抗侧力单元（又称为抗震墙），同时由墙片承担竖向荷载。其优点是：

①整体性好、刚度大，抵抗侧向变形能力强。

②抗震性能较好，设计合理时结构具有较好的塑性变形能力。因而剪力墙结构适宜的建造高度比框架结构要高。

其缺点是：受楼板跨度的限制（一般为 3～8 m），剪力墙间距不能太大，建筑平面布置不够灵活。

特殊情况下，为了在建筑底部做成较大空间，有时将剪力墙底部做成框架柱，形成框支剪力墙。

但是这种墙体上、下刚度形成突变，对抗震极为不利。故在地震区不允许采用框支剪力墙结构体系。可以采用部分剪力墙分落地、部分剪力墙框支的结构体系，并且在构造上要求：

(1)落地墙布置在两端或中部，纵、横向连接围成筒体。

(2)落地墙间距不能过大。

(3)落地剪力墙的厚度和混凝土的等级要适当提高，使整体结构上、下刚度相近；

(4)应加强过渡层楼板的整体性和刚度。

3. 框架－剪力墙（框架－筒体）结构体系

将框架、剪力墙两种抗侧力结构结合在一起使用，或者将剪力墙围成封闭的筒体，再与框架结合起来使用，就形成了框架－剪力墙（框架－筒体）结构体系。这种结构形式具备了纯框架结构和纯剪力墙结构的优点，同时克服了纯框架结构抗侧移刚度小和纯剪力墙结构平面布置不够灵活的缺点。

在框架－剪力墙（框架－筒体）结构体系中，剪力墙的布置应注意以下几点：

(1)剪力墙以对称布置为好，可减少结构的扭转，这一点在地震区尤为重要。

(2)剪力墙应上下贯通，使结构刚度连续而且变化均匀。

(3)剪力墙宜布置成筒体，建筑层数较少时，也应将剪力墙布置成 T 形、L 形、I 形等，便于剪力墙更好地发挥作用。

(4)剪力墙应布置在结构的外围，可以加强结构的抗扭作用。但是考虑温度应力的影响和楼板平面内的变形，剪力墙的间距不应过大。剪力墙间距应符合表 4.1 的要求。

表 4.1 横向剪力墙的最大间距表

楼盖形式	非抗震设计	抗震设计设防烈度		
		6～7 度	8 度	9 度
现浇	≤5*B* ≤60 m	≤4*B* ≤50 m	≤3*B* ≤40 m	≤2*B* ≤30 m
装配整体	≤3.5*B* ≤50 m	≤3*B* ≤40 m	≤2.5*B* ≤30 m	

注：* *B* 为楼板宽度

4. 筒中筒结构体系

筒中筒结构体系是由内筒和外筒两个筒体组成的结构体系。内筒通常是由剪力墙围成的实腹筒，而外筒一般采用框筒或桁架筒。其中框筒是指由密柱深梁框架围成的筒体，桁架筒则是筒体的四壁采用桁架做成。与框筒相比，桁架筒具有更大的抗侧移刚度。

筒体最主要的特点是它的空间受力性能。无论哪一种筒体，在水平力的作用下都可以看成固定于基础上的悬臂结构，比单片平面结构具有更大的抗侧移刚度和承载能力，因而适宜建造高度更高的超高层建筑。同时，由于筒体的对称性，筒体结构具有很好的抗扭刚度。

5. 多筒体系——成束筒和巨型框架

当采用多个筒体共同抵抗侧向力时，就成为多筒体系。它有以下两种形式：

(1)成束筒

两个以上的筒体排列在一起成束状，称为成束筒。成束筒的抗侧移刚度比筒中筒结构还要高，适宜的建造高度也更高。

(2)巨型框架

利用筒体作为柱子，在各筒体之间每隔数层用巨型大梁相连，由筒体和巨型梁形成巨型框架。虽然仍是框架形式，由于梁和柱子的断面尺寸很大，巨型框架的抗侧移刚度比一般框架要大得多，因而适宜建造的建筑物高度比框架结构要大得多。

由此可见，不同的结构体系结构形式不同，抗侧移刚度差别也较大，适宜的建筑物高度也不相同。表 4.2 是我国《高层建筑混凝土结构技术规程》(JGJ 3—2010)给出的不同结构体系适宜的建筑物最大高度。

表 4.2 现浇钢筋混凝土房屋适用的最大高度 m

结构类型		烈度				
		6	7	8(0.2*g*)	8(0.3*g*)	9
框架		60	50	40	35	24
框架一抗震墙		130	120	100	80	50
抗震墙		140	120	100	80	60
部分框支抗震墙		120	100	80	50	不应采用
筒体	框架一核心筒	150	130	100	90	70
	筒中筒	180	150	120	100	80
板柱一抗震墙		80	70	55	40	不应采用

注：1. 房屋高度指室外地面到主要屋面板板顶的高度(不包括局部突出屋顶部分)

2. 框架一核心筒结构指周边稀柱框架与核心筒组成的结构

3. 部分框支抗震墙结构指首层或底部两层为框支层的结构，不包括仅个别框支墙的情况

4. 表中框架，不包括异形柱框架

5. 板柱一抗震墙结构指板柱、框架和抗震墙组成抗侧力体系的结构

6.乙类建筑可按本地区抗震设防烈度确定其适用的最大高度

7.超过表内高度的房屋,应进行专门研究和论证,采取有效的加强措施

4.1.2 结构总体抗震布置原则

一个建筑结构方案的确定,要涉及安全可靠、使用要求、经济投入、施工技术和建筑美观等诸多方面的问题。要求设计者综合运用力学概念、结构破坏机理的概念、地震对建筑物造成破坏的经验教训、结构试验结论和计算结果的分析判断等进行设计,这在工程设计中被称为"概念设计"。概念设计虽然带有一定的经验性,涉及的范围十分丰富,但是它的基本原则是明确的。事实证明概念设计是十分有效的。高层建筑由于体形庞大,一些复杂部位难以进行精确计算,特别是对需要进行抗震设防的建筑,因为地震作用影响因素很多,要进行精确计算更是困难。因此,在高层建筑设计中,除了要根据建筑高度选择合理的结构体系外,必须运用概念设计进行分析。本节讨论的结构总体布置原则,就是高层建筑设计中属于概念设计的一些基本原则。

1.控制结构的高宽比 H/B

高宽比实际上反映了建筑物的"苗条"程度。在高层建筑的设计中,控制侧向位移是结构设计的主要问题。随着高宽比的增大,结构的侧向变形能力也相对越强,倾覆力矩也越大。因此,建造宽度很小的高层建筑是不合适的,应对建筑物的高宽比加以限制,见表4.3。

表 4.3 高宽比限值(H/B)

结构类型	非抗震设计	抗震设计		
		6、7度	8度	9度
框架	5	4	3	—
框架—剪力墙、剪力墙	7	6	5	4
框架—核心筒	8	7	6	4
筒中筒	8	8	7	5

表4.3是《高层建筑混凝土结构技术规程》(JGJ 3—2010)的规定,是根据经验得到的,可供初步设计时参考。如果体系合理、布置恰当,经过验算结构侧向位移、自振周期、地震反应和风振下的动力效应在理想的范围内,则 H/B 值可以适当放宽。

2.结构的平面形状

建筑物的平面形状一般可以分为以下两类:

(1)板式

板式是指建筑物宽度较小、长度较大的平面形状。在板式结构中,因为宽度较小,平面短边方向抗侧移刚度较弱。当长度较大时,在地震或风荷载作用下,结构会产生扭转、楼板平面翘曲等现象。因此,应对板式结构的长宽比 L/B 加以限制,一般情况下 L/B 不宜超过6;当抗震设防烈度等于或大于8时,限制应更加严格。同时,板式结构的高宽比也需控制得更严格一些。

(2)塔式

塔式是指建筑物的长度和宽度相近的平面形状。塔式平面形状不局限于方形或圆形,可以是多边形、长宽相近的矩形、Y形、井字形、三角形等。在塔式结构中,两个方向抗侧移刚度相近。尤其是平面形状对称时,扭转相对要小得多。在高层建筑中尤其是超高层建筑中,多采用塔式平面形状。

无论采用哪一种平面形状,都应遵循平面规则、对称、简单的原则,尽量减少地震时或大风的作用下因平面形状不规则而产生扭转的可能性。

3.对抗震有利的结构布置形式

大量地震震害调查说明,建筑物平面布置不合理、刚度不均匀,高低错层连接、屋顶局部突出、高

度方向刚度突变等，都容易造成震害。在抗震设计中，必须遵循以下两点使结构形式对抗震有利。

(1)选择有利于抗震的结构平面

平面形状复杂、不规则、不对称的结构，不仅结构设计难度大，而且在地震作用的影响下，结构要出现明显的扭转和应力集中，这对抗震是非常不利的。另外，各抗侧力结构的刚度在平面内的布置也必须做到均匀，尽可能对称，避免刚度中心和水平力作用点出现过大偏心距。故平面布置简单、规则、对称是应遵循的原则。

(2)选择有利于抗震的竖向布置

结构竖向布置的原则是刚度均匀连续，避免刚度突变。在结构竖向刚度有变化时要做到由上到下刚度逐渐变化，尽量避免在结构的某个部位出现薄弱层。对结构顶部的局部突起的"鞭梢效应"，应有足够的重视。震害分析表明，这些部位往往是震害最严重的地方。

4. 有关结构缝的设置

在一般房屋结构的总体布置中，考虑到沉降、温度收缩和体型复杂对房屋结构的不利影响，常常采用沉降缝、伸缩缝或防震缝将房屋分成若干个独立的部分，以消除沉降差、温度应力和体型复杂对结构的危害。对这三种缝，有关规范都做了原则性的规定。

但是，在高层建筑中常常出于建筑使用要求和立面效果的考虑，以及防水处理困难等，希望少设缝或不设缝。目前在高层建筑中，总的趋势是避免设缝，并从总体布置上或构造上采取相应措施来减少沉降、温度和体型复杂引起的问题。

5. 温度差对房屋竖向的影响

季节温差、室内外温差和日照温差对房屋竖向结构也是有影响的。当建筑物高度在 30～40 层以上时，就应考虑这种温度作用。

6. 高层建筑楼盖

在高层建筑中，楼盖不再是简单的竖向分割和平面支撑。在高层结构侧向变形时，要求楼盖应具备必要的整体性和平面内刚度。同时，考虑到高层建筑平面较为复杂，尽量减少楼盖的结构高度和重量，装配式楼盖已不再适用，一般应采用现浇整体式或装配整体式楼盖。

7. 基础埋置深度及基础形式

(1)基础埋置深度

高层建筑由于高度大、重量大，受到的地震作用和风荷载值较大，因而倾覆力矩和剪力都比较大。为了防止倾覆和滑移，高层建筑的基础埋置深度要深一些，使高层建筑基础周围所受到的嵌固作用较大，减小地震反应。《高层建筑混凝土结构技术规程》(JGJ 3—2010)规定：

①在天然地基上基础埋置深度不小于建筑物总高度的 1/12。

②采用桩基时，桩基承台的埋置深度不宜小于建筑物总高度的 1/15。

③当地基为岩石时，基础埋置深度可减小一些，但应采用地锚等措施。

(2)基础形式

基础承托房屋全部重量及外部作用力，并将它们传到地基；另一方面，它又直接受到地震波的作用，并将地震作用传到上部结构。可以说，基础是结构安全的第一道防线。基础的形式，取决于上部结构的形式、重量、作用力以及地基土的性质。基础形式有以下几种：

①柱下独立基础：适用于层数不多、地基承载力较好的框架结构。当抗震要求较高或土质不均匀时，可在单柱基础之间设置拉梁，以增加整体性。

②条形基础：条形基础、交叉条形基础比柱下独立基础整体性要好，可增加上部结构的整体性。

③钢筋混凝土筏形基础：当高层建筑层数不多、地基土较好、上部结构轴线间距较小且荷载不大时，可以采用钢筋混凝土筏形基础。

④箱形基础：是高层建筑广泛采用的一种基础类型。它具有刚度大、整体性好的特点，适用于上

部结构荷载大而基础土质较软弱的情况。它既能够抵抗和协调地基的不均匀变形，又能扩大基础底面积，将上部荷载均匀传递到地基上，同时，又使部分土体重量得到置换，降低了土压力。

⑤桩基：也是高层建筑广泛采用的一种基础类型。桩基具有承载力可靠、沉降小的优点，适用于软弱土壤。震害调查表明，采用桩基常常可以减少震害。但是必须注意，在地震区，应避免采用摩擦桩，因为在地震时土壤会因震动而丧失摩擦力。

4.1.3 荷载及设计要求

高层建筑所承受的荷载可分为竖向荷载和水平荷载两部分。竖向荷载中重力荷载和楼面活荷载与一般结构相同，在此不再重复。水平荷载包括风荷载和水平地震作用。

设计要求包括荷载效应组合方法和承载力、变形的要求。

1. 风荷载

空气流动形成的风遇到建筑物时，就在建筑物的表面产生压力或吸力，这种风力作用称为风荷载。

(1)风荷载标准值

风对建筑物表面的作用力大小，与建筑物体型、高度、建筑物所处位置、结构特性有关。垂直于建筑物表面的单位面积上的风荷载标准值 W_K(kN/m^2)可按下式计算：

$$W_K=\beta_Z\mu_Z\mu_S W_0 \tag{4.1}$$

式中 W_0——高层建筑基本风压值；

μ_Z——风压高度变化系数；

μ_S——风载体型系数；

β_Z——风振系数。

① 高层建筑基本风压值 W_0。

我国《建筑结构荷载规范》给出了各地的基本风压值，是用各地区空旷平坦地面上离地 10 m 高、统计 30 年重现期的 10 min 平均风速 V_0(m/s)计算得到的。

基本风压为

$$W'_0=\frac{V_0^2}{1\ 600} \tag{4.2}$$

对于高层建筑，需要考虑重现期为 50 年的大风，对于特别重要或者有特殊要求的高层建筑，需要考虑重现期为 100 年的强风。因此要用基本风压值 W'_0 乘以系数 1.1 或 1.2 后，作为一般高层建筑及特别重要的高层建筑的基本风压值 W_0。

②风压高度变化系数 μ_Z。

风速大小不仅与高度有关，一般越靠近地面风速越小，越向上风速越大，而且风速的变化与地貌及周围环境有直接关系。我国《建筑结构荷载规范》将地面情况分为 A、B、C 三类：

A 类地面粗糙度：指海岸、湖岸、海岛及沙漠地区；

B 类地面粗糙度：指田野、乡村、丛林、丘陵以及房屋比较稀疏的中小城镇和大城市的郊区；

C 类地面粗糙度：指平均建筑高度在 15 m 以上、有密集建筑群的大城市市区。

风压高度变化系数 μ_Z 反映了不同高度处和不同地面情况下的风速情况，具体见表 4.4。

表 4.4 风压高度变化系数

离地面高度/m		5	10	20	30	40	50	60	70	80	90	100	150	200
地面粗糙度	A	1.17	1.38	1.63	1.8	1.92	2.03	2.12	2.2	2.27	2.34	2.40	2.64	2.83
	B	0.8	1.0	1.25	1.42	1.56	1.67	1.77	1.86	1.95	2.02	2.09	2.38	2.61
	C	0.54	0.71	0.94	1.11	1.24	1.36	1.46	1.55	1.64	1.72	1.79	2.11	2.36

③风载体型系数 μ_S。

风载体型系数 μ_S 是指建筑物表面所受实际风压与基本风压的比值。通过实测可以看出，风压在建筑物表面的分布不是均匀的，在风荷载计算时，为简化计算，一般将建筑物各个表面的风压看成是均匀分布的。风载体型系数的取值见《建筑结构荷载规范》。

④风振系数 β_Z。

空气在流动时，风速、风向都在不停地改变。建筑物所受到的风荷载是不断波动的。风压的波动周期一般较长，对一般建筑物影响不大，可以按静载来对待。但是，对于高度较大或刚度相对较小的高层建筑来讲，就不能忽视风压的动力效应。在设计中，用风振系数 β_Z 来考虑。

《建筑结构荷载规范》(GB 50009—2012)规定，对于高度大于 30 m，且高宽比大于 1.5 的房屋建筑均需考虑风振系数。《高层建筑混凝土结构技术规程》(JGJ 3—2010)规定了有关风振系数 β_Z 的计算。

(2)总风荷载与局部风荷载

①总风荷载。

总风荷载是指建筑物各个表面所受风荷载的合力，是沿建筑物高度变化的线荷载。通常按建筑物的主轴方向进行计算。

②局部风荷载。

局部风荷载是指在建筑物表面某些风压较大的部位，考虑风压对局部某些构件的不利作用时考虑的风荷载。考虑部位一般是建筑物的角隅或阳台、雨篷等悬挑构件。

2. 地震作用

地震作用在本教材的模块 2 中已介绍，在此不再重复。

3. 荷载效应组合及设计要求

(1)荷载效应组合

一般用途的高层建筑荷载效应组合分为以下两种情况：

无地震作用组合

$$S=\gamma_G C_G G_K+\gamma_{Q1} C_{Q1} Q_{1K}+\gamma_{Q2} C_{Q2} Q_{2K}+\psi_W \gamma_W C_W W_K \tag{4.3}$$

有地震作用组合

$$S_E=\gamma_G C_G G_E+\gamma_{Eh} C_{Eh} E_{hK}+\gamma_{Ev} C_{Ev} E_{vK}+\psi_W \gamma_W C_W W_K \tag{4.4}$$

式中 S——无地震作用组合时的荷载总效应；

S_E——有地震作用组合时的荷载总效应；

$C_G G_K$——永久荷载的荷载效应标准值；

$C_{Q1} Q_{1K}$——使用荷载的荷载效应标准值；

$C_{Q2} Q_{2K}$——其他可变荷载的荷载效应标准值；

$C_W W_K$——风荷载的荷载效应标准值；

ψ_W——风荷载的组合系数。

$C_G G_E$——重力荷载代表值产生的荷载效应标准值(包括 100％自重标准值，50％雪荷载标准值，50％～80％楼面活荷载标准值)；

$C_{Eh} E_{hK}$——水平地震作用的荷载效应标准值；

$C_{Ev} E_{vK}$——竖向地震作用的荷载效应标准值；

γ_G、γ_{Eh}、γ_{Ev}、γ_W——分别相应于上述各荷载效应的分项系数。

(2)设计要求

①极限承载能力的验算。

极限承载能力验算的一般表达式为：

不考虑地震作用的组合内力时

$$\gamma_0 S \leqslant R \tag{4.5}$$

考虑地震作用的组合内力时

$$S_E \leqslant R_E / \gamma_{RE} \tag{4.6}$$

式中　S、S_E——由荷载组合得到的构件内力设计值；

R、R_E——不考虑抗震及考虑抗震时构件承载力设计值；

γ_0——结构重要性系数；

γ_{RE}——承载力抗震调整系数，可按表 4.5 采用。

表 4.5　钢筋混凝土构件承载力抗震调整系数

构件类别	正截面抗弯承载力验算				斜截面抗剪及偏拉承载力验算
	梁	柱		剪力墙	各类构件及框架节点
		轴压比＜0.15	轴压比≥0.15		
γ_{RE}	0.75	0.75	0.80	0.85	0.85

②位移限制。

高层建筑的位移要限制在一定范围内，这是因为：

a. 过大的位移会使人感觉不舒服，影响使用。这一点主要是对风荷载而言的，在地震发生时，人的舒适感是次要的。

b. 过大的位移会使填充墙或建筑装修出现裂缝或损坏，也会使电梯轨道变形。

c. 过大的位移会使主体结构出现裂缝甚至损坏。

d. 过大的位移会使结构产生附加内力，$P-\Delta$ 效应显著。

高层建筑对位移的限制，实际上是对抗侧移刚度的要求。衡量标准是结构顶点位移和层间位移，《高层建筑混凝土结构技术规程》(JGJ 3—2010)给出了有关位移的限制。

③大震下的变形验算。

按照我国《建筑结构抗震规范》(GB 50011－2010)提出的"三水准"(小震不坏、中震可修、大震不倒)及"两阶段"(弹性阶段、弹塑性阶段)的设计原则，遇到下列情况时，须进行罕遇地震作用下的变形验算。

下列结构应进行弹塑性变形验算：

a. 8 度Ⅲ、Ⅳ类场地和 9 度时，高大的单层钢筋混凝土柱厂房的横向排架。

b. 7～9 度时楼层屈服强度系数 ξ_y 小于 0.5 的钢筋混凝土框架结构和框排架结构。

c. 高度大于 150 m 的结构。

d. 甲类建筑和 9 度时乙类建筑中的钢筋混凝土结构和钢结构。

e. 采用隔震和消能减震设计的结构。

下列结构宜进行弹塑性变形验算：

a.《建筑抗震设计规范》(GB 50011—2010)表 5.1.2－1 所列高度范围且属于该规范表 3.4.3－2 所列竖向不规则类型的高层建筑结构。

b. 7 度Ⅲ、Ⅳ类场地和 8 度时乙类建筑中的钢筋混凝土结构和钢结构。

c. 板柱－抗震墙结构和底部框架砌体房屋。

d. 高度不大于 150 m 的其他高层钢结构。

e. 不规则的地下建筑结构及地下空间综合体。

注：楼层屈服强度系数为按钢筋混凝土构件实际配筋和材料强度标准值计算的楼层受剪承载力和按罕遇地震作用标准值计算的楼层弹性地震剪力的比值；对排架柱，指按实际配筋面积、材料强度标准值和轴向力计算的正截面受弯承载力与按罕遇地震作用标准值计算的弹性地震弯矩的比值。

其中，楼层屈服强度系数 ξ_y 按下式计算：

$$\xi_y = \frac{V_y^a}{V_e} \tag{4.7}$$

式中 V_y^a——按楼层实际配筋及材料强度标准值计算的楼层承载力，以楼层剪力表示；

V_e——在罕遇地震作用下，由等效地震荷载按弹性计算所得的楼层剪力。

4.2 地震作用下框架结构的内力和位移计算

无论是本章介绍的框架结构，还是后面要讨论的剪力墙结构、框架－剪力墙结构，其地震内力反应计算都比较烦琐，一般不采用手算。尤其是筒中筒结构、成束筒和巨型框架结构，更是无法用手算完成。多采用计算软件用计算机来完成。这就要求计算者能够对计算机的计算结果做出正确的分析和判断。这种分析判断能力，需要一定的工作经验积累。掌握一定的手算方法，对于了解结构的受力特点是非常有利的。本章和后面各章介绍手算方法的目的正在于此。

框架结构的计算简图，就是《结构力学》中讨论的刚架，因而其内力计算方法大家都比较熟悉。本节介绍常用的一些近似计算方法。

4.2.1 框架结构在竖向荷载作用下的近似计算——分层法

框架所承受的竖向荷载一般是结构自重和楼(屋)面使用的活荷载。框架在竖向荷载作用下，侧移比较小，可以作为无侧移框架按力矩分配法进行计算。精确计算表明，各层荷载除了在本层梁以及与本层梁相连的柱子中产生内力之外，对其他层的梁、柱内力影响不大。为此，可以将整个框架分成一个个单层框架来计算，这就是分层法。

由于在单层框架中，各柱的远端均取为固定支座，这与柱子在实际框架中的情况有较大差别。为此需要对计算做出修正：

①除底层外，各柱的线刚度乘以 0.9 加以修正。

②将各柱的弯矩传递系数修正为 1/3。

计算出各个单层框架的内力以后，再将各个单层框架组装成原来的整体框架即可。节点上的弯矩可能不平衡，但误差不会很大，一般可不做处理。如果需要更精确一些，可将节点不平衡弯矩在节点做一次分配即可，不需要再进行传递。

4.2.2 框架在水平荷载及地震惯性力作用下内力的近似计算(一)——反弯点法

框架所承受的水平荷载主要是风荷载和水平地震作用，它们都可以转化成作用在框架节点上的集中力。在这种力的作用下，无论是横梁还是柱子，它们的弯矩分布均成直线变化。一般情况下每根杆件都有一个弯矩为零的点，称为反弯点。如果在反弯点处将柱子切开，切断点处的内力将只有剪力和轴力。如果知道反弯点的位置和柱子的抗侧移刚度，即可求得各柱的剪力，从而求得框架各杆件的内力，反弯点法即由此而来。

由此可见，反弯点法的关键是反弯点的位置确定和柱子抗推刚度的确定。

1. 基本假定

①假定框架横梁刚度为无穷大。

如果框架横梁刚度为无穷大，在水平力的作用下，框架节点将只有侧移而没有转角。实际上，框架横梁刚度不会是无穷大，在水平力下，节点既有侧移又有转角。但是，当梁、柱的线刚度之比大于 3 时，柱子端部的转角就很小。此时忽略节点转角的存在，对框架内力计算影响不大。

由此也可以看出，反弯点法是有一定的适用范围的，即框架梁、柱的线刚度之比应不小于 3。

②假定底层柱子的反弯点位于柱子高度的 2/3 处，其余各层柱的反弯点位于柱中。

当柱子端部转角为零时，反弯点的位置应该位于柱子高度的中间。而实际结构中，尽管梁、柱的线刚度之比大于3,在水平力的作用下,节点仍然存在转角,那么反弯点的位置就不在柱子中间。尤其是底层柱子,由于柱子下端为嵌固,无转角,当上端有转角时,反弯点必然向上移,故底层柱子的反弯点取在2/3处。上部各层,当节点转角接近时,柱子反弯点基本在柱子中间。

2.柱子的抗侧移(抗推)刚度 d

柱子端部无转角时,柱子的抗推刚度用结构力学的方法可以很容易给出:

$$d=\frac{12i_c}{h^2} \tag{4.8}$$

式中 i_c——柱子的线刚度;

h——柱子的层高。

3.反弯点法的计算步骤

反弯点法的计算步骤可以归纳如下:

(1)计算框架梁柱的线刚度,判断是否大于3。

(2)计算柱子的抗推刚度。

(3)将层间剪力在柱子中进行分配,求得各柱剪力值。

(4)按反弯点高度计算到柱子端部弯矩。

(5)利用节点平衡计算梁端弯矩,进而求得梁端剪力。

(6)计算柱子的轴力。

4.2.3 框架在水平荷载及地震惯性力作用下内力的近似计算(二)——改进反弯点(D值)法

当框架的高度较大、层数较多时,柱子的截面尺寸一般较大,这时梁、柱的线刚度之比往往要小于3,反弯点法不再适用。如果仍采用类似反弯点的方法进行框架内力计算,就必须对反弯点法进行改进——改进反弯点(D值)法。

1.基本假定

(1)假定同层各节点转角相同

承认节点转角的存在,但是为了计算的方便,假定同层各节点转角相同。

(2)假定同层各节点的侧移相同

这一假定,实际上是忽略了框架梁的轴向变形。这与实际结构差别不大。

2.柱子的抗推刚度 D

在上述假定下,柱子的抗推刚度 D 仍可以按照结构力学的方法计算:

$$D=\alpha\frac{12i_c}{h^2} \tag{4.9}$$

式中 α——柱子抗推刚度的修正系数,$\alpha\leqslant1.0$。

考虑梁、柱的线刚度的相对大小对柱子抗推刚度的影响,其值与节点类型和梁、柱线刚度的比值有关。

$\alpha=\dfrac{K}{2+K}$;$K=\dfrac{i_1+i_2+i_3+i_4}{2i_c}$,为标准情况,如图4.1所示;对特殊情况,如图4.2所示。

特殊情况(a):$\alpha=\dfrac{0.5+K}{2+K}$;$K=\dfrac{i_1+i_2}{i_c}$

特殊情况(b):$\alpha=\dfrac{0.5K}{1+2K}$;$K=\dfrac{i_1+i_2}{i_c}$

特殊情况(c):$\alpha=\dfrac{K}{2+K}$;$K=\dfrac{i_1+i_2+i_{p1}+i_{p2}}{2i_c}$

可以看出,按照上式计算到的柱子抗推刚度一般要小于反弯点法的 d 值。这是考虑柱子端部转

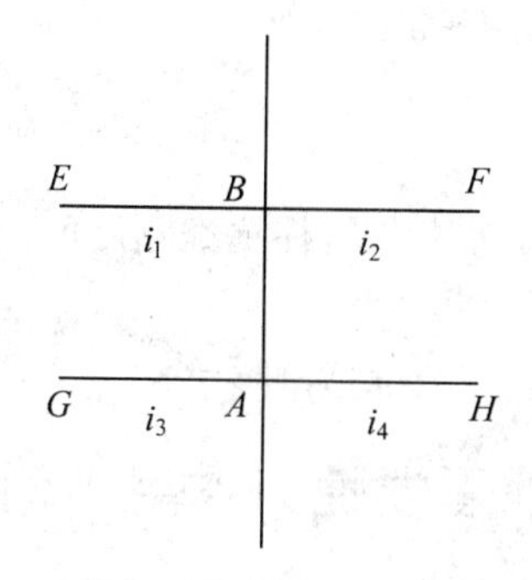

图 4.1 标准的框架单元

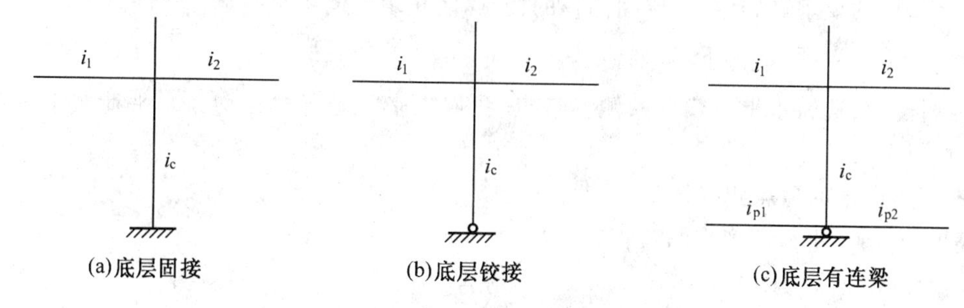

(a)底层固接　(b)底层铰接　(c)底层有连梁

图 4.2 底层的框架单元

角的缘故。转角的存在,同样水平力作用下柱子的侧移要来得大一些。

3. 反弯点高度

柱子反弯点的位置——反弯点高度,取决于柱子两端转角的相对大小。如果柱子两端转角相等,反弯点必然在柱子中间;如果柱子两端转角不一样,反弯点必然向转角较大的一端移动。影响柱子反弯点高度的因素主要有以下几个方面:

①结构总层数及该层所在的位置。

②梁、柱线刚度比。

③荷载形式。

④上、下层梁刚度比。

⑤上、下层层高变化。

在改进反弯点法中,柱子反弯点位置往往用反弯点高度比 y 来表示,即

$$y=\frac{\overline{y}}{h} \tag{4.10}$$

式中 $\overline{y}$——反弯点到柱子下端的距离,即反弯点高度;

h——柱子高度。

综合考虑上述因素,各层柱的反弯点高度比由下式计算:

$$y=y_0+y_1+y_2+y_3 \tag{4.11}$$

式中 y_0——柱标准反弯点高度比。标准反弯点高度比是在各层等高、各跨相等、各层梁和柱线刚度都不改变时框架在水平荷载作用下的反弯点高度比。见附表 4.1 或附表 4.2。

y_1——上、下梁刚度变化时的反弯点高度比修正值。当某柱的上梁与下梁的刚度不等,柱上、下节点转角不同时,反弯点位置会有变化,应将标准反弯点高度比 y_0 加以修正。修正值 y_1 见附表 4.3。

y_2、y_3——上、下层高度变化时反弯点高度比的修正值。在框架最顶层,不考虑 y_2,在框架最底层,不考虑 y_3。具体见附表 4.3。

有了柱子的抗推刚度和柱子反弯点高度比,就可以按照与反弯点同样的方法求解框架结构内力。

4. 柱子的“串、并联”

(1)串联柱

数柱串联时,总的抗推刚度的倒数等于各层柱抗推刚度的倒数和。

(2)并联柱

数柱并联时,总的抗推刚度等于各柱的抗推刚度之和。

4.2.4 框架在水平荷载及地震惯性力作用下侧移的近似计算

高层结构要控制侧移,对框架结构来讲,侧移控制有两部分:一是结构顶点侧移的控制,目的是使结构满足正常使用的要求;二是结构层间侧移的控制,防止填充墙出现裂缝。

1. 框架结构在水平荷载下的侧移特点

为了了解框架结构在水平荷载下的侧移特点,我们先来看悬臂柱在均布水平荷载下的侧移。悬臂柱的侧移由以下两部分组成。

(1)弯曲变形产生的顶点侧移 δ_m

柱 Z 高度处,由水平荷载产生的弯矩 M_z 为

$$M_z=\frac{1}{2}q(H-z)^2 \tag{4.12}$$

在此弯矩作用下,柱 z 截面曲率为

$$\varphi_z=\frac{M_z}{EI} \tag{4.13}$$

柱 z 高度处微段 dz 截面转角为 $\varphi_z dz$,由此转角产生的柱顶侧移为

$$\delta_{mz}=(H-z)\varphi_z dz$$

积分可得柱弯曲变形产生的顶点侧移为

$$\delta_m=\int_0^H\varphi_z(H-z)dz=\frac{qH^4}{8EI} \tag{4.14}$$

如果计算到柱子不同高度处的侧移值,画出侧移曲线,可以看出,曲线凸向柱子原始位置,这种曲线称为弯曲变形曲线。

(2) 剪切变形产生的顶点侧移 δ_V

在柱子 z 高度处,由水平荷载产生的剪力为

$$V_z=q(H-z) \tag{4.15}$$

相应的截面平均剪应力为

$$\tau_z=\frac{\mu V_z}{A}=\frac{\mu q(H-z)}{A} \tag{4.16}$$

其平均剪应变为

$$\gamma_z=\frac{\mu q(H-z)}{GA} \tag{4.17}$$

式中 μ—— 剪应力不均匀系数;

G—— 剪切弹性模量。

则由剪切变形产生的顶点侧移为

$$\delta_V=\int_0^H\frac{\mu q(H-z)}{GA}dz=\frac{\mu qH^2}{2GA} \tag{4.18}$$

同样,如果计算到不同高度处的侧移,画出曲线,可以看出,侧移曲线是凹向柱子原始位置的,这种曲线称为剪切变形曲线。

框架可以看成是一根空腹的悬臂柱,该悬臂柱的截面高度为框架的跨度。该截面弯矩由柱轴力

组成，截面剪力由柱剪力组成。框架梁、柱的弯曲变形是由柱子的剪力引起，相当于空腹悬臂柱的剪切变形。在楼层处水平荷载作用下，如果只考虑梁柱构件的弯曲变形产生的侧移，它与实腹悬臂柱的剪切变形曲线一致，故框架结构在水平荷载下的弯曲变形曲线为剪切型。如果只考虑框架柱子轴向变形产生的侧移，它与实腹悬臂柱的弯曲变形曲线一致，由此可知框架结构由柱子轴向变形产生的侧移为弯曲型。

也就是说，框架结构在水平荷载作用下产生的侧移由两部分组成：弯曲变形和剪切变形。在层数不多的情况下，柱子轴向变形引起的侧移很小，常常可以忽略。在近似计算中，只需计算由梁、柱弯曲变形产生的侧移，即所谓剪切型变形。在高度较大的框架中，柱子轴向力较大，由柱子轴向变形引起的侧移已不能忽略。一般说来，两种变形叠加以后，框架侧移曲线仍以剪切型为主。

2. 梁、柱弯曲变形产生的侧移

框架柱抗推刚度的物理意义就是柱顶相对柱底产生单位水平侧移时所需要的柱顶水平推力，即柱子剪力。因此，由梁、柱弯曲变形产生的层间侧移可以按照下式计算：

$$\delta_j^M = \frac{V_{pj}}{\sum D_{ij}} \tag{4.19}$$

式中 V_{pj}—— 第 j 层层剪力；

δ_j^M—— 第 j 层层间侧移；

D_{ij}—— 第 j 层第 i 根柱子的抗推刚度。

各层楼板标高处侧移绝对值是该层以下各层层间侧移之和。框架顶点由梁、柱弯曲变形产生的侧移为所有 n 层层间侧移之和。

第 j 层侧移为

$$\Delta_j^M = \sum_{i=1}^{j} \delta_i^M \tag{4.20}$$

顶点侧移为

$$\Delta_n^M = \sum_{j=1}^{n} \delta_j^M \tag{4.21}$$

3. 柱轴向变形产生的侧移

在水平荷载作用下，对于一般框架来讲，只有两根边柱轴力较大，一侧为拉力，另一侧为压力。中柱因柱子两边梁的剪力相近，轴力很小。这样，由柱轴向变形产生的侧移只需考虑两边柱的贡献。

在任意水平荷载 $q(z)$ 作用下，用单位荷载法可求出由柱轴向变形引起的框架顶点水平位移。

$$\Delta_j^N = 2\int_0^H (\overline{N}N/EA)\mathrm{d}z \tag{4.22}$$

式中 $\overline{N}$—— 单位水平集中力作用在 j 层时边柱轴力，$\overline{N} = \pm(H_j - Z)/B$，$B$ 为两边柱之间的距离；

N—— 水平荷载 $q(z)$ 作用下边柱的轴力，$N = \pm M(z)/B$，$M(z) = \int_z^H q(\tau)(\tau - z)\mathrm{d}\tau$；

A—— 边柱截面面积。

假定边柱截面沿高度直线变化，令

$$n = A_{顶} / A_{底}$$

$$A(z) = [1 - (1-n)z/H]A_{底}$$

将上述公式整理，则有

$$\Delta_j^N = \frac{2}{EB^2 A_{底}} \int_0^H \frac{(H_j - z)M(z)}{1 - (1-n)z/H}\mathrm{d}z \tag{4.23}$$

针对不同荷载，让 j 为顶层时由式(4.23) 积分即可求得框架顶部侧移。

4.3 地震作用下剪力墙结构的内力和位移计算

4.3.1 剪力墙结构的计算方法

1.基本假定

当剪力墙的布置满足模块1所述间距的条件时,其内力计算可以采用以下基本假定:

(1)楼板在自身平面内刚度为无穷大,在平面外刚度为零

这里说的楼板,是指建筑的楼面。在高层建筑中,由于各层楼面的尺寸较大,再加上楼面的整体性能好,楼板在平面内的变形刚度很大。而在楼面平面外,楼板对剪力墙的弯曲、伸缩变形约束作用较弱,因而将楼板在平面外的刚度视为零。在此假定下,楼板相当于一平面刚体,在水平力的作用下只做平移或转动,从而使各榀剪力墙之间保持变形协调。

(2)各榀剪力墙在自身平面内的刚度取决于剪力墙本身,在平面外的刚度为零

也就是说,剪力墙只能承担自身平面内的作用力。在这一假定下,就可以将空间的剪力墙结构作为一系列的平面结构来处理,使计算工作大大简化。当然,与作用力方向相垂直的剪力墙的作用也不是完全不考虑,而是将其作为受力方向剪力墙的翼缘来计算。有效翼缘宽度按表4.6中各项的最小值取。

表4.6 剪力墙有效翼缘宽度

考虑方式	截面形式	
	T形或I形	L形或[形
按剪力墙间距 S_0 计算	$b+S_{01}/2+S_{02}/2$	$b+S_{03}/2$
按翼缘厚度 h_i 计算	$b+12h_i$	$b+6h_i$
按门窗洞口 b_0 计算	b_{01}	b_{02}

2.剪力墙的类别和计算方法

(1)剪力墙的类别

一般按照剪力墙上洞口的大小、多少及排列方式,将剪力墙分为以下几种类型。

①整体墙。

没有门窗洞口或只有少量很小的洞口时,可以忽略洞口的存在,这种剪力墙即为整体剪力墙,简称整体墙。

②小开口整体墙。

门窗洞口尺寸比整体墙要大一些,此时墙肢中已出现局部弯矩,这种墙称为小开口整体墙。

③联肢墙。

剪力墙上开有一列或多列洞口,且洞口尺寸相对较大,此时剪力墙的受力相当于通过洞口之间的连梁连在一起的一系列墙肢,故称联肢墙。

④框支剪力墙。

当底层需要大空间时,采用框架结构支撑上部剪力墙,就形成框支剪力墙。在地震区,不容许采用纯粹的框支剪力墙结构。

⑤壁式框架。

在联肢墙中,如果洞口开得再大一些,使得墙肢刚度较弱、连梁刚度相对较强时,剪力墙的受力特性已接近框架。由于剪力墙的厚度较框架结构梁柱的宽度要小一些,故称壁式框架。

⑥开有不规则洞口的剪力墙。

有时由于建筑使用的要求,需要在剪力墙上开有较大的洞口,而且洞口的排列不规则,即为此种

类型。

需要说明的是，上述剪力墙的类型划分不是严格意义上的划分，严格划分剪力墙的类型还需要考虑剪力墙本身的受力特点。这一点我们在后面具体剪力墙的计算中再进一步讨论。

(2)剪力墙的计算方法

剪力墙所承受的竖向荷载，一般是结构自重和楼面荷载，通过楼面传递到剪力墙。竖向荷载除了在连梁(门窗洞口上的梁)内产生弯矩以外，在墙肢内主要产生轴力。可以按照剪力墙的受荷面积简单计算。

在水平荷载作用下，剪力墙受力分析实际上是二维平面问题，精确计算应该按照平面问题进行求解。可以借助于计算机，用有限元方法进行计算，其计算精度高，但工作量较大。在工程设计中，可以根据不同类型剪力墙的受力特点进行简化计算。

①整体墙和小开口整体墙。

在水平力的作用下，整体墙类似于一悬臂柱，可以按照悬臂构件来计算整体墙的截面弯矩和剪力。小开口整体墙，由于洞口的影响，墙肢间应力分布不再是直线，但偏离不大。可以在整体墙计算方法的基础上加以修正。

②联肢墙。

联肢墙是由一系列连梁约束的墙肢组成，可以采用连续化方法近似计算。

③壁式框架。

壁式框架可以简化为带刚域的框架，用改进的反弯点法进行计算。

④框支剪力墙和开有不规则洞口的剪力墙。

此两类剪力墙比较复杂，最好采用有限元法借助于计算机进行计算。

4.3.2 整体墙的计算

1. 整体墙的界定

当门窗洞口的面积之和不超过剪力墙侧面积的15%，且洞口间净距及孔洞至墙边的净距大于洞口长边尺寸时，即为整体墙。

2. 整体墙的内力、位移计算

(1)整体墙的等效截面积和惯性矩

截面积 A_q 取无洞口截面的横截面面积 A 乘以修正系数 γ_0；

$$\gamma_0 = 1 - 1.25\sqrt{A_d / A_0} \tag{4.24}$$

式中 A_d——剪力墙上洞口总立面面积；

A_0——剪力墙墙面总面积。

惯性矩 I_q 取有洞口墙段与无洞口墙段截面惯性矩沿竖向的加权平均值：

$$I_q = \frac{\sum I_j h_j}{\sum h_j} \tag{4.25}$$

式中 I_j——剪力墙沿竖向第 j 段的惯性矩，有洞口时按组合截面计算；

h_j——各段相应的高度。

(2)内力计算

内力计算按悬臂构件，可以计算到整体墙在水平荷载下各截面的弯矩和剪力。

(3)侧移计算

整体墙是一悬臂构件，在水平荷载作用下，其变形以弯曲变形为主，侧移曲线为弯曲型。但是，由于剪力墙截面尺寸较大，宜考虑剪切变形的影响。针对倒三角荷载、均布荷载、顶部集中力这三种工程中常见的水平荷载形式，整体墙的顶点侧移可以按照以下公式计算：

$$\Delta=\begin{cases}\dfrac{11}{60}\dfrac{V_0H^3}{EI_q}\left(1+\dfrac{3.64\mu EI_q}{H^2GA_q}\right)\cdots\cdots(\text{倒三角荷载})\\ \dfrac{1}{8}\dfrac{V_0H^3}{EI_q}\left(1+\dfrac{4\mu EI_q}{H^2GA_q}\right)\cdots\cdots(\text{均布荷载})\\ \dfrac{1}{3}\dfrac{V_0H^3}{EI_q}\left(1+\dfrac{3\mu EI_q}{H^2GA_q}\right)\cdots\cdots(\text{顶部集中力})\end{cases}\tag{4.26}$$

式中　V_0——基底总剪力，即全部水平力之和。

括号中后一项反映了剪切变形的影响。为了计算、分析方便，常将上式写成如下形式：

$$\Delta=\begin{cases}\dfrac{11}{60}\dfrac{V_0H^3}{EI_d}\\ \dfrac{1}{8}\dfrac{V_0H^3}{EI_d}\\ \dfrac{1}{3}\dfrac{V_0H^3}{EI_d}\end{cases}\tag{4.27}$$

式中　I_d——等效惯性矩。如果取 $G=0.4E$，近似可取

$$I_d=\frac{I_q}{1+\dfrac{9\mu I_q}{H^2A_q}}\tag{4.28}$$

4.3.3 双肢墙的计算

双肢墙是联肢墙中最简单的一类，一列规则的洞口将剪力墙分为两个墙肢。两个墙肢通过一系列洞口之间的连梁相连，连梁相当于一系列连杆。可以采用连续连杆法进行计算。

1.连续连杆法的基本假定

(1)将在每一楼层处的连梁离散为均布在整个层高范围内的连续化连杆(图 4.3)

这样就把有限点的连接问题变成了连续的无限点连接问题。随着剪力墙高度的增加，这一假设对计算结果的影响就越小。

(2)连梁的轴向变形忽略不计

连梁在实际结构中的轴向变形一般很小，忽略不计对计算结果影响不大。在这一假定下，楼层同一高度处两个墙肢的水平位移将保持一致，使计算工作大为简化。

(3)假定在同一高度处，两个墙肢的截面转角和曲率相等

按照这一假定，连杆的两端转角相等，反弯点在连杆的中点。

(4)各个墙肢、连梁的截面尺寸、材料等级及层高沿剪力墙全高都是相同的

由此可见，连续连杆法适用于开洞规则、高度较大、由上到下墙厚、材料及层高都不变的联肢剪力墙。剪力墙越高，计算结果越准确；对低层、多层建筑中的剪力墙，计算误差较大。对于墙肢、连梁截面尺寸、材料等级、层高有变化的剪力墙，如果变化不大，可以取平均值进行计算；如果变化较大，则本方法不适用。

2.力法方程的建立

如图 4.4 所示，将连杆在中点切开，由于连梁中点是反弯点，切口处弯矩为零，只有剪应力 $\tau(x)$ 和正应力 $\sigma(x)$。正应力 $\sigma(x)$ 与求解无关，在以下分析中不予考虑。

连杆切口处沿 $\tau(x)$ 方向的变形连续条件可用下式表示：

$$\delta_1+\delta_2+\delta_3=0\tag{4.29}$$

(1)δ_1——切口处由于墙肢的弯曲和剪切变形产生的切口相对位移

在墙肢弯曲变形时，连杆要跟随着墙肢做相应转动，如图 4.5(a)所示。假设墙肢的侧移曲线函数为 y_m，则相应的墙肢转角为 $\theta_m=\dfrac{dy_m}{dx}$；两墙肢的转角相等，由墙肢弯曲变形产生的相对位移为(以位移

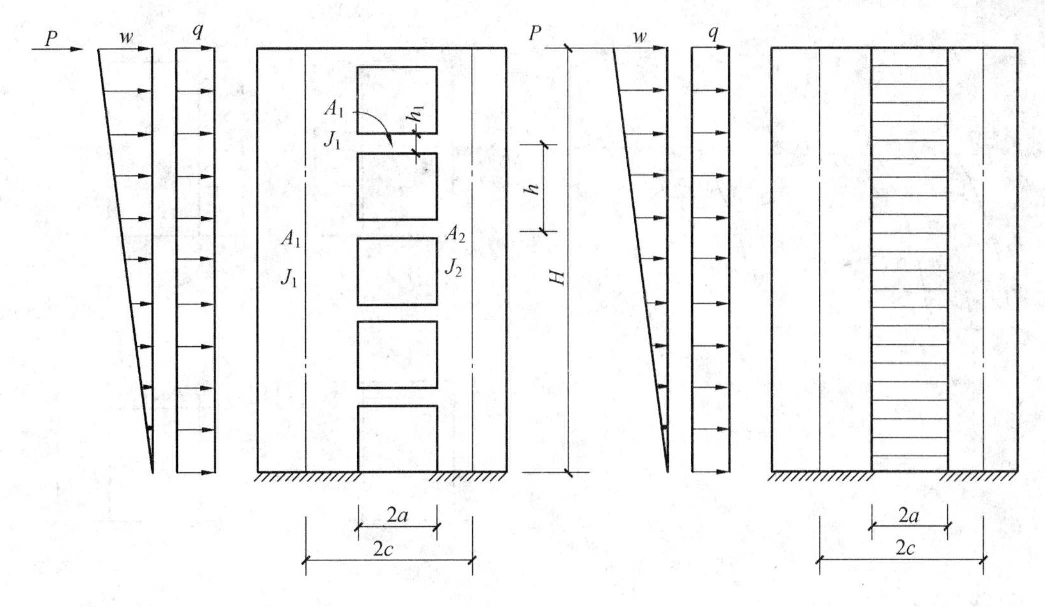

图 4.3 双肢剪力墙示意图

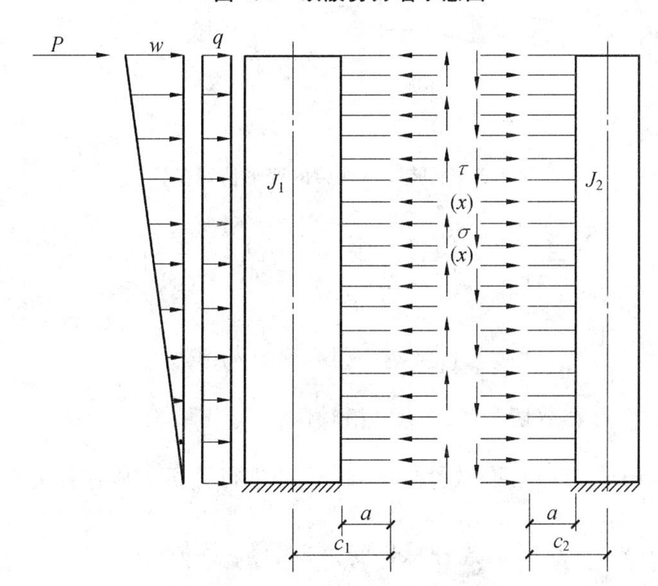

图 4.4 双肢墙沿连梁栅片化

方向与剪应力 $\tau(x)$方向相同为正，以下同）

$$\delta_{1\mathrm{m}}=-2c\theta_{\mathrm{m}}=-2c\,\frac{\mathrm{d}y_{\mathrm{m}}}{\mathrm{d}x}$$

式中 c——两墙肢轴线间距离的一半。

墙肢在剪力作用下产生水平的错动，连杆切口在 $\tau(x)$方向没有相对位移，因此

$$\delta_1=\delta_{1\mathrm{m}}=-2c\theta_{\mathrm{m}}=-2c\,\frac{\mathrm{d}y_{\mathrm{m}}}{\mathrm{d}x} \tag{4.30}$$

(2)δ_2——由于墙肢的轴向变形产生的切口位移

如图 4.5(b) 所示，在水平力的作用下，两个墙肢的轴向力数值相等，一拉一压，其与连杆剪应力 $\tau(x)$ 的关系为

$$N(x)=\int_0^x\tau(x)\,\mathrm{d}x$$

其中，坐标原点取在剪力墙的顶点。

由轴向力产生的连杆切口相对位移为

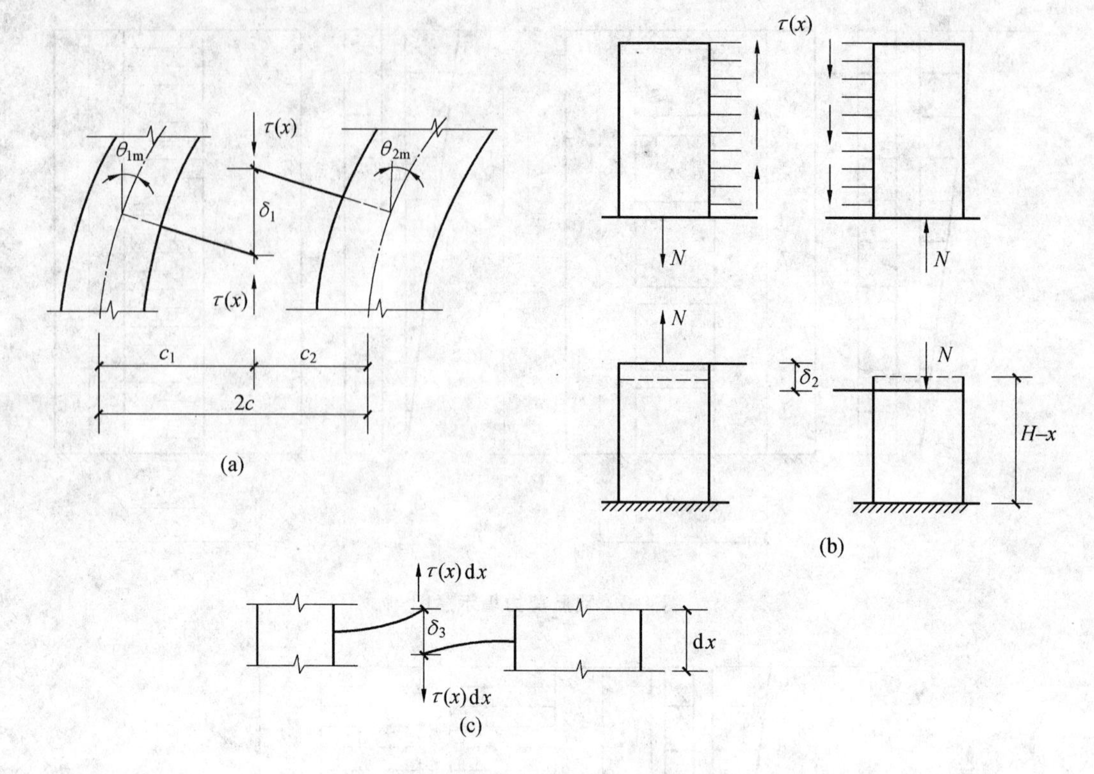

图 4.5　双肢墙沿连梁的变形协调条件

$$\delta_2=\int_x^H\frac{N(x)\mathrm{d}x}{EA_1}+\int_x^H\frac{N(x)\mathrm{d}x}{EA_2}=\frac{1}{E}\left(\frac{1}{A_1}+\frac{1}{A_2}\right)\int_x^H N(x)\mathrm{d}x=$$

$$\frac{1}{E}\left(\frac{1}{A_1}+\frac{1}{A_2}\right)\int_x^H\int_0^x\tau(x)\mathrm{d}x\mathrm{d}x \tag{4.31}$$

(3)δ_3—— 连杆弯曲变形和剪切产生的切口相对位移

连杆是连续分布的(图 4.5(c)),取微段高度 $\mathrm{d}x$ 连杆进行分析。该连杆的截面积为$\frac{A_{\mathrm{L}}}{h}\mathrm{d}x$,惯性矩为$\frac{I_{\mathrm{L}}}{h}\mathrm{d}x$,切口处剪力为 $\tau(x)\mathrm{d}x=\tau\mathrm{d}x$,连杆总长度为 $2a$,则:

① 连杆弯曲变形产生的相对位移 $\delta_{3\mathrm{m}}$。

顶部集中力作用下的悬臂杆件,顶点侧移为

$$\Delta_{\mathrm{m}}=\frac{PH^3}{3EI}$$

则有

$$\delta_{3\mathrm{m}}=2\frac{\tau(x)\mathrm{d}xa^3}{3E\frac{I_{\mathrm{L}}}{h}\mathrm{d}x}=2\frac{\tau(x)ha^3}{3EI_{\mathrm{L}}}$$

② 连杆剪切变形产生的相对位移 $\delta_{3\mathrm{V}}$。

在顶部集中力作用下,由剪切变形产生的顶点侧移为

$$\Delta_{\mathrm{V}}=\frac{\mu PH}{GA}$$

则有

$$\delta_{3\mathrm{V}}=2\frac{\mu\tau(x)\mathrm{d}xa}{G\frac{A_{\mathrm{L}}}{h}\mathrm{d}x}=2\frac{\mu\tau(x)ha}{GA_{\mathrm{L}}}$$

那么

$$\delta_3=\delta_{3m}+\delta_{3V}=\frac{2\tau(x)ha^3}{3EI_L}(1+\frac{3\mu EI_L}{A_L Ga^2}) \tag{4.32}$$

将式(4.30)、(4.31)、(4.32) 代入式(4.29) 有

$$-2c\theta_m+\frac{1}{E}(\frac{1}{A_1}+\frac{1}{A_2})\int_x^H\int_0^x\tau(x)\mathrm{d}x\mathrm{d}x+\frac{2\tau(x)ha^3}{3EI_L}(1+\frac{3\mu EI_L}{A_L Ga^2})=0 \tag{4.33}$$

引入新符号 $m(x)=2c\tau(x)$，并针对不同的水平荷载，式(4.33) 通过两次微分、整理可以得到

$$m''(x)-\frac{\alpha^2}{H^2}m(x)=\begin{cases}-\frac{\alpha_1^2}{H^2}V_0[1-(1-\frac{x}{H})^2]\cdots\cdots(\text{倒三角荷载})\\-\frac{\alpha_1^2}{H^2}V_0\frac{x}{H}\cdots\cdots(\text{均布荷载})\\-\frac{\alpha_1^2}{H^2}V_0\cdots\cdots(\text{顶部集中力})\end{cases} \tag{4.34}$$

式中　$m(x)$—— 连杆两端对剪力墙中心约束弯矩之和；

α_1—— 未考虑墙肢轴向变形的整体参数；$\alpha_1^2=\frac{6H^2}{h\sum I_i}D$，$D$ 为连梁的刚度系数，$D=\frac{\widetilde{I_L}c^2}{a^3}$；

α—— 考虑墙肢轴向变形的整体参数；$\alpha^2=\alpha_1^2+\frac{3H^2D}{hcS}$，$S$ 为双肢组合截面对形心轴的面积矩，$S=\frac{2cA_1A_2}{A_1+A_2}$；

H、h—— 剪力墙总高度和层高；

$\widetilde{I_L}$—— 连梁的等效惯性矩，$\widetilde{I_L}=\frac{I_L}{1+\frac{3\mu EI_L}{A_L Ga^2}}$，实际上是把连梁弯曲变形和剪切变形都按弯曲变形来表示的一种折算惯性矩。

式(4.34) 就是双肢墙的基本微分方程。

3. 基本方程的解

作如下代换：$m(x)=\Phi(x)V_0\frac{\alpha_1^2}{\alpha^2}$，$\xi=\frac{x}{h}$。式(4.34) 则变为

$$\Phi''(\xi)-\alpha^2\Phi(\xi)=\begin{cases}-\alpha^2[1-(1-\xi)^2]\cdots\cdots(\text{倒三角荷载})\\-\alpha^2\xi\cdots\cdots(\text{均布荷载})\\-\alpha^2\cdots\cdots(\text{顶部集中力})\end{cases} \tag{4.35}$$

微分方程的解由通解和特解两部分组成。式(4.35) 的通解为

$$\Phi=C_1\mathrm{ch}(\alpha\xi)+C_2\mathrm{sh}(\alpha\xi)$$

其特解为

$$\Phi_t=\begin{cases}1-(1-\xi)^2-\frac{2}{\alpha^2}\cdots\cdots\cdots\cdots(\text{倒三角荷载})\\\xi\cdots\cdots(\text{均布荷载})\\1\cdots\cdots(\text{顶部集中力})\end{cases}$$

引入边界条件：

(1) 墙顶部：$x=0$，$\xi=0$，剪力墙顶弯矩为零，即

$$\theta'_m=-\frac{\mathrm{d}^2y_m}{\mathrm{d}x^2}=0$$

(2) 墙底部：$x=H$，$\xi=1$，剪力墙底部转角为零，即

$$\theta_m=0$$

即可求得针对不同水平荷载时方程的解。令 $\zeta=1-\xi$，倒三角形分布荷载下方程的通解如下：

$$y_{\mathrm{m}}=\frac{V_0H^3}{3E(I_1+I_2)}\left(\zeta^2-\frac{1}{2}\zeta^3+\frac{1}{20}\zeta^5\right)-\frac{V_0H^3}{E(I_1+I_2)}\frac{\alpha_1^2}{\alpha^2}\{(1-\frac{2}{\alpha^2})[\frac{1}{2}\zeta^2-\frac{1}{6}\zeta^5-\frac{\zeta}{\alpha^2}+\frac{\operatorname{sh}\alpha-\operatorname{sh}\alpha(1-\zeta)}{\alpha^3\operatorname{ch}\alpha}]-\frac{2(\operatorname{ch}\alpha\zeta-1)}{\alpha^4\operatorname{ch}\alpha}+\frac{\zeta^2}{\alpha^2}-\frac{1}{6}\zeta^2+\frac{\zeta^5}{60}\}+\frac{\mu V_0H}{G(A_1+A_2)}(\zeta-\frac{\zeta^3}{3})$$

$$\Phi(\zeta)=(\frac{2}{\alpha^2}-1)(\frac{\operatorname{ch}\alpha(1-\zeta)}{\operatorname{ch}\alpha}-1)+\frac{2}{\alpha}\frac{\operatorname{sh}\alpha\zeta}{\operatorname{ch}\alpha}-\zeta^2 \tag{4.36}$$

其中　V_0—— 双肢墙在倒三角形分布荷载下基底的总剪力。

4. 双肢墙的内力计算

针对不同荷载，利用有关表格，即可求到剪力墙的有关内力。

(1) 连梁内力计算

在分析过程中，曾将连梁离散化，那么连梁的内力就是一层之间连杆内力的组合。

①j 层连梁的剪力。

取楼面处高度 ξ，由式(4.36) 可得到 $m_j(\xi)$，则 j 层连梁的剪力为

$$V_{\mathrm{L}j}=m_j(\xi)\frac{h}{2c}$$

②j 层连梁端部弯矩为

$$M_{\mathrm{L}j}=V_{\mathrm{L}j}a$$

(2) 墙肢内力计算

① 墙肢轴力。

墙肢轴力等于截面以上所有连梁剪力之和，一拉一压，大小相等

$$N_1=N_2=\sum_{s=j}^{n}V_{\mathrm{L}s}$$

② 墙肢弯矩、剪力的计算。

墙肢弯矩、剪力可以按已求得的连梁内力，结合水平荷载进行计算，也可以根据上述基本假定，按墙肢刚度简单分配：

墙肢弯矩

$$\begin{cases}M_1=\dfrac{I_1}{I_1+I_2}M_j\\[2ex] M_2=\dfrac{I_2}{I_1+I_2}M_j\end{cases}$$

其中　M_j—— 剪力墙截面弯矩，$M_j=M_{\mathrm{p}j}-N_1\times 2c$，即

$$M_j=M_{\mathrm{p}j}-\sum_{s=j}^{n}m_j(\xi)h$$

墙肢剪力

$$V_i=\frac{\widetilde{I}_i}{\sum\widetilde{I}_i}V_{\mathrm{p}j}$$

式中　$M_{\mathrm{p}j}$，$V_{\mathrm{p}j}$—— 分别为剪力墙计算截面上由外荷载产生的总弯矩和总剪力；

$\widetilde{I}_i$—— 考虑剪切变形后，墙肢的折算惯性矩，$\widetilde{I}_i=\dfrac{I_i}{1+\dfrac{12\mu EI_i}{GA_ih^2}}$。

5. 双肢墙的位移与等效刚度

双肢墙的位移也由弯曲变形和剪切变形两部分组成，主要以弯曲变形为主，由式(4.36) 求出。如果其位移以弯曲变形的形式来表示，相应惯性矩即为等效惯性矩。对应三种水平荷载的等效惯性

矩为

$$I_d=\begin{cases}\sum I_i/[(1-T)+T\psi_\alpha+3.64\gamma^2] & \text{(倒三角荷载)}\\ \sum I_i/[(1-T)+T\psi_\alpha+4\gamma^2] & \text{(均布荷载)}\\ \sum I_i/[(1-T)+T\psi_\alpha+3\gamma^2] & \text{(集中荷载)}\end{cases}$$

有了等效惯性矩以后，就可以按照整体悬臂墙来计算双肢墙顶点位移。

这里 T、ψ_α、γ 分别为与 α_1、α、μ、H、G、A_1、A_2 有关的常量，请查阅参考文献[2]。

4.3.4 关于墙肢剪切变形和轴向变形的影响以及各类剪力墙划分判别式的讨论

1. 关于墙肢剪切变形和轴向变形的影响

计算发现，当剪力墙高宽比 $H/B\geqslant 4$ 时，剪切变形对双肢墙影响较小，可以忽略剪切变形的影响。轴向变形对双肢墙的影响较大，且层数越多影响越大。《高层建筑混凝土结构技术规程》(JGJ 3—2010) 规定：对 50 m 以上或高宽比大于 4 的结构，宜考虑墙肢轴向变形对剪力墙内力和位移的影响。

2. 关于各类剪力墙划分判别式的讨论

由整体参数 α 的计算公式可以看出

$$\alpha^2=\frac{6H^2D}{h\sum I_i}+\frac{3H^2D}{hcS}=\frac{6H^2D}{h\sum I_i}\left(1+\frac{h\sum I_i}{2hcS}\right)=$$

$$\frac{6H^2D}{h\sum I_i}\left(\frac{2cS+\sum I_i}{2cS}\right)=\frac{6H^2D}{Th\sum I_i}\tag{4.37}$$

这里 $T=\dfrac{2cS}{\sum I_i+2cS}=\dfrac{I_A}{I}$；

I_A—— 各墙肢截面对剪力墙截面形心的面积矩；

I—— 剪力墙截面总惯性矩；

D—— 连梁的刚度系数。

α 的大小直接反映了剪力墙中连梁和墙肢刚度的相对大小，故可以按照 α 的大小划分剪力墙的类别。

(1)当 $\alpha<1$ 时

$\alpha<1$ 说明相对墙肢来讲，连梁的作用很弱，可以不考虑连梁对墙肢的约束作用，将连梁看成是两端为铰的连杆。这样，整片剪力墙就变成了通过连梁铰接的几根悬臂墙肢。在水平荷载下，所有墙肢变形相同，荷载可以按照各墙肢刚度分配。这种墙可称为悬臂肢墙。

(2)当 $1\leqslant\alpha<10$ 时

此时，α 值较大，说明连梁的刚度较强，连梁对墙肢的约束作用不容忽视，剪力墙即为联肢墙。

(3)当 $\alpha\geqslant 10$ 时

$\alpha\geqslant 10$ 有两种以下情况，可按 I_A/I 值进行划分：

①$\alpha\geqslant 10$ 且 $I_A/I\leqslant\zeta$ 时；I_A/I 的大小反映了剪力墙上洞口的相对大小。当洞口很小时，I_A/I 值接近于 1.0；当洞口较大时，I_A/I 值就小。当 $I_A/I\leqslant\zeta$ 时，剪力墙上洞口较小、整体性很好，这种墙即为小开口整体墙。

②$\alpha\geqslant 10$ 且 $I_A/I>\zeta$ 时；此时剪力墙上洞口尺寸较大，墙肢较弱，因而计算出的 α 值较大。在水平力的作用下，一般情况下各层墙肢中均有反弯点，剪力墙的受力特点类似于框架结构。故这种剪力墙称为壁式框架。

4.3.5 小开口整体墙的计算

小开口整体墙在水平荷载作用下，截面上的正应力不再符合直线分布，墙肢中存在局部弯矩。如果外荷载对剪力墙截面上的弯矩用 $M_p(x)$ 来表示，那么它将在剪力墙中产生整体弯曲弯矩 $M_u(x)$ 和局部弯曲弯矩 $M_l(x)$

$$M_p(x)=M_u(x)+M_l(x) \tag{4.38}$$

分析发现，符合小开口整体墙的判断条件 $\alpha\geqslant 10$ 且 $I_A/I\leqslant\zeta$ 时，局部弯曲弯矩在总弯矩 $M_p(x)$ 中所占的比重较小，一般不会超过 15%。因此，可以按如下简化的方法计算：

1. 墙肢弯矩

$$M_i(x)=0.85M_p(x)\frac{I_i}{I}+0.15M_p(x)\frac{I_i}{\sum I_i} \tag{4.39}$$

2. 墙肢轴力

$$N_i=0.85M_p(x)\frac{A_i y_i}{I} \tag{4.40}$$

3. 墙肢剪力

墙肢剪力可以按墙肢截面积和惯性矩的平均值进行分配：

$$V_i=\frac{1}{2}V_p\left(\frac{A_i}{\sum A_i}+\frac{I_i}{\sum I_i}\right) \tag{4.41}$$

其中　V_p——外荷载对于剪力墙截面的总剪力。

有了墙肢的内力后，按照上下层墙肢的轴力差即可算到连梁的剪力，进而计算到连梁的端部弯矩。

需要注意的是，当小开口剪力墙中有个别细小的墙肢时，由于细小墙肢中反弯点的存在，需对细小墙肢的内力进行修正，修正后细小墙肢弯矩为

$$M'_i(x)=M_i(x)+V_j(x)h'_j/2 \tag{4.42}$$

其中，h'_j——细小墙肢的高度，即洞口净高。

4.3.6 多肢墙和壁式框架的近似计算

1. 多肢墙的计算

多肢墙的内力位移计算，与双肢墙类似，在此不再重复。

2. 壁式框架

(1)计算简图及特点

如图 4.8 所示壁式框架的计算简图取壁梁(即连梁)和壁柱(墙肢)的轴线。由于连梁和壁柱截面高度较大，在壁梁和壁柱的结合区域形成一个弯曲和剪切变形很小、刚度很大的区域。这个区域一般称为刚域。因而，壁式框架是杆件端部带有刚域的变截面刚架。其计算方法可以采用 D 值法，但是需要对梁、柱刚度和柱子反弯点高度进行修正。

壁梁、壁柱端部刚域的取法如图 4.8 所示。

(2)带刚域杆件的刚度系数

如图 4.8 所示，带刚域杆件的梁端约束弯矩系数可以由结构力学的方法计算到：

$$m_{12}=\frac{6EI(1+a-b)}{l(1-a-b)^3(1+\beta_i)}=6ci \tag{4.43}$$

$$m_{21}=\frac{6EI(1-a+b)}{l(1-a-b)^3(1+\beta_i)}=6c'i \tag{4.44}$$

式中 β_i——考虑剪切变形影响后的附加系数，$\beta_i=\dfrac{12\mu EI}{GAl'^2}$。

与普通杆件的梁端约束弯矩系数相比较，即可知道带刚域杆件的刚度系数为

左端 $K_{12}=ci$

右端 $K_{21}=c'i$

杆件折算刚度系数 $K=\dfrac{c+c'}{2}i$

(3)壁柱的抗推刚度 D

有了带刚域杆件的刚度系数，就可以把带刚域杆件按普通杆件来对待。壁柱的抗推刚度 D 的计算式为

$$D=\alpha K\frac{12}{h^2} \tag{4.45}$$

(4)反弯点高度的修正

壁柱反弯点高度按下式计算：

$$y=a+sy_0+y_1+y_2+y_3 \tag{4.46}$$

式中 a——柱子下端刚域长度系数；

s——壁柱扣除刚域部分柱子净高与层高的比值；

其他符号意义同前。

(5)壁式框架的侧移计算

壁式框架的侧移也由两部分组成：梁柱弯曲变形产生的侧移和柱子变形产生的侧移。轴向变形产生的侧移很小，可以忽略不计。

层间侧移 $$\delta_j=\frac{V_j}{\sum D_{ji}} \tag{4.47}$$

顶点侧移 $$\Delta=\sum\delta_j \tag{4.48}$$

4.4 地震作用下框架－剪力墙结构的内力和位移计算

4.4.1 框架－剪力墙的协同工作

1.协同工作原理

前面我们分别分析了框架结构和剪力墙结构，两种结构体系在水平荷载下的变形规律是完全不相同的。框架的侧移曲线是剪切型，曲线凹向原始位置；而剪力墙的侧移曲线是弯曲型，曲线凸向原始位置。在框架－剪力墙（以下简称框－剪）结构中，由于楼盖在自身平面内刚度很大，在同一高度处框架、剪力墙的侧移基本相同。这使得框－剪结构的侧移曲线既不是剪切型，也不是弯曲型，而是一种弯、剪混合型，简称弯剪型。因而，框－剪结构底部侧移比纯框架结构的侧移要小一些，比纯剪力墙结构的侧移要大一些；其顶部侧移则正好相反。框架和剪力墙在共同承担外部荷载的同时，二者之间为保持变形协调还存在着相互作用。框架和剪力墙之间的这种相互作用关系，即为协同工作原理。

2.基本假定与计算简图

(1)基本假定

①楼板在自身平面内的刚度为无穷大，平面外刚度为零。

这一点同剪力墙结构分析时的假定是一样的。在此假定下，一个结构区段内的所有框架和剪力墙将协同变形，没有相对变形。

②结构区段在水平荷载作用下，不存在扭转。

这一假定是为了现在的分析方便而提出来的。没有扭转、只有平移时，一个结构区段内所有框架、剪力墙在同一楼层标高处侧移相等，从而使分析大为简化。实际结构中，在水平力作用下，结构出

现扭转是不可避免的。存在扭转时结构的受力分析将在后面的文献里加以讨论。需要指出的是，扭转的存在不仅使计算工作大为复杂，而且对结构的受力也是十分不利的。

(2)框一剪结构的计算简图

在上述假定下，框一剪结构受水平力作用时，在同一楼层处，所有框架、剪力墙的水平位移是相同的。此时，可以将所有剪力墙综合在一起，称为总剪力墙；将所有框架也综合在一起，称为总框架。总框架和总剪力墙之间，通过楼板相联系，从而可以按平面结构来处理。结构的计算简图取决于框架和剪力墙之间的联系方式。有以下两种情况：

①铰结体系。

在剪力墙平面内，没有连梁与剪力墙相连。框架和剪力墙之间只是通过楼板相连。由于我们假定楼盖在平面外的刚度为零，楼板将只能传递水平力，不能传递弯矩，即楼板的作用可以简化为铰结连杆，这种体系即为铰结体系。总框架和总剪力墙之间在楼层处通过铰结连杆相连接，如图 4.6 所示。

②刚结体系。

在剪力墙平面内，有连梁与剪力墙相连。这样，剪力墙在弯曲变形时，必然受到连梁对剪力墙的约束作用，连梁不仅有轴向力，还有弯矩。总剪力墙和总框架之间就不再是铰结连杆，连杆和总剪力墙之间应该是刚结。连杆和总框架之间仍是铰结，这是因为连梁对框架的约束作用可以在柱子抗推刚度 D 的计算中考虑。这种体系即为刚结体系，如图 4.7 所示。

3. 计算方法

类似于联肢墙，框一剪结构的计算仍可采用连续连杆法。将总框架、总剪力墙之间的连梁离散为无限连续的连杆，切断连杆暴露出分布力 $p_{\mathrm{F}}(x)$（刚结体系中还有 $m(x)$），利用变形协调条件求得 $p_{\mathrm{F}}(x)(m(x))$，即可求得有关结构的内力。

4.4.2 总框架的剪切刚度计算

总框架的剪切刚度是指使框架某一层产生单位剪切变形所需要的作用力，用 C_{F} 来表示。

按照上述定义，框架产生单位剪切变形时，该层柱子顶部相对于柱底的水平侧移为层高 h，根据柱子抗推刚度的定义，总框架在该层的剪切刚度为

$$C_{\mathrm{F}}=h\sum D_{ji} \tag{4.49}$$

式中 D_{ji}——第 j 层第 i 根柱子的抗推刚度。

如果考虑柱子轴向变形对侧移（刚度）的影响，总框架的剪切刚度应小于 C_{F}，用 C_{F0} 来表示，即

$$C_{\mathrm{F0}}=\frac{\delta_{\mathrm{m}}}{\delta_{\mathrm{m}}+\delta_{\mathrm{n}}}C_{\mathrm{F}}$$

式中 δ_{m}、δ_{n}——分别表示框架弯曲变形、轴向变形产生的顶点侧移。

4.4.3 框一剪结构铰结体系在水平荷载下的计算

1. 基本方程及其一般解

设框一剪结构所受水平荷载为任意荷载 $p(x)$，将连杆离散化后切开（图 4.6），暴露出内力为连杆轴力 $p_{\mathrm{F}}(x)$，则对总剪力墙有

$$E_{\mathrm{W}}I_{\mathrm{W}}\frac{\mathrm{d}^4y}{\mathrm{d}x^4}=p(x)-p_{\mathrm{F}}(x) \tag{4.50}$$

对总框架，按总框架剪切刚度的定义有

$$V_{\mathrm{F}}=C_{\mathrm{F}}\theta=C_{\mathrm{F}}\frac{\mathrm{d}y}{\mathrm{d}x}$$

微分一次

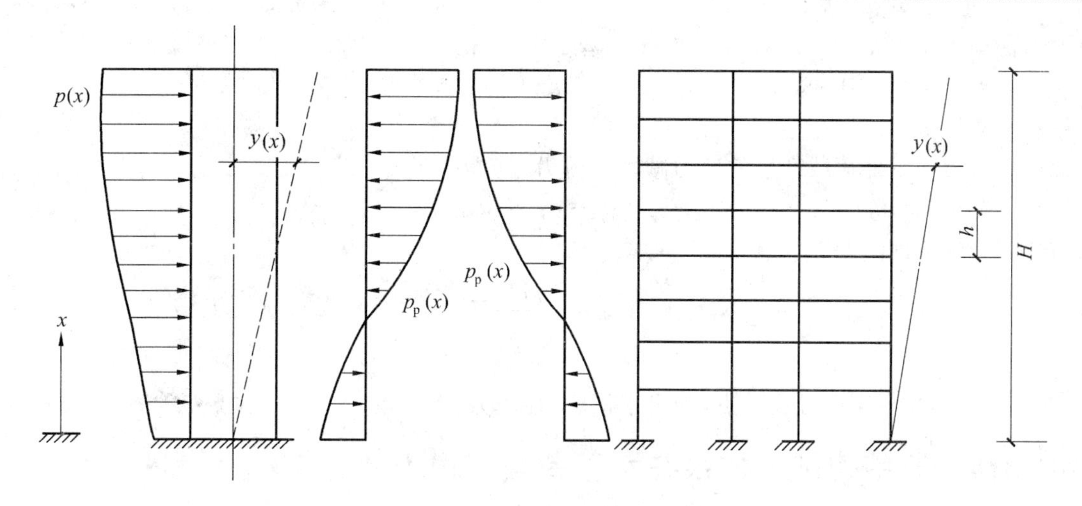

图 4.6 铰接体系中连梁简化为连杆

$$\frac{\mathrm{d}V_F}{\mathrm{d}x}=C_F\frac{\mathrm{d}^2 y}{\mathrm{d}x^2}=-p_F(x) \tag{4.51}$$

将式(4.51)代入式(4.50)，整理即可得到铰结体系的基本方程为

$$\frac{\mathrm{d}^4 y}{\mathrm{d}x^4}-\frac{C_F}{E_W I_W}\frac{\mathrm{d}^2 y}{\mathrm{d}x^2}=\frac{p(x)}{E_W I_W} \tag{4.52}$$

为分析方便，引入参数：$\lambda=H\sqrt{\frac{C_F}{E_W I_W}}$ ；$\xi=\frac{x}{H}$，λ 是一个无量纲的量，反映了总框架和总剪力墙之间刚度的相对关系，称为刚度特征值。代入式(4.52)有

$$\frac{\mathrm{d}^4 y}{\mathrm{d}\xi^4}-\lambda^2\frac{\mathrm{d}^2 y}{\mathrm{d}\xi^2}=\frac{p(\xi)H^4}{E_W I_W} \tag{4.53}$$

式(4.53)是一个四阶常系数线性微分方程，其一般解为

$$y=C_1+C_2\xi+A\mathrm{sh}\,\lambda\xi+B\mathrm{ch}\,\lambda\xi+y_1 \tag{4.54}$$

式中 y_1——式(4.53)的特解，与具体荷载有关。

2. 框一剪结构铰结体系的内力计算

针对具体荷载，引入边界条件，即可求得上述微分方程的解 y，进而求得结构内力：

$$\theta=\frac{\mathrm{d}y}{\mathrm{d}x}=\frac{1}{H}\frac{\mathrm{d}y}{\mathrm{d}\xi}$$

$$M_W=E_W I_W\frac{\mathrm{d}\theta}{\mathrm{d}x}=E_W I_W\frac{\mathrm{d}^2 y}{\mathrm{d}x^2}=\frac{E_W I_W}{H^2}\frac{\mathrm{d}^2 y}{\mathrm{d}\xi^2}$$

$$V_W=-\frac{\mathrm{d}M_W}{\mathrm{d}x}=-\frac{E_W I_W}{H^3}\frac{\mathrm{d}^3 y}{\mathrm{d}\xi^3}$$

$$V_F=V_p-V_W$$

式中 M_W——总剪力墙弯矩；

V_W——总剪力墙剪力；

V_F——总框架剪力。

由于计算复杂，一般采用图表。针对不同的水平荷载、刚度特征值 λ，可查表(图 4.9、图 4.10、图 4.11)计算到总剪力墙的位移、弯矩、剪力。

(1)剪力墙的弯矩和剪力

利用图表计算到总剪力墙某一高度处的弯矩 M_{Wj} 和剪力 V_{Wj} 以后，将其按剪力墙的等效刚度在剪力墙之间进行分配：

剪力墙弯矩
$$M_{Wij}=\frac{EI_{di}}{\sum EI_{di}}M_{Wj} \tag{4.55}$$

剪力墙剪力 $$V_{Wij}=\frac{EI_{di}}{\sum EI_{di}}V_{Wj} \tag{4.56}$$

(2) 框架内力

总框架剪力等于外荷载产生的剪力减去总剪力墙剪力，即

$$V_{Fj}=V_{pj}-V_{Wj} \tag{4.57}$$

柱子剪力按抗推刚度 D 分配，即

$$V_{cij}=\frac{D_{ij}}{\sum_{i=1}^{m}D_{ij}}V_{Fj} \tag{4.58}$$

有了柱子剪力，根据改进反弯点，即可求得梁、柱内力。

4.4.4 框－剪结构刚结体系在水平荷载下内力的计算

刚结体系与铰结体系的最大区别在于连梁对剪力墙约束弯矩的存在。仍采用连续连杆法计算，将连梁离散后在铰结点处切开，暴露出的内力除了 $p_F(x)$之外，还有沿剪力墙高度分布的约束弯矩 M，如图 4.7 所示。

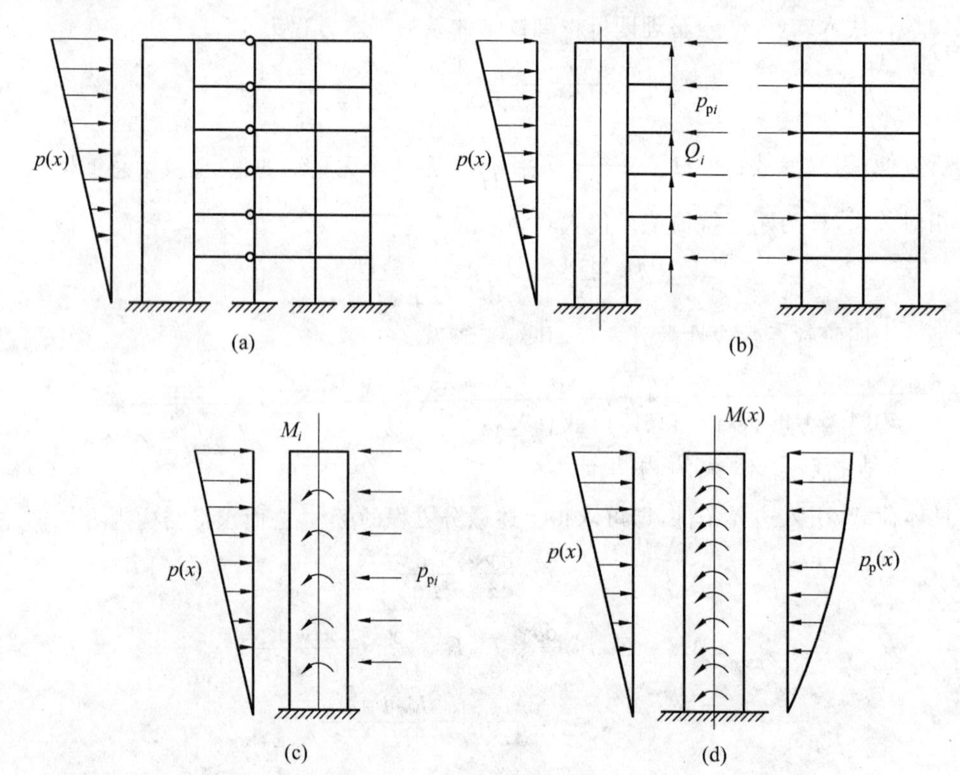

图 4.7　刚结体系中连梁简化为一端固定一端铰接杆

1. 刚结连梁的端部约束弯矩系数

连梁与剪力墙相连，如果将连梁的长度取到剪力墙的中心，则连梁端部刚度非常大，可以视为刚性区段，即刚域。刚域的取法同壁式框架(图 4.8)。

同样假定楼板平面内刚度为无穷大、同层所有结点转角相等。在水平力的作用下连梁端部只有转角，没有相对位移。把连梁端部产生单位转角所需的弯矩称为梁端约束弯矩系数，用 m 表示，如图 4.7 则有

$$m_{12}=\frac{6EI(1+a-b)}{l\,(1-a-b)^3};\quad m_{21}=\frac{6EI(1+b-a)}{l\,(1-a-b)^3}$$

式子中没有考虑连梁剪切变形的影响。如果考虑，则应在以上两式中分别除以 $1+\beta$，其中 $\beta=\dfrac{12\mu EI}{GAl'^2}$。

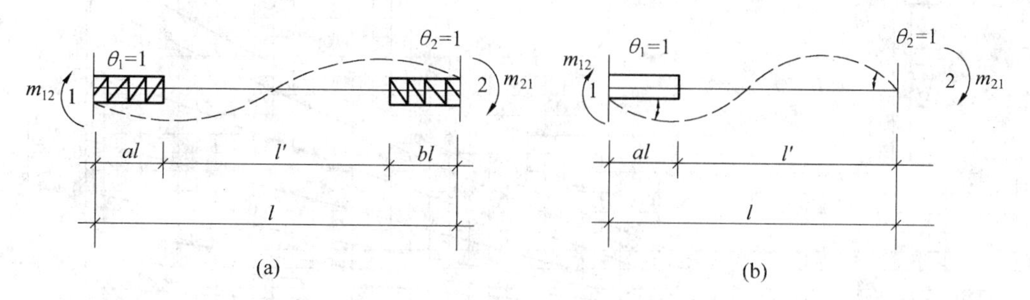

图 4.8 连梁的刚域与转角刚度

需要说明的是，按以上公式计算的结果，连梁的弯矩一般较大，配筋太多。实际工程设计中，为了减少配筋，允许对连梁进行塑性调幅，即将上式中的 EI 用 $\beta_h EI$ 来代替，一般 β_h 不小于 0.55。

根据梁端约束弯矩系数，即可求得梁端约束弯矩：$M_{12}=m_{12}\theta$；$M_{21}=m_{21}\theta$；将集中约束弯矩在层高范围内分布，有 $m'_{ij}=\dfrac{M_{ij}}{h}=\dfrac{m_{ij}}{h}\theta$，一层内有 n 个连梁和剪力墙的刚结点时，连梁对总剪力墙的总线约束弯矩为 $M=\sum\limits_{1}^{n}\dfrac{M_{ij}}{h}\theta$。

2. 基本方程及其解

按照悬臂墙内力与侧移的关系有

$$E_{\mathrm{W}}I_{\mathrm{W}}\frac{\mathrm{d}^2y}{\mathrm{d}x^2}=M_{\mathrm{W}} \tag{4.59}$$

其中总剪力墙弯矩为

$$M_{\mathrm{W}}=\int_x^H p(\lambda)(\lambda-x)\mathrm{d}\lambda-\int_x^H M\mathrm{d}\lambda-\int_x^H p_{\mathrm{F}}(\lambda)(\lambda-x)\mathrm{d}\lambda \tag{4.60}$$

合并(4.59)、(4.60)两式，并对 x 作两次微分，有

$$E_{\mathrm{W}}I_{\mathrm{W}}\frac{\mathrm{d}^4y}{\mathrm{d}x^4}=p(x)-p_{\mathrm{F}}(x)+\sum\frac{m_{ij}}{h}\frac{\mathrm{d}^2y}{\mathrm{d}x^2} \tag{4.61}$$

引入铰结体系的 $p_{\mathrm{F}}(x)$，整理得到

$$\frac{\mathrm{d}^4y}{\mathrm{d}x^4}-\frac{C_{\mathrm{F}}+\sum\frac{m_{ij}}{h}}{E_{\mathrm{W}}I_{\mathrm{W}}}\frac{\mathrm{d}^2y}{\mathrm{d}x^2}=\frac{p(x)}{E_{\mathrm{W}}I_{\mathrm{W}}} \tag{4.62}$$

式(4.62)即为刚结体系的基本方程。

引入刚度特征值 λ 和符号 ξ：

$$\lambda=H\sqrt{\frac{C_{\mathrm{F}}+\sum\frac{m_{ij}}{h}}{E_{\mathrm{W}}I_{\mathrm{W}}}}=H\sqrt{\frac{C_m}{E_{\mathrm{W}}I_{\mathrm{W}}}};\quad \xi=\frac{x}{H}$$

式(4.62)可整理为

$$\frac{\mathrm{d}^4y}{\mathrm{d}\xi^4}-\lambda^2\frac{\mathrm{d}^2y}{\mathrm{d}\xi^2}=\frac{p(\xi)H^4}{E_{\mathrm{W}}I_{\mathrm{W}}} \tag{4.63}$$

该方程与铰结体系的基本方程式(4.53)是完全相同的，故在计算框－剪刚结体系的内力时前述图表(图 4.9、图 4.10、图 4.11)仍然可以采用。

3. 框－剪结构内力计算

利用上述图表(图 4.9、图 4.10、图 4.11)计算时，需要注意以下两个方面：

① 刚度特征值 λ 不同。在刚结体系里考虑了连梁约束弯矩的影响。

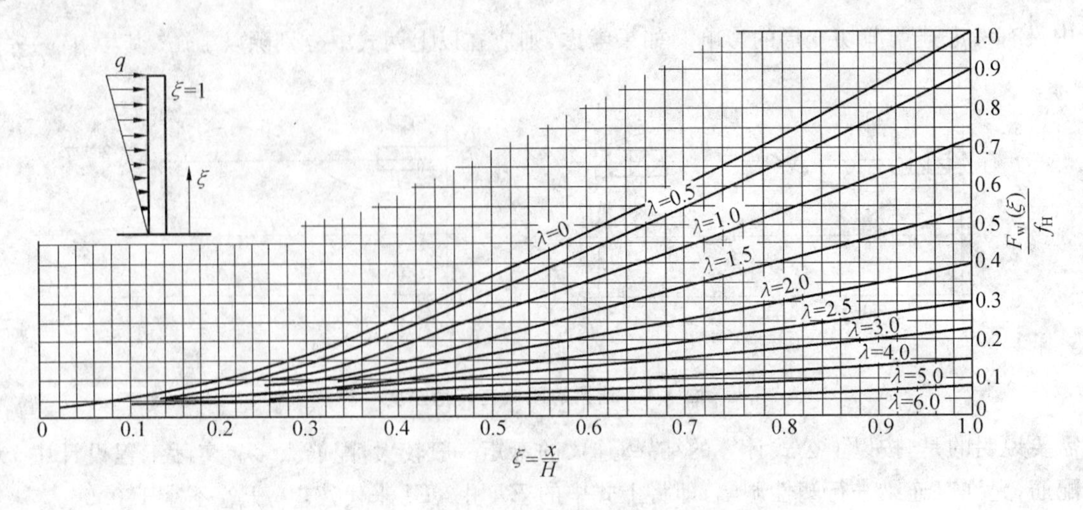

图 4.9　倒三角分布荷载下的位移系数

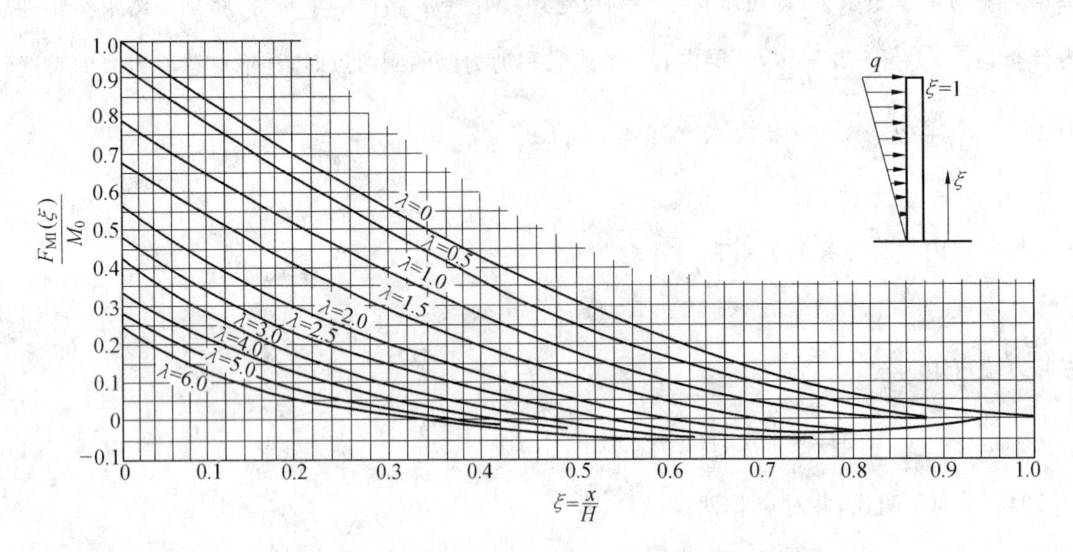

图 4.10　倒三角分布荷载下的剪力墙弯矩系数

② 利用上述图表查到的弯矩即为总剪力墙的弯矩，查到的剪力不是总剪力墙的剪力。

因为刚结连梁的约束弯矩的存在，利用表格查到的剪力实际是$\overline{V_W}=V_W-m$。为此引入广义剪力：

剪力墙广义剪力

$$\overline{V_W}=V_W-m \tag{4.64}$$

框架广义剪力

$$\overline{V_F}=V_F+m \tag{4.65}$$

外荷载产生的剪力仍然由总剪力墙和总框架承担：

$$V_p=\overline{V_W}+\overline{V_F}=V_W+V_F \tag{4.66}$$

由此可计算到$\overline{V_F}=V_p-\overline{V_W}$，将广义框架剪力近似按刚度比分开，得到总框架剪力和梁端总约束弯矩

$$V_F=\frac{C_F}{C_m}\overline{V_F} \tag{4.67}$$

$$m=\frac{\sum\frac{m_{ij}}{h}}{C_m}\overline{V_F} \tag{4.68}$$

进而求得总剪力墙的剪力为

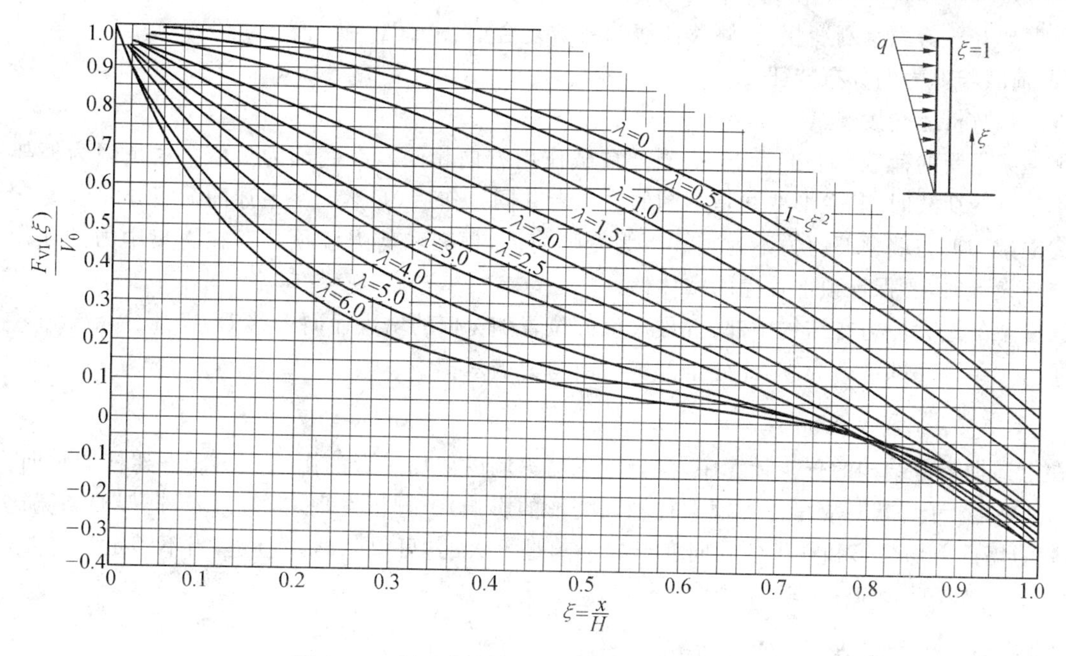

图 4.11　倒三角分布荷载下的剪力墙剪力系数

$$V_W = \overline{V_W} + m \tag{4.69}$$

后面具体单片剪力墙的内力和框架梁柱内力的计算与铰结体系相同，在此不再重复。

4. 刚结连梁内力计算

按照式(4.68)求得连梁总线约束弯矩 m 后，利用每根梁的约束弯矩系数 m_{ij}，将 m 按比例分给每一根梁

$$m'_{ij} = \frac{m_{ij}}{\sum m_{ij}} m$$

进一步可以求得每根梁的端部(剪力墙中心处)弯矩为

$$M_{ij} = m'_{ij} h$$

那么，连梁剪力为

$$V_L = \frac{M_{12} + M_{21}}{l}$$

因为假定各墙肢转角相等，连梁的反弯点必然在跨中，梁端弯矩为

$$M'_{12} = M'_{21} = V_L l_n / 2$$

式中　l_n—— 净跨。

4.4.5 框架-剪力墙的受力和位移特征以及计算方法应用条件的说明

1. 框一剪结构的受力和位移特征

(1)侧向位移的特征

框一剪结构的侧向位移形状，与刚度特征值 λ 有关。

①当 λ 很小时($\lambda \leqslant 1$)。

总框架的刚度与总剪力墙相比很小，结构所表现出来的特性类似于纯剪力墙结构。侧移曲线像独立的悬臂柱一样，凸向原始位置。

②当 λ 很大时($\lambda \geqslant 6$)。

此时，总框架的刚度比总剪力墙要大得多，结构类似于纯框架结构。侧移曲线凹向原始位置。

③当 $1 < \lambda < 6$ 时。

总框架和总剪力墙刚度相当，侧移曲线为弯剪复合型。

(2)荷载与剪力的分布特征

进一步分析还会发现：

①框架承受的荷载在上部为正值(同外荷载作用方向相同)，在底部为负值。这是因为框架和剪力墙单独承受荷载时，其变形曲线是不同的。二者共同工作后，必然产生上述的荷载分配形式。

②框架和剪力墙顶部剪力不为零。因为变形协调，框架和剪力墙顶部存在着集中力的作用。这也要求在设计时，要保证顶部楼盖的整体性。

③框架的最大剪力在结构中部，且最大值的位置随 λ 值的增大而向下移动。

④框架结构底部剪力为零，此处全部剪力由剪力墙承担。

2. 关于计算方法的说明

在上述框一剪结构的分析计算中，没有考虑剪力墙的剪切变形的影响。对于框架柱的轴向变形，采用 C_F 时也未予考虑(C_{F0} 考虑了框架柱轴向变形的影响)。分析发现，当剪力墙、框架的高宽比大于4时，剪力墙的剪切变形和柱子的轴向变形的影响是不大的，可以忽略。但是，当不满足上述要求时，就应该考虑剪切变形和柱子轴向变形的影响。

4.4.6 结构扭转的近似计算

当风荷载和水平地震作用不通过结构的刚度中心时，结构就要产生扭转。大量震害调查表明，扭转常常使结构遭受严重的破坏。然而，扭转计算是一个比较困难的问题，无法进行精确计算。在实际工程设计中，扭转问题应着重从设计方案、抗侧力结构布置、配筋构造上妥善处理。一方面，应尽可能使水平力通过或靠近刚度中心，减少扭转；另一方面，应尽可能加强结构的抗扭能力。抗扭计算只能作为一种补充手段。

抗扭计算仍然建立在平面结构和楼板在自身平面内刚度为无穷大这两个基本假定的基础上。

1. 质量中心、刚度中心和扭转偏心矩

(1)质量中心

等效地震力即惯性力，必然通过结构的质量中心。计算时将建筑物平面分为若干个单元，认为在每个单元中质量是均匀分布的。然后按照求组合面积形心的方法，即可求得结构的质量中心。

需要说明的是，建筑物各层的结构布置可能是不一样的，那么整座建筑各层的质量中心就可能不在一条垂线上。在地震力的作用下，就必然存在扭转。

(2)刚度中心

刚度中心可以这样来理解，将各抗侧力结构的抗侧移刚度假想成面积，计算出这些假想面积的形心即为刚度中心。

①抗侧移刚度。指抗侧力单元在单位层间侧移下的层剪力值。用式子表示为

$$D_{yi}=V_{yi}/\delta_y; \quad D_{xk}=V_{xk}/\delta_x$$

式中 V_{yi}——与 y 轴平行的第 i 片结构的剪力；

V_{xk}——与 x 轴平行的第 k 片结构的剪力；

δ_x、δ_y——该结构在 x 方向和 y 方向的层间位移。

②刚度中心。

以图4.12所示结构为例，任选参考坐标 xOy，刚度中心为

$$x_0=\frac{\sum D_{yi}x_i}{\sum D_{yi}}; \quad y_0=\frac{\sum D_{xk}y_k}{\sum D_{xk}} \tag{4.70}$$

图中，$i,k=1,2,\cdots,i,\cdots,n$；$(x_i,y_i)$ 为 i 物体的形心坐标。

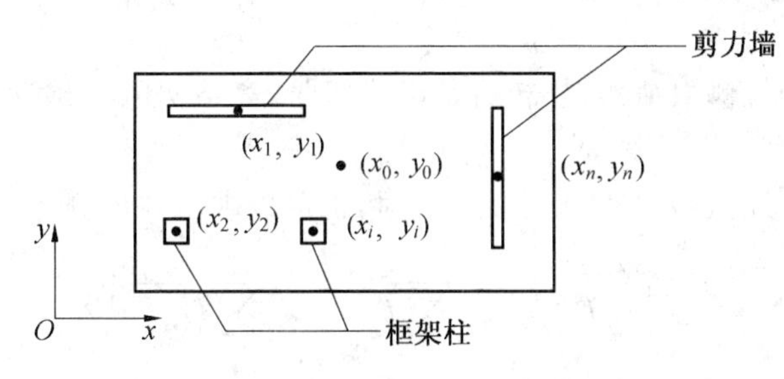

图 4.12　刚度中心示意图

(3) 偏心距

水平力作用线至刚度中心的距离即为偏心距。在 9 度设防区，需要将上述偏心距做出调整：

$$e_x = e_{0x} + 0.05L_x;\quad e_y = e_{0y} + 0.05L_y$$

式中　L_x、L_y—— 与水平力作用方向垂直的建筑物总长。

2. 扭转的近似计算

结构在偏心层剪力 V_y 的作用下，除了产生侧移 δ 外，还有扭转，扭转角为 θ。由于假定楼板在自身平面内刚度为无穷大，故楼面内任意点的位移都可以用 δ 和 θ 来表示。对于抗侧力结构来讲，我们假定其平面外没有抵抗力，因此只需计算各片抗侧力单元在其自身平面方向的侧移即可。

与 y 轴平行的第 i 片结构沿 y 方向的层间侧移为

$$\delta_{yi} = \delta + \theta x_i$$

与 x 轴平行的第 k 片结构沿 x 方向的层间侧移为

$$\delta_{xk} = -\theta y_k$$

根据抗侧力刚度的定义有

$$V_{yi} = D_{yi}\delta_{yi} = D_{yi}\delta + D_{yi}\theta x_i \tag{4.71}$$

$$V_{xk} = D_{xk}\delta_{xk} = -D_{xk}\theta y_k \tag{4.72}$$

利用力的平衡：$\sum Y = 0$ 和 $\sum M = 0$，可得

$$V_y = \sum V_{yi} = \delta \sum D_{yi} + \theta \sum D_{yi} x_i \tag{4.73}$$

$$V_y e_x = \sum V_{yi} x_i - \sum V_{xk} y_k = \delta \sum D_{yi} x_i + \theta \sum D_{yi} x_i^2 + \theta \sum D_{xk} y_k^2 \tag{4.74}$$

因为 O_D 是刚度中心，所以有 $\sum D_{yi} x_i = 0$，代入(4.73)、(4.74) 两式，有

$$\delta = \frac{V_y}{\sum D_{yi}} \tag{4.75}$$

$$\theta = \frac{V_y e_x}{\sum D_{yi} x_i^2 + \sum D_{xk} y_k^2} \tag{4.76}$$

式(4.76) 中的分母 $\sum D_{yi} x_i^2 + \sum D_{xk} y_k^2$ 即为结构的抗扭刚度。

将(4.75)、(4.76) 两式代入式(4.73)、(4.74)，有

$$V_{yi} = \frac{D_{yi}}{\sum D_{yi}} V_y + \frac{D_{yi} x_i}{\sum D_{yi} x_i^2 + \sum D_{xk} y_k^2} V_y e_x \tag{4.77}$$

即 y 方向第 i 片抗侧力结构的剪力。

$$V_{xk} = -\frac{D_{xk} y_k}{\sum D_{yi} x_i^2 + \sum D_{xk} y_k^2} \tag{4.78}$$

即 x 方向第 k 片抗侧力结构的剪力。

(4.77)、(4.78) 两式说明：

① 结构受偏心力作用时，两个方向的抗侧力结构中都产生内力，或者说，两个方向的抗侧力结构

都参与抗扭。

② 离结构刚心越近的抗侧力结构，扭转对其影响越弱，离结构刚心越远的抗侧力结构，扭转对其影响就越明显。

同样，当 x 方向作用有偏心力 V_x（偏心距 e_y）时，也可以求出各抗侧力结构的剪力：

$$V_{xk}=\frac{D_{xk}}{\sum D_{xk}}V_x+\frac{D_{xk}y_k}{\sum D_{xk}y_k^2+\sum D_{yi}x_i^2}V_xe_y \tag{4.79}$$

$$V_{yi}=-\frac{D_{yi}x_i}{\sum D_{xk}y_k^2+\sum D_{yi}x_i^2}V_xe_y \tag{4.80}$$

4.5 框架截面抗震设计及构造措施

4.5.1 框架延性设计的概念

1. 延性框架的概念

(1)延性的一般概念

①从材料角度来看，延性指的是材料屈服以后的变形能力。如用 ε_y、ε_u 表示材料的屈服应变和极限应变，则延性为 $\mu=\varepsilon_u/\varepsilon_y$。

②从构件截面角度来看，延性指的是截面屈服以后的变形能力，如用曲率表示，则为 $\mu=\varphi_u/\varphi_y$。

③从结构角度来看，延性可用变形来表示，即 $\mu=\Delta_u/\Delta_y$。

当 $\mu=1$ 时，表示结构屈服即坏，没有延性，是脆性破坏。$\mu>1$ 时，越大，表示结构的延性越好。

(2)延性对结构抗震性能的影响

延性越好，结构的抗震能力也就越好。在大震下，即使结构构件达到屈服，仍然可以通过屈服截面的塑性变形来消耗地震能，避免发生脆性破坏。在大震后的余震发生时，因为塑性铰的出现，结构的刚度明显变小，周期变长，所受地震力会明显减小，震害减轻。地震过后，结构的修复也较容易。因此在地震区，结构必须具备一定的延性。并且设防烈度越高、结构高度越大，对延性的要求也越高。

2. 延性框架的设计方法

(1)结构抗震等级

震害调查表明，不同场地、不同的地震烈度、不同建筑物高度、不同的结构类型，在地震时的震害是不同的。这就说明，不同的建筑物对延性的要求也不一样。我国《建筑抗震设计规范》规定，钢筋混凝土房屋应根据烈度、结构类型和房屋高度采用不同的抗震等级，并应符合相应的计算和构造措施要求。结构抗震等级共有四个，一级对延性要求最高，二级次之，四级要求最低。

(2)框架设计的一般原则

①强柱弱梁。

从抗弯角度来讲，要求柱端截面的屈服弯矩要大于梁端截面的屈服弯矩，使塑性铰尽可能出现在梁的端部，从而形成强柱弱梁。在梁端出现塑性铰，一方面框架结构不会变成机构，而且塑性铰的数目多，消耗地震能的能力强；另一方面，受弯构件具有较高的延性，结构的延性有保障。

②强剪弱弯。

要求构件的抗剪能力要比其抗弯能力强，从而避免梁、柱构件过早发生剪切破坏。

③强节点、强锚固。

节点区域受力复杂，容易发生破坏。节点的可靠与否是关系梁、柱能否可靠工作的前提，必须做到强节点。钢筋锚固的好坏是构件能否发挥承载力的关键。

4.5.2 框架截面的设计内力

1. 控制截面及最不利内力

对于框架梁，其控制截面为梁端柱边缘截面和梁的跨中截面。而在框架结构计算时，计算的梁端弯矩和剪力却是柱子中心点的值。为此，需将梁端内力调整到柱边。框架梁的最不利内力为：

①梁端：最大正负弯矩、最大剪力。

②跨中：最大正负弯矩。

对于柱子，其控制截面一般为柱端梁边缘截面。需要将计算到的柱子内力调整到梁边缘截面。柱子是偏压构件，其最不利内力组合要考虑以下四种情况：

①$|M|_{max}$及相应的N。

②N_{max}及相应的M。

③N_{min}及相应的M。

④$|M|$比较大但N比较小或比较大。

当然，为了验算柱子的斜截面抗剪承载力，柱截面也要组合V_{max}。

2. 荷载的布置

(1)恒载

恒载是永久作用在结构上的重力荷载，计算时应按实际情况考虑。

(2)活载

一般包括楼面使用荷载、屋面施工检修荷载和雪荷载，应该按照最不利方式布置。但是，在高层民用建筑中，活载值一般不大，多为1.5～2.5 kN/m^2。与其他荷载相比，活载产生的内力较小。因此，可以不考虑活载的不利布置，按满布考虑。

(3)风载及地震作用

虽然风载及地震作用可能沿任意方向作用到建筑物上，在结构分析中，一般考虑沿主轴方向作用，并且有正、反方向两种可能。

3. 内力调整

在构件中形成塑性铰后，会导致塑性内力重分布，使得结构内力与按前述弹性理论计算结果有较大差别。另一方面，为了施工、尤其是钢筋布置的方便，也需要对内力进行调整。

(1)竖向荷载下框架梁弯矩的塑性调幅

竖向荷载指的是恒载和活荷载。在竖向荷载下，梁端截面往往有较大的负弯矩，如按弯矩计算配筋，负钢筋将过于密集，施工难度较大。而强柱弱梁的设计原则又要求塑性铰首先出现在梁端，因此设计中可以把梁端负弯矩进行调幅，降低负弯矩，以减少配筋面积。

①现浇框架，支座弯矩调幅系数可取0.8～0.9。

②装配整体式框架，支座弯矩调幅系数可取0.7～0.8。

装配整体式框架中，矩调幅系数取得低的原因是，由于梁、柱在节点的装配过程中，钢筋焊接或混凝土浇筑不密实等原因，节点可能会产生变形。根据实测结果可知，节点变形会使梁端弯矩较计算结果减少约10%。

③跨中弯矩可乘以1.1～1.2的增大系数。

在调幅过程中，还应该满足各内力包络图的要求。

(2)水平力作用下框一剪结构中框架内力的调整

水平力指风荷载和水平地震作用。在计算中假定楼板平面内的刚度为无穷大，实际上，楼板在水平力的作用下会有变形，使得框架的实际剪力比计算的数值要大。在地震作用时，剪力墙会因出现塑性变形导致刚度降低，从而使框架内力增大。为保证框架的安全，《高层建筑混凝土结构技术规程》规定，框架总剪力按下式中较小值取：

$$V_{Fi}=\min\begin{cases}1.5V_{Fmax}\\0.2V_0\end{cases}$$

式中 V_0——框－剪结构基底总剪力。

按照上述内力调整的规定，内力调整应在荷载组合之前进行，即应先调整、后组合。

4.5.3 框架梁设计

框架的延性主要取决于框架梁，因此，在框架梁的设计中，应对梁的延性给予足够的重视。

1. 影响梁的延性的因素

(1)破坏形态

钢筋混凝土梁的破坏形态有两种形式：弯曲破坏和剪切破坏。从延性角度看，适筋梁的弯曲破坏延性最好，设计时应保证框架梁必须是适筋梁。同时要保证梁的强剪弱弯。

(2)拉、压钢筋的配筋率

即使是适筋梁，梁的延性也与受拉钢筋的配筋率 ρ_s 有直接的关系。ρ_s 越低，梁的延性越好。由力的平衡来看：$A_s f_y - A'_s f'_y = f_{cm} bx$，受压钢筋配筋率越高，梁的相对等效受压区高度 x 就越小，塑性铰的转动能力就越强，梁的延性就越好。

(3)受压翼缘

受压翼缘的作用类似于受压钢筋。

2. 梁的抗弯设计

(1)无震组合

$$M_{bmax}\leqslant f_{cm}bx(h_{b0}-\frac{x}{2})+A'_s f'_y(h_{b0}-a')=(A_s-A'_s)f_y(h_{b0}-\frac{x}{2})+A'_s f_y(h_{b0}-a')$$

(2)有震组合

$$M_{bmax}\leqslant\frac{1}{\gamma_{RE}}[(A_s-A'_s)f_y(h_{b0}-\frac{x}{2})+A'_s f_y(h_{b0}-a')]$$

(3)为保证框架梁的延性，尚需满足下列限制条件

①为避免超筋，不考虑地震作用时要求

$$x\leqslant\xi_b h_{b0}$$

同时为避免少筋，跨中截面受拉钢筋最小配筋率为 0.2%，支座截面最小配筋率为 0.25%。

②考虑地震组合时，为保证梁端塑性铰的延性，设计时要求梁端截面必须配置一定数量的受压钢筋，以形成双筋截面，并控制名义受压区高度：

一级抗震 $x\leqslant 0.25h_{b0}$，$\frac{A'_s}{A_s}\geqslant 0.5$

二、三级抗震 $x\leqslant 0.35h_{b0}$，$\frac{A'_s}{A_s}\geqslant 0.3$

四级同非抗震要求。

梁跨中截面受压区控制与非抗震相同。

同时最小配筋率应满足表 4.7 的要求。

表 4.7 抗震设计框架最小配筋百分率 %

抗震等级	一	二	三、四
支座	0.4 和 $80f_t/f_y$ 的较大值	0.3 和 $65f_t/f_y$ 的较大值	0.25 和 $55f_t/f_y$ 的较大值
跨中	0.3 和 $65f_t/f_y$ 的较大值	0.25 和 $55f_t/f_y$ 的较大值	0.2 和 $45f_t/f_y$ 的较大值

3. 梁的抗剪设计

(1)基本公式

①无震组合时

$$V_b \leqslant \alpha_{cv} f_t b_b h_{b0} + f_{yv} \frac{A_{sv}}{S} h_{b0}$$

②有震组合时

$$V_b \leqslant \frac{1}{\gamma_{RE}}(0.6\alpha_{cv} f_t b_b h_{b0} + f_{yv} \frac{A_{sv}}{S} h_{b0})$$

(2)设计剪力调整

为了保证框架梁塑性铰区的强剪弱弯,《建筑抗震设计规范》规定,一至三级抗震时应根据梁的抗弯承载力计算其设计剪力。

一级 9 度抗震:

$$V_b = 1.1 \frac{M_{bu}^l + M_{bu}^r}{l_n} + V_{Gb}$$

其他一级抗震:

$$V_b = 1.3 \frac{M_b^l + M_b^r}{l_n} + V_{Gb}$$

二级抗震:

$$V_b = 1.2 \frac{M_b^l + M_b^r}{l_n} + V_{Gb}$$

三级抗震:

$$V_b = 1.1 \frac{M_b^l + M_b^r}{l_n} + V_{Gb}$$

式中 M_{bu}^l、M_{bu}^r——表示框架梁左、右端的极限抗弯承载力,按梁的实际配筋计算。计算时,一端取上部钢筋作为受拉筋,另一端取下部钢筋作为受拉钢筋:

$$M_{bu} = A_s f_{yk} (h_{b0} - a') / \gamma_{RE}$$

式中 M_b^l、M_b^R——组合得到的梁左右端计算弯矩,也是一端按顺时针取,另一端按逆时针取;

V_{Gb}——本跨竖向重力荷载产生的简支支座反力。

在塑性铰区以外,仍然按照组合到的剪力计算箍筋用量。

(3)截面限制条件

①无地震作用组合时

$$V_b \leqslant (0.25 \sim 0.2)\beta_c f_c b_b h_{b0}$$

②有作用地震组合时

当跨高比大于 2.5 $\quad V_b \leqslant \frac{1}{\gamma_{RE}}(0.2\beta_c f_c b_b h_{b0})$

当跨高比不大于 2.5 $\quad V_b \leqslant \frac{1}{\gamma_{RE}}(0.15\beta_c f_c b_b h_{b0})$

当不满足上述条件时,一般采用加大梁截面宽度或提高混凝土的等级的方法。从强柱弱梁角度考虑,不宜采用加大梁高的做法。

4. 塑性铰区的配筋构造要求

在梁端塑性铰区,不仅会有弯矩产生的垂直裂缝,还会有剪力产生的斜裂缝。由于地震作用产生的弯矩及剪力的方向会改变,垂直裂缝有可能裂通整个截面,斜裂缝还会交叉,保护层混凝土有可能剥落,混凝土的咬合作用会逐渐丧失。因此在该区域主要靠箍筋和纵筋的销栓作用传递剪力,必须加强箍筋的配置。

(1)箍筋加密区长度

①一级抗震

$$\geqslant 2h_b \text{ 且} \geqslant 500 \text{ mm}$$

②二～四级抗震

$$\geqslant 1.5h_b \text{ 且} \geqslant 500 \text{ mm}$$

(2)箍筋加密区的构造要求

①不能采用弯起钢筋抗剪。

②箍筋的数量和间距应满足表4.8的要求，当纵筋配筋率大于2%时，箍筋直径比表内数值还要增加2 mm。

表4.8　框架梁箍筋构造要求

抗震等级	梁端箍筋加密区		非加密区
	箍筋最大间距/mm	箍筋最小直径	最小面积配箍率
一	$h_b/4, 6d$, 100mm	$\Phi 10$	$0.030f_c/f_{yv}$
二	$h_b/4, 8d$, 100 mm	$\Phi 8$	$0.028f_c/f_{yv}$
三	$h_b/4, 8d$, 150 mm	$\Phi 8$	$0.026f_c/f_{yv}$
四	$h_b/4, 8d$, 150 mm	$\Phi 6$	$0.026f_c/f_{yv}$

注:表中,d为纵筋直径

(3)箍筋加密区外

为了防止破坏转移到箍筋加密区之外，沿梁全长箍筋面积配箍率应符合表中非加密区的要求，同时不小于加密区箍筋数量的一半。

(4)箍筋形式

箍筋必须采用封闭式，加135°弯钩，且保证弯钩长度和施工质量。

4.5.4 框架柱的设计

1.柱子的破坏形态

柱子的破坏形态有弯曲破坏、剪切破坏、黏结破坏三种类型，具体有：

(1)弯曲破坏

弯曲破坏通常发生在柱顶或柱底截面。破坏时压区混凝土压碎、主筋压屈。受拉钢筋有时能达到屈服，有时则达不到屈服。

(2)剪切受压破坏

在荷载作用下，水平弯曲裂缝向斜向发展，形成斜裂缝。当箍筋配置较多时，斜裂缝不会迅速开展，而是剪压区混凝土在弯、剪的共同作用下压碎。

(3)剪切受拉破坏

当剪跨比较小且配箍率较低时，在主筋受拉屈服后，随着反复荷载的作用，会产生一条较宽大的斜裂缝，导致箍筋屈服、柱子剪坏。

(4)剪切斜拉破坏

一般发生在短柱中。斜裂缝往往沿柱子对角出现，箍筋达到屈服甚至被拉断，柱子被剪坏。

(5)黏结开裂破坏

黏结破坏有两种类型，一是由于钢筋锚固不足被拔出而破坏；另一种是在柱子弯曲裂缝或剪切裂缝出现后，在反复荷载作用下，沿主筋出现黏结裂缝，使混凝土沿主筋酥裂脱落导致柱子破坏。

以上几种破坏形式不同，其对应的极限变形能力也不一样。比较而言，剪切斜拉破坏和剪切受拉破坏属于脆性破坏，设计中应该避免；黏结破坏延性较差，也应当避免；弯曲破坏和剪切受压破坏属于延性破坏，其延性受到许多因素的影响。

在实际工程中，柱子的破坏常常是几种破坏形态的综合反映。只是有时某一种破坏形态表现得突出一些。

2. 影响柱子延性的几个因素

影响柱子延性的因素主要是剪跨比、轴压比和剪压比。

(1)剪跨比

剪跨比是反映柱截面弯矩与剪力相对大小的参数。其表达式为

$$\lambda=\frac{M}{Vh}$$

式中　h——柱子截面高度。在框架中，柱端弯矩等于剪力与反弯点距柱端距离的乘积：$M=Vy$，如果近似取 $y=H/2$，则

$$\lambda\approx\frac{VH/2}{h}=H/h$$

式中　H——柱子净高。

剪跨比 λ 是影响钢筋混凝土柱子破坏形态的重要因素。剪跨比较小的柱子往往会出现斜裂缝而导致剪切破坏。试验研究发现：

①当 $\lambda>2$ 时，柱子称为长柱，其破坏形式多为弯曲破坏。

②当 $\lambda\leqslant2$ 时，称为短柱，其破坏形式多为剪切破坏。但是，当混凝土强度等级较高、箍筋配置量足够时，有可能出现稍有延性的剪切受压破坏。

③当 $\lambda<1.5$ 时，称为极短柱，一般都会发生剪切斜拉破坏，几乎没有延性。

按照 λ 值的划分，框架柱可分为以下类型：

①长柱　$$\frac{H}{h}>4$$

②短柱　$$3\leqslant\frac{H}{h}\leqslant4$$

③极短柱　$$\frac{H}{h}<3$$

这样，在抗震结构的设计中，在确定方案和结构布置时，就应该避免极短柱。特别是应避免在同一层中存在长柱和短柱的情况。

(2)轴压比

轴压比是指柱子轴向力与混凝土轴心抗压强度的比值，表达式为

$$n=\frac{N}{f_c b_c h_c}$$

试验表明，轴压比是影响柱子延性的另一个重要参数。随着轴压比的增大，柱子的极限抗弯承载力会提高，但变形能力、耗散地震能量的能力明显下降。

在长柱中，轴压比越大，混凝土的受压范围也越大，受拉钢筋屈服的可能性也越小，柱子的延性越低，有时还会出现剪切受压破坏。在短柱中，轴压比很小时还会出现黏结破坏。

(3)剪压比

剪压比是指截面平均剪应力与混凝土轴心抗压强度的比值，表达式为

$$k=V/f_c b_c h_c$$

剪压比越大，斜裂缝出现得越早，要求配置的箍筋量也就越多。但是试验表明，当配箍率过高时，有可能混凝土已经破碎而箍筋尚未屈服，箍筋难以发挥作用，在设计中应当避免这种情况。

3. 钢箍的作用

在柱子中，钢箍的作用体现在以下三个方面：

①与纵筋一起形成骨架，箍筋对纵筋的屈曲失稳变形提供侧向的约束作用。

②箍筋承担剪力。

③箍筋对核心混凝土起约束作用。

试验表明，箍筋对核心混凝土的约束作用，对柱子的延性是非常有利的。这一点也为大量的震害实例所证明。在衡量箍筋对混凝土的约束程度时，一般用体积含箍率来表示，即

$$\rho_v=\frac{a_v l_v}{l_1 l_2 S}$$

式中 a_v——箍筋单肢截面积；

l_v——箍筋总长度，重叠部分只计一次；

l_1、l_2——矩形钢箍的两个边长；

S——箍筋间距。

箍筋对核心混凝土的约束作用，不仅与箍筋的配置量有关，而且与箍筋的形式有关。单个矩形箍筋对核心混凝土的约束作用较弱，螺旋箍筋的约束作用最好，复式箍筋对核心混凝土的约束作用大大好于矩形箍筋。在柱子的箍筋配置中，最好不用单个矩形箍筋，可以采用复式箍。可能的条件下，最好采用螺旋箍。

随着柱子轴压比的提高，通过箍筋约束混凝土提高延性的效果会逐渐减弱。因此，只能在中等轴压比的情况下，可以利用提高箍筋用量来改善柱子延性。当轴压比过高时，应该采取加大截面尺寸或提高混凝土等级的方法，来降低轴压比。

4. 柱子设计

(1)截面尺寸及其限制

在高层建筑中，柱子截面尺寸通常由轴压比、剪压比的限制条件控制。

①轴压比的限制。

我国《高层建筑混凝土结构技术规程》给出了最大轴压比的限制，见表4.9。

表4.9 框架柱最大轴压比限值

抗震等级		一	二	三
$\frac{N}{f_c b_c h_c}$	长柱	0.7	0.8	0.9
	短柱	0.65	0.75	0.85

②剪压比限制。

无地震组合时

$$V_c \leqslant 0.25\beta_c f_c b_c h_{c0}$$

有地震组合时

当跨高比大于2.5 $$V_b \leqslant \frac{1}{\gamma_{RE}}(0.2\beta_c f_c b_b h_{b0})$$

当跨高比不大于2.5 $$V_c \leqslant \frac{1}{\gamma_{RE}}(0.15\beta_c f_c b_c h_{c0})$$

③柱子截面尺寸的确定。

在初步设计中，柱子尺寸往往用轴压比限制估计：

$$\frac{N}{f_c b_c h_c} \leqslant n$$

式中 n——取上表中值。对于四级框架，可取$n=1.2\sim1.3$。

N——初步估计的柱子最大轴力。可以取：

风载或7°设防地震作用下

$$N=(1.05\sim1.1)N_V$$

8°设防地震作用下

$$N=(1.1\sim1.2)N_V$$

其中 N_V——竖向荷载下的柱子轴力。可以按柱子平均负荷面积来粗略计算。

(2)柱中纵筋的配筋计算

①柱截面弯矩调整。

A.框架柱截面。

为了提高框架柱柱脚处的抗弯能力，推迟柱脚处塑性铰的形成时间，宜将该处设计弯矩适当提高。

B.强柱弱梁要求。

强柱弱梁要求节点处柱端截面所承受的弯矩之和应不小于梁端所承受弯矩之和，即：

一级9度抗震 $\sum M_c \geqslant 1.2\sum M_{bu}$

其他情况 $\sum M_c \geqslant \eta_c \sum M_b$

对框架结构二、三、四级框架柱，可乘以1.5、1.3、1.2的增大系数 η_c；其他情况的框架柱，一、二、三、四级框架柱，分别乘以1.4、1.2、1.1、1.1的增大系数，一、二、三、四级抗震等级底层框架柱、柱端弯矩设计值应分别乘以1.7、1.5、1.3、1.2的增大系数。

②配筋计算。

框架柱按偏压构件计算纵筋，具体计算见《钢筋混凝土基本构件》。需要注意的是，有地震作用组合时，应考虑抗震调整系数 γ_{RE}。由于风荷载、地震作用有两个方向的可能性，一般采用对称配筋。框架柱中全部纵筋的最小配筋率按表4.10采用。

表4.10 框架柱纵筋最小配筋率

设计等级 柱类型	非抗震设计	抗震设计			
		一	二	三	四
中柱、边柱	0.5	1.0	0.8	0.7	0.6
角柱	0.5	1.1	0.9	0.8	0.7

(3)柱中箍筋的计算

①设计剪力的调整。

根据柱子“强剪弱弯”的要求，其设计剪力应参照其抗弯能力而定：

一、二、三、四级的框架柱和框支柱组合的剪力设计值应按下式调整：

$$V=\eta_{vb}(M_c^b+M_c^t)/H_n$$

一级的框架结构和9度的一级框架可不按上式调整，但应符合下式要求：

$$V=1.2(M_{cua}^b+M_{cua}^t)/H_n$$

式中 V——柱端截面组合的剪力设计值；框支柱的剪力设计值尚应符合《抗震设计规范》(GB 50011—2010)第6.2.10条的规定。

H_n——柱的净高；

M_c^b、M_c^t——分别为柱的上下端顺时针或反时针方向截面组合的弯矩设计值，应符合《抗震设计规范》(GB 50011—2010)第6.2.2、6.2.3条的规定；框支柱的弯矩设计值尚应符合规范(GB 50011—2010)第6.2.10条的规定。

M_{cua}^b、M_{cua}^t——分别为偏心受压柱的上下端顺时针或反时针方向实配的正截面抗震受弯承载力所对应的弯矩值，根据实配钢筋面积、材料强度标准值和轴压力等确定。

η_{vb}——柱剪力增大系数；对框架结构，一、二、三、四级可分别取1.5、1.3、1.2、1.1；对其他结构类型的框架，一级可取1.4，二级可取1.2，三、四级可取1.1。

②抗剪计算。

按照上述剪力的调整，根据下式计算箍筋用量：

无地震组合时

$$V_c \leqslant \frac{1.75}{\lambda+1} f_t b_c h_{c0} + f_{yv} \frac{A_{sv}}{S} h_{c0} + 0.07N$$

有地震组合时

$$V_c \leqslant \frac{1}{\gamma_{RE}} \left(\frac{1.05}{\lambda+1} f_t b_c h_{c0} + f_{yv} \frac{A_{sv}}{S} h_{c0} + 0.056N \right)$$

式中 λ——框架柱剪跨比。设计时取柱子净高一半和柱截面高度的比值。当 $\lambda>3$ 取 $\lambda=3$，当 $\lambda<1$ 时取 $\lambda=1$；

N——与设计剪力相对应的轴向压力。当 $N>0.3f_c b_c h_{c0}$ 时，取

$$N=0.3f_c b_c h_{c0}$$

当 N 为轴向拉力时，应将上述公式中的 $+0.07N$ 和 $0.056N$ 改为 $-0.2N$，但公式右端不应小于 $f_{yv}\frac{A_{sv}}{S}h_{c0} \geqslant 0.36 f_t b h_0$。

③约束混凝土的要求。

从约束混凝土角度看，箍筋的配置量应满足一定体积配箍率的限制，尤其是在柱子的箍筋加密区。《高层建筑混凝土结构技术规程》规定的柱子箍筋加密区最小体积配箍率见表 4.11。

表 4.11 柱箍筋加密区的箍筋最小配箍特征值

抗震等级	箍筋形式	柱轴压比								
		≤0.3	0.4	0.5	0.6	0.7	0.8	0.9	1.0	1.05
一	普通箍、复合箍	0.10	0.11	0.13	0.15	0.17	0.20	0.23	—	—
	螺旋箍、复合或连续复合矩形螺旋箍	0.08	0.09	0.11	0.13	0.15	0.18	0.21	—	—
二	普通箍、复合箍	0.08	0.09	0.11	0.13	0.15	0.17	0.19	0.22	0.24
	螺旋箍、复合或连续复合矩形螺箍	0.06	0.07	0.09	0.11	0.13	0.15	0.17	0.20	0.22
三、四	普通箍、复合箍	0.06	0.07	0.09	0.11	0.13	0.15	0.17	0.20	0.22
	螺旋箍、复合或连续复合矩形螺旋箍	0.05	0.06	0.07	0.09	0.11	0.13	0.15	0.18	0.20

注：普通箍指单个矩形箍和单个圆形箍，复合箍指由矩形、多边形、圆形箍或拉筋组成的箍筋；复合螺旋箍指由螺旋箍与矩形、多边形、圆形箍或拉筋组成的箍筋；连续复合矩形螺旋箍指用一根通长钢筋加工而成的箍筋

5.柱中钢筋构造要求

(1)箍筋加密区范围

①长柱。长柱箍筋加密区范围取柱净高的 1/6、柱截面高度 h、500 mm 三者中的较大值。

②短柱及角柱。沿柱子全高加密箍筋。

(2)加密区箍筋数量

加密区箍筋的配箍量，除了有体积配箍率的要求以外，还有间距和直径的要求，具体见表 4.12。

在非加密区，箍筋不应少于加密区箍筋数量的 50%，箍筋间距不大于 $10d$（一、二级抗震）及 $15d$（三级抗震）。如果非加密区箍筋配置过少，破坏部位就有可能转移到非加密区。

(3)箍筋的无支长度

箍筋的无支长度是指两根相邻纵筋之间的距离。抗震时要求箍筋的无支长度不大于 200 mm，当然为了浇注混凝土的方便，纵筋的净距也不宜小于 50 mm。

表 4.12 箍筋加密区构造要求

抗震等级	箍筋最大间距(取较小值)	箍筋最大直径(取较大值)
一	6*d*,100 mm	ϕ10
二	8*d*,100 mm	ϕ8
三	8*d*,150 mm(柱根 100 mm)	ϕ8
四	8*d*,150 mm(柱根 100 mm)	ϕ6(柱根 8)

注:柱根指底层柱下端箍筋加密区

4.5.5 框架节点区抗震设计

节点区是框架梁、柱的结合点,是保证梁、柱可靠工作的关键。在设计中,保证节点的承载力,使之不发生过早破坏,是十分重要的。

1. 强节点、强锚固

强节点是指在节点区配置足够的箍筋、保证混凝土的强度及密实性。节点的破坏试验表明,破坏过程大致可分为两个阶段:第一阶段为通裂阶段。当作用于节点核心混凝土的剪力达到极限承载力的 60%～70%时,核心区出现贯通斜裂缝,此时钢筋应力很小(不超过 20 MPa),剪力主要由混凝土承担。第二阶段为破裂阶段。随反复荷载逐渐加大,贯通裂缝加宽,剪力主要由箍筋承担,箍筋应力陆续达到屈服。在混凝土挤碎前达到最大承载能力。节点的设计即以第二阶段作为极限状态。

强锚固是指保证梁、柱纵筋在节点区的锚固,不使纵筋在节点内出现滑移。

2. 节点区设计剪力

如图 4.13 所示,节点区设计剪力为

$$V_j=f_{yk}A_s^b+f_{yk}A_s^t-V_c$$

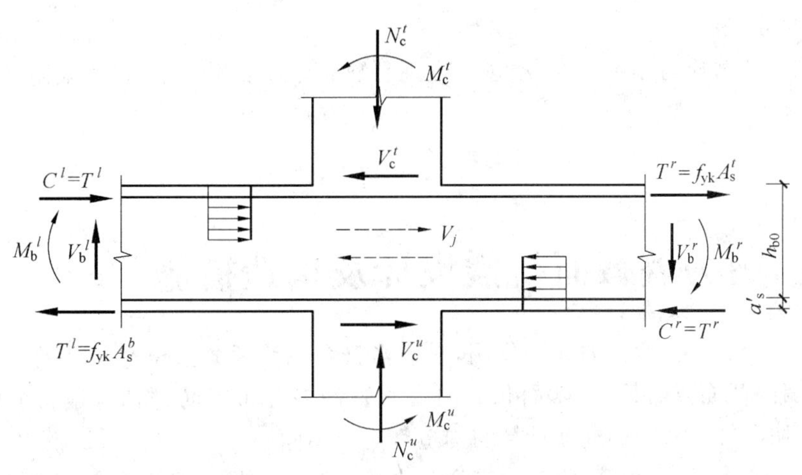

图 4.13 框架梁、柱节点区受力图

式中 V_c——柱子剪力,可由梁、柱节点平衡得到:

$$V_c=\frac{M_c^b+M_c^t}{H_c-h}=\frac{M_{bu}^l+M_{bu}^r}{H_c-h}=\frac{(f_{yk}A_s^b+f_{yk}A_s^t)(h_{b0}-a'_s)}{H_c-h_b}$$

将 V_c 代入 V_j 的计算式,考虑不同的抗震等级,节点区设计剪力取值如下:

①一级 9 度抗震

$$V_j=\frac{1.15}{\gamma_{RE}}(f_{yk}A_s^b+f_{yk}A_s^t)(1-\frac{h_{b0}-a'_s}{H_c-h_b})$$

②一、二、三级抗震

$$V_j=\eta_{jb}\left(\frac{M_b^l+M_b^r}{h_{b0}-a'}\right)\left(1-\frac{h_{b0}-a'_s}{H_c-h_b}\right)$$

这里 η_{jb}——节点加强系数，对于框架结构，一级宜为1.5，二级宜为1.35，三级宜为1.2；对于其他结构的框架一级宜为1.35；二级宜为1.2；三级宜为1.1。

③四级抗震及以下。框架节点区不需进行抗剪验算。

3. 节点区抗剪计算及箍筋构造

(1)节点区抗剪计算

节点区按下式进行抗剪验算：

$$V_j\leqslant\frac{1}{\gamma_{RE}}\left[0.1\eta_j f_t b_j h_j+0.05\eta_j N\frac{b_j}{b_c}+f_{yv}\frac{A_{svj}}{S}(h_{b0}-a'_s)\right]$$

9度一级时

$$V_j\leqslant\frac{1}{\gamma_{RE}}\left[0.9\eta_j f_t b_j h_j+f_{yv}\frac{A_{svj}}{S}(h_{b0}-a'_s)\right]$$

式中 N——上部结构作用在节点区的组合轴力，限定 $N\leqslant 0.5f_c b_c h_c$；

η_j——节点混凝土约束系数。对四边有梁约束的中柱节点，当两个方向的梁高相差不大于主梁高度的1/4，且梁宽不小于柱宽的1/2时，取 $\eta_j=1.5$，9度一级为1.25；其他情况均取 $\eta_j=1.0$；

b_c、h_c——柱子截面宽度和高度；

b_j、h_j——节点区截面有效宽度及高度，一般情况下取 $b_j=b_c$，$h_j=h_c$；

A_{svj}——节点区在同一截面中箍筋总面积；

S——节点区箍筋间距。

按上式求得的箍筋数量，不得少于柱子端部箍筋加密区的箍筋数量，否则应按照后者对节点区进行配箍。

(2)节点区尺寸限制

为了使节点区的剪应力不致过高，不过早出现裂缝而导致混凝土压碎，要限制节点区平均剪应力满足

$$V_j\leqslant\frac{1}{\gamma_{RE}}(0.3\eta_j f_c b_j h_j)$$

4.6 剪力墙截面抗震设计及构造措施

剪力墙承受轴力、弯矩、剪力的共同作用，它应当符合钢筋混凝土压弯构件的基本规律。但是与柱子相比，剪力墙的截面薄而长，沿截面长方向要布置许多分布钢筋，同时，截面抗剪问题也较为突出。这使得剪力墙和柱子截面的配筋计算与构造都有所不同。

剪力墙配筋一般为：端部纵筋、竖向分布筋和水平分布筋。竖向钢筋抗弯，水平钢筋抗剪，需要进行正截面抗弯承载力和斜截面抗剪承载力的计算。必要时，还要进行抗裂度或裂缝宽度的验算。楼层间剪力墙有时还应作平面外承载力的验算。

剪力墙一般包括墙肢和连梁两部分，下面我们分别讨论。

4.6.1 墙肢截面承载力计算

1. 正截面承载力计算

和柱截面一样，墙肢破坏形态也分为大偏压、小偏压、大偏拉和小偏拉四种情况。墙肢内的竖向分布筋对正截面抗弯有一定的作用，应予以考虑。

(1)大偏压承载力计算($\xi \leqslant \xi_b$)

当 $\xi \leqslant \xi_b$ 时,构件为大偏心受压。破坏形式为受拉区钢筋屈服后受压区混凝土压碎破坏,受压区纵筋一般能达到受压屈服。ξ_b 值按下式计算:

$$\xi_b = \frac{0.8}{1+\frac{f_y}{0.0033E_s}}$$

大偏压极限状态下截面应变状态仍然满足平截面假定。端部受拉纵筋应力达到屈服,竖向分布筋直径较小,受压时不能考虑其作用;在拉区,靠近中和轴时竖向分布筋应力也较低,只考虑 $h_{w0}-1.5x$ 范围内的竖向分布筋。

以矩形截面为例,按照力、力矩的平衡,可以写出基本公式,式子中各符号见《混凝土结构设计规范》(GB 50010—2010),这里 $e_0=\frac{M}{N}$ 为偏心距。

$$N=f_{cm}b_w x+A'_s f_y-A_s f_y-(h_{w0}-1.5x)\frac{A_{sw}}{h_{w0}}f_{yw} \tag{4.81}$$

$$N(e_0-\frac{h_w}{2}+\frac{x}{2})=A_s f_y(h_{w0}-\frac{x}{2})+A'_s f_y(\frac{x}{2}-a')+(h_{w0}-1.5x)\frac{A_{sw}f_{yw}}{h_{w0}}(\frac{h_{w0}}{2}+\frac{x}{4}) \tag{4.82}$$

在对称配筋时,$A_s=A'_s$,由式(4.81)可得

$$\xi=\frac{x}{h_{w0}}=\frac{N+A_{sw}f_{yw}}{f_{cm}b_w h_{w0}+1.5A_{sw}f_{yw}} \tag{4.83}$$

将式(4.83)代入式(4.81),忽略 x^2 项,整理可得

$$M=\frac{A_{sw}f_{yw}}{2}h_{w0}(1-\frac{x}{h_{w0}})(1+\frac{N}{A_{sw}f_{yw}})+A'_s f_y(h_{w0}-a')=M_{sw}+A'_s f_y(h_{w0}-a') \tag{4.84}$$

即

$$A_s=A'_s \geqslant \frac{M-M_{sw}}{f_y(h_{w0}-a')} \tag{4.85}$$

设计中,一般按构造要求选定竖向分布筋 A_{sw} 及 f_{yw},进而求出端部纵筋面积。

(2)小偏压承载力计算($\xi>\xi_b$)

在小偏心受压时,截面全部或大部分受压,受拉部分的钢筋应力达不到屈服,因此所有竖向分布筋的作用不予考虑,基本公式为

$$N=f_{cm}b_w x+A'_s f_y-A_s\sigma_s \tag{4.86}$$

$$N(e_0+\frac{h_w}{2}-a)=f_{cm}b_w x(h_{w0}-\frac{x}{2})+A'_s f_y(h_{w0}-a') \tag{4.87}$$

受拉钢筋应力可用近似式子计算:

$$\sigma_s=\frac{f_y}{\xi_b-0.8}(\xi-0.8) \tag{4.88}$$

求解上述方程组,即可给出有关钢筋面积。

需要注意的是,在小偏心受压时需要验算剪力墙平面外的稳定。此时可以按轴心受压构件计算。

(3)偏心受拉承载力计算

当墙肢截面承受轴向拉力时,大、小偏拉按下式判断:

$$e_0 \geqslant \frac{h_w}{2}-a$$

为大偏拉,

$$e_0 < \frac{h_w}{2}-a$$

为小偏拉。

大偏拉与大偏压情况类似,仅轴向力方向反向,分析从略。在小偏拉情况下,或大偏拉而混凝土压区高度很小时($x \leqslant 2a'$),按全截面受拉计算配筋。采用对称配筋时,按下面近似公式校核其承

载力：

$$N \leqslant \frac{1}{\frac{1}{N_{0u}} + \frac{e_0}{M_{wu}}} \tag{4.89}$$

式中

$$N_{0u} = 2A_s f_y + A_{sw} f_{yw} \tag{4.90}$$

$$M_{wu} = A_s f_y (h_{w0} - a') + 0.5 h_{w0} A_{sw} f_{yw} \tag{4.91}$$

还需注意，在内力组合中考虑地震作用时，公式的右边应考虑抗震承载力调整系数，即在上述承载力公式的右边除以$\frac{1}{\gamma_{RE}}$。

2.斜截面抗剪承载力计算

剪力墙中斜裂缝有两种情况：一是弯剪斜裂缝，斜裂缝先是由弯曲受拉边缘出现水平裂缝，然后斜向发展形成斜裂缝；二是腹剪斜裂缝，腹板中部主拉应力超过混凝土的抗拉强度后开裂，然后裂缝斜向向构件边缘发展。

(1)斜裂缝出现后墙肢的剪切破坏形式

①剪拉破坏。

当水平分布钢筋(简称腹筋)没有或很少时发生。斜裂缝一出现就很快形成一条主裂缝，使墙肢劈裂而丧失承载能力。

②剪压破坏。

当腹筋配置合适时，腹筋可以抵抗斜裂缝的开展。随着斜裂缝的进一步扩大，混凝土受剪区域逐渐减小，最后在压、剪应力的共同作用下剪压区混凝土压碎。剪力墙的水平分布筋的计算主要依据这种破坏形式。

③斜压破坏。

剪力墙截面过小或混凝土等级过低时，即使在墙肢中配置了过多的腹筋，当腹筋应力还没有充分发挥作用时，混凝土已被剪压破碎了。设计中剪压比的限制就是为了防止这种形式的破坏。

(2)抗剪承载力计算

剪力墙中的竖向、水平分布筋对斜裂缝的开展都有约束作用。但是在设计中，常将二者的功能分开：竖向分布筋抵抗弯矩，水平分布筋抵抗剪力。

斜截面抗剪承载力公式为：

①无震组合

$$V_w \leqslant \frac{1}{\lambda - 0.5}(0.05 f_c b_w h_{w0} \pm 0.13 N \frac{A_w}{A}) + f_{yh} \frac{A_{sh}}{S} h_{w0} \tag{4.92}$$

②有震组合

$$V_w \leqslant \frac{1}{\gamma_{RE}}[\frac{1}{\lambda - 0.5}(0.04 f_c b_w h_{w0} \pm 0.1 N \frac{A_w}{A}) + 0.8 f_{yh} \frac{A_{sh}}{S} h_{w0}] \tag{4.93}$$

式中 A——混凝土计算截面全面积；

A_w——墙肢截面的腹板面积；

N——与剪力相对应的轴向压力或拉力，要求$N \leqslant 0.2 f_c b_w h_{w0}$。当$N$为压力时取“+”，拉力时取“−”；

A_{sh}、f_{yh}、S——水平分布钢筋的总截面积、设计强度、间距；

λ——截面剪跨比，按$\lambda = \frac{M_w}{V_w h_w}$计算。当$\lambda < 1.5$时取$\lambda = 1.5$；当$\lambda > 2.2$时取$\lambda = 2.2$。

当轴向拉力使得公式右边第一项小于0时，即不考虑混凝土的作用，取其等于0，式(4.92)、(4.93)变为

$$V_w \leqslant f_{yh} \frac{A_{sh}}{S} h_{w0}; \quad V_w \leqslant \frac{1}{\gamma_{RE}}(0.8 f_{yh} \frac{A_{sh}}{S} h_{w0})$$

(3)剪力墙设计剪力的调整

《高层建筑混凝土结构技术规程》(JGJ 3—2010)规定,在抗震设计时,剪力墙底部加强区范围内,考虑“强剪弱弯”的要求,剪力设计值做如下调整:

①一级 9 度抗震

$$V_w=1.1\frac{M_{wuE}}{M_w}V$$

②其他情况:

一、二、三级抗震:$V_w=1.6V$;$1.4V$,$1.2V$;四级抗震墙取地震组合下的剪力设计值。

其他部位,均取组合剪力值。

(4)剪力墙截面尺寸及剪压比的限制

①截面尺寸。

一、二级抗震:厚度不小于净层高的 1/20,且不小于 160 mm。

三、四级抗震及非抗震:厚度不小于净层高的 1/25,且不小于 140 mm。

②剪压比限制。

无地震组合时

$$V_c\leqslant 0.25\beta_c f_c b_c h_{c0}$$

有地震组合时

当跨高比大于 2.5 $$V_b\leqslant\frac{1}{\gamma_{RE}}(0.2\beta_c f_c b_b h_{b0})$$

当跨高比不大于 2.5 $$V_c\leqslant\frac{1}{\gamma_{RE}}(0.15\beta_c f_c b_c h_{c0})$$

3. 剪力墙的加强部位

在剪力墙中,有些部位应力比较复杂,有些部位温度收缩应力较大,有些部位在地震作用下可能出现塑性铰,这些部位的配筋应当加强。具体的加强部位有:

①剪力墙底层及顶层。

②现浇山墙。

③楼、电梯间。

④内纵墙端开间。

⑤抗震剪力墙的塑性铰区。

4.6.2 连梁的设计

剪力墙中的连梁受有弯矩、剪力、轴力的共同作用。一般情况下,轴力较小,多按受弯构件设计。

1. 抗弯承载力

连梁通常采用对称配筋,其承载力公式为

$$M\leqslant f_y A_s(h_{b0}-a')$$

在抗震设计中,要求做到“强墙弱梁”。即连梁端部塑性铰要早于剪力墙,为做到这一点,可以将连梁端部弯矩进行塑性调幅。方法是将弯矩较大的几层连梁端部弯矩均取为连梁最大弯矩的 80%。为了保持平衡,可将弯矩较小的连梁端部弯矩相应提高。

2. 抗剪承载力

(1)抗剪承载力公式

多数情况下,连梁的跨高比都比较小,属于深梁。但是,其受力特点与垂直荷载下的深梁却大不相同。在水平荷载下,连梁两端作用着符号相反的弯矩,剪切变形较大,容易出现剪切裂缝。尤其是在地震反复荷载作用下,斜裂缝会很快扩展到对角,形成交叉的对角剪切破坏。其中跨高比小于 2.5

时连梁抗剪承载力更低。连梁抗剪承载力公式为：

无震组合时

$$V_b \leqslant 0.7 f_t b_b h_{b0} + f_{yv} \frac{A_{sv}}{S} h_{b0}$$

有震组合时

当 $l_n/h_b > 2.5$ 时 $$V_b \leqslant \frac{1}{\gamma_{RE}} (0.42 f_t b_b h_{b0} + f_{yv} \frac{A_{sv}}{S} h_{b0})$$

当 $l_n/h_b \leqslant 2.5$ 时 $$V_b \leqslant \frac{1}{\gamma_{RE}} (0.38 f_c b_b h_{b0} + 0.9 f_{yv} \frac{A_{sv}}{S} h_{b0})$$

(2)剪压比限制

无震组合时

$$V_b \leqslant 0.25 \beta_c f_c b_b h_{b0}$$

有震组合时

当 $l_n/h_b > 2.5$ 时 $$V_b \leqslant \frac{1}{\gamma_{RE}} (0.2 f_c b_b h_{b0})$$

当 $l_n/h_b \leqslant 2.5$ 时 $$V_b \leqslant \frac{1}{\gamma_{RE}} (0.15 f_c b_b h_{b0})$$

(3)剪力设计值的调整

同样考虑"强剪弱弯"的要求，保证连梁在塑性铰的转动过程中不发生剪切破坏，其剪力设计值取为：

一级抗震 $$V_b = \frac{1.05}{\gamma_{RE}} \frac{M_{bu}^l + M_{bu}^r}{l_n} + V_{Gb}$$

二级抗震 $$V_b = 1.05 \frac{M_b^l + M_b^r}{l_n} + V_{Gb}$$

三、四级抗震 $$V_b = \frac{M_b^l + M_b^r}{l_n} + V_{Gb}$$

式中符号意义同框架梁，不再重复。

另外，连梁截面尺寸一般较大，需要配置腰筋；具体构造要求见《高层建筑混凝土结构技术规程》。

【工程实例 4.1】

一、工程介绍

本模块的工程条件在模块工程导入里已介绍了一部分，这里再进行补充完善。抗震设防烈度：7度设防，抗震设计分组为第一组，设计基本地震加速度值为 $0.1g$；基本风压：0.55 kN/m²，B类粗糙度；雪荷载标准值：0.2 kN/m²；结构体系：现浇钢筋混凝土框架结构。工程地质条件：拟建场地地形平坦，土质分布具体情况见表 4.13，Ⅱ类场地土。地下稳定水位距地表－9 m，表中给定土层深度由自然地坪算起。建筑地点冰冻深度－0.5 m。

表 4.13 建筑地层一览表

序号	土质类型	土层深度/m	厚度范围/m	地基土承载力/kPa	压缩模量/MPa
1	杂填土	0.0～1.2	1.2	—	—
2	粉土	1.2～2.0	0.8	200	5.0
3	中粗砂	2.0～4.8	2.8	300	9.5
4	砾砂	4.8～15.0	10.2	350	21.0

二、工程分析

本工程的任务是根据工程条件进行水平地震作用下框架梁、框架柱的内力反应计算和各层框架的弹性侧移计算。

三、工程实施

1. 水平地震作用下框架的内力计算

(1)水平地震作用标准值的计算

①框架的抗震等级。

由设计需求,抗震设防烈度为 7 度,房屋高度为 22.5 m<30 m,可知该框架的抗震等级为三级。

②场地和特征周期值。

根据工程地质报告和土地类型划分,可知该场地为Ⅱ类场地,由设计地震分组为第一组,可查得特征周期值 $T_g=0.35$ s。

③重力荷载代表值(取第 8 轴线的 KJ8 计算各层重力荷载代表值)。

a. 顶层重力荷载代表值 G_6。

活荷载——按上人屋面:2.0×20.65×7.65=315.9(kN)

雪载:0.2×20.65×7.65=31.6(kN)

取大值:315.9 kN

恒荷载——屋面板自重:6.25×20.34×7.65=972.5(kN)

柱自重:$5\times\frac{39}{2}=97.5$(kN)

纵向框架梁自重:5.688×(7.65−0.55)×5=201.9(kN)

横向框架梁自重:5.688×(20.1−4×0.55)=101.8(kN)

次梁自重:5.25×(7.65−0.35)×4=153.3(kN)

窗洞:0.45×(2.25×2+1.4×2+0.4)=3.47(m^2)

窗自重:3.47×0.3=1.04(kN)

纵墙自重:$8\times0.24\times[\frac{4.5}{2}\times(3.775\times4+3.325\times3+3.48+1.02)-3.47]=121.1$(kN)

横墙自重:$8\times0.24\times\frac{4.5}{2}\times(5.45+4.26)=41.9$(kN)

女儿墙自重:8×0.24×1.5×7.65×2=44.1(kN)

G_6=恒+0.5 活=(972.5+97.5+201.9+101.8+153.3+121.1+41.9+44.1+1.04)+0.5×315.9=1 893.09(kN)

b. 第五层重力荷载代表值 G_5。

活荷载:2.0×20.34×7.65=311.2(kN)

恒荷载:楼面板自重:3.56×20.34×7.65=553.9(kN)

纵向框架梁自重:201.9 kN

横向框架梁自重:101.8 kN

次梁自重:153.3 kN

$\sum=1\ 010.9$ kN

第六层下半层:

窗洞:1.35×(2.25×2+1.4×2+0.4)=10.4(m^2)

窗自重:10.4×0.3=3.12(kN)

门洞:(0.9+1.2×3) ×2.1=9.45(m^2)

门自重:9.45×0.2=1.89(kN)

墙体自重:$8\times0.24\times[\frac{4.5}{2}\times(3.775\times4+5.45+3.325\times3+4.26+3.48+1.02)-10.4-9.45]=131.6$(kN)

柱自重:97.5 kN

$\sum=234.11$ kN

第五层上半层:

窗洞:$\frac{1.8}{2}\times(2.25\times2+1.4\times2+0.4)=6.93(m^2)$

窗自重:$6.93\times0.3=2.08(kN)$

门洞:$(0.9+1.2\times3)\times0.3=1.35(m^2)$

门自重:$1.35\times0.2=0.26(kN)$

墙体自重:$8\times0.24\times[\frac{3.6}{2}\times(3.775\times4+3.325\times3+3.48+1.02+5.45+4.26)-6.93-1.35]=119.9(kN)$

柱自重:$31.2/2\times5=78(kN)$

$\sum=200.25$ kN

$G_5=$恒$+0.5$活$=(1\,010.9+234.1+200.25)+0.5\times311.2=1\,600.86(kN)$

c. 第四层重力荷载代表值 G_4。

活荷载:311.2 kN

恒荷载——(楼面板+框架梁+次梁)自重:$\sum=1\,010.9$ kN

第五层下半层:窗洞:6.93 m^2

窗自重:$6.93\times0.3=2.08(kN)$

门洞:$(0.9+1.2\times3)\times1.8=8.1(m^2)$

门自重:$8.1\times0.2=1.62(kN)$

墙体自重:$8\times0.24\times[\frac{3.6}{2}\times(3.775\times4+3.325\times3+3.48+1.02+5.45+4.26)-6.93-8.1]=106.9(kN)$

柱自重:78 kN

$\sum=188.6(kN)$

第四层上半层:(门+窗+墙体+柱)自重:$\sum=200.25$ kN

$G_4=$恒$+0.5$活$=(1\,010.9+188.6+200.25)+0.5\times311.2=1\,555.35(kN)$

d. 第三层重力荷载代表值 G_3。

$G_3=$恒$+0.5$活$=(1\,010.9+188.6+200.25)+0.5\times311.2=1\,555.35(kN)$

e. 第二层重力荷载代表值 G_2。

$G_2=$恒$+0.5$活$=(1\,010.9+188.6+200.25)+0.5\times311.2=1\,555.35(kN)$

f. 底层重力荷载代表值 G_1。

活荷载:322.14 kN

恒荷载——(楼面板+框架梁+次梁)自重:$\sum=1\,010.9$ kN

第二层下半层:

(门+窗+墙体+柱)自重:$\sum=188.6$ kN

第一层上半层:

窗洞:$1.65\times(2.25+1.4+1.4+3.725)=14.56(m^2)$

窗自重:$14.56\times0.3=4.37(kN)$

门洞:$1.05\times(0.9+1.2+2.1)=4.41(m^2)$

门自重：$4.41 \times 0.2 = 0.88(\mathrm{kN})$

墙自重：$8 \times 0.24 \times [\frac{5.1}{2} \times (3.775 \times 4 + 3.325 \times 3 + 3.48 + 5.45 + 3.95) - 14.56 - 4.41] =$

$165.68(\mathrm{kN})$

柱自重：$44.2/2 \times 5 = 110.5(\mathrm{kN})$

$$\sum = 281.43\ \mathrm{kN}$$

$G_1 =$ 恒 $+ 0.5$ 活 $= (1\,010.9 + 188.6 + 281.43) + 0.5 \times 322.14 = 1\,642\ \mathrm{kN}$

④ 结构自震周期 T_1。

对框架结构，采用经验公式计算：

$$T_1 = 0.085n = 0.085 \times 6 = 0.51(\mathrm{s})$$

⑤ 地震影响系数 α。

由 $T_g = 0.35\ \mathrm{s}$，$T_1 = 0.51\ \mathrm{s}$，$T_g < T_1 < 5T_g$，则由地震影响曲线，有

$$\alpha = (\frac{T_g}{T_1})^{\gamma} \eta_2 \alpha_{\max} = (\frac{0.35}{0.51})^{0.9} \times 0.08 = 0.057$$

⑥ 计算水平地震作用标准值(采用底部剪力法计算)。

因为 $T_1 > 1.4T_g$，且 $T_g = 0.35\ \mathrm{s}$，故 $\delta_n = 0.08T_1 + 0.07 = 0.111$，则由

$F_{Ek} = \alpha G_{eq} = \alpha \times 0.85 \sum G_i =$

$0.057 \times 0.85 \times (1\,893.09 + 1\,600.86 + 1\,555.35 \times 3 + 1\,642) = 474.99(\mathrm{kN})$

$$\Delta F_n = \delta_n F_{Ek} = 0.111 \times 474.9 = 52.7(\mathrm{kN})$$

$$F_i = \frac{G_i H_i}{\sum G_j H_j} F_{Ek}(1 - \delta_n)$$

可列表 4.14。

表 4.14 计算水平地震作用标准值

位置	G_i/kN	H_i/m	G_iH_i	$F_{Ek}(1-\delta_n)$	F_i/kN
顶层	1 893.09	24	45 434	422	134
第五层	1 600.86	19.5	31 217	422	92
第四层	1 555.35	15.9	24 730	422	73
第三层	1 555.35	12.3	19 131	422	57
第二层	1 555.35	8.7	13 532	422	40
底层	1 642	5.1	8 374	422	25
$\sum G_jH_j = 142\,418\ \mathrm{kN \cdot m}$				$\sum F_i = 421\ \mathrm{kN}$	

(2) 水平地震作用产生的框架内力

① 各柱剪力值及反弯点高度。计算结果见表 4.15。

表 4.15 水平地震作用下框架各柱剪力值及反弯点高度

层数	$\sum F_{Hk}$/kN	柱号	$D_i=\alpha_c \frac{12i_c}{h^2}$	$\sum D_i$	$V_i=\frac{D_i\sum F}{\sum D_i}$	反弯点高度 y
6	134	A6	$0.127\left(\frac{12}{4.5^2}\right)$	$0.713\left(\frac{12}{4.5^2}\right)$	23.9	2.03
		B6	$0.151\left(\frac{12}{4.5^2}\right)$		28.4	2.03
		C6	$0.160\left(\frac{12}{4.5^2}\right)$		30.1	2.03
		D6	$0.162\left(\frac{12}{4.5^2}\right)$		30.4	2.03
		E6	$0.113\left(\frac{12}{4.5^2}\right)$		21.2	1.89
5	226	A5	$0.146\left(\frac{12}{3.6^2}\right)$	$0.832\left(\frac{12}{3.6^2}\right)$	40.1	2.16
		B5	$0.177\left(\frac{12}{3.6^2}\right)$		48.7	1.8
		C5	$0.190\left(\frac{12}{3.6^2}\right)$		52.2	1.8
		D5	$0.192\left(\frac{12}{3.6^2}\right)$		52.8	1.8
		E5	$0.127\left(\frac{12}{3.6^2}\right)$		34.9	1.62
4	299	A4	$0.146\left(\frac{12}{3.6^2}\right)$	$0.832\left(\frac{12}{3.6^2}\right)$	53.1	1.8
		B4	$0.177\left(\frac{12}{3.6^2}\right)$		64.4	1.8
		C4	$0.190\left(\frac{12}{3.6^2}\right)$		69.1	1.8
		D4	$0.192\left(\frac{12}{3.6^2}\right)$		69.8	1.8
		E4	$0.127\left(\frac{12}{3.6^2}\right)$		46.2	1.8

续表 4.15

层数	$\sum F_{Hk}$/kN	柱号	$D_i=\alpha_c\frac{12i_c}{h^2}$	$\sum D_i$	$V_i=\frac{D_i\sum F}{\sum D_i}$	反弯点高度 y
3	356	A3	$0.146\left(\frac{12}{3.6^2}\right)$	$0.832\left(\frac{12}{3.6^2}\right)$	63.2	1.8
		B3	$0.177\left(\frac{12}{3.6^2}\right)$		76.7	1.8
		C3	$0.190\left(\frac{12}{3.6^2}\right)$		82.3	1.8
		D3	$0.192\left(\frac{12}{3.6^2}\right)$		83.2	1.8
		E3	$0.127\left(\frac{12}{3.6^2}\right)$		55.0	1.8
2	396	A2	$0.146\left(\frac{12}{3.6^2}\right)$	$0.832\left(\frac{12}{3.6^2}\right)$	70.3	1.8
		B2	$0.177\left(\frac{12}{3.6^2}\right)$		85.3	1.8
		C2	$0.190\left(\frac{12}{3.6^2}\right)$		91.5	1.8
		D2	$0.192\left(\frac{12}{3.6^2}\right)$		92.5	1.8
		E2	$0.127\left(\frac{12}{3.6^2}\right)$		61.2	1.8
1	421	A1	$0.134\left(\frac{12}{5.1^2}\right)$	$0.719\left(\frac{12}{5.1^2}\right)$	78.5	2.81
		B1	$0.149\left(\frac{12}{5.1^2}\right)$		87.2	2.81
		C1	$0.155\left(\frac{12}{5.1^2}\right)$		90.8	2.81
		D1	$0.156\left(\frac{12}{5.1^2}\right)$		91.3	2.81
		E1	$0.125\left(\frac{12}{5.1^2}\right)$		73.2	2.87

② 水平地震作用下的框架内力图。

求出各柱剪力 V_i 和该柱反弯点高度 y_i 后，则该柱下端弯矩为 $M_i=V_iy_i$，上端弯矩为 $V_i(h_i-y_i)$，再利用节点平衡求出框架梁端弯矩，画出左地震作用下的框架内力图，右地震作用下的框架内力与左地震作用下的反号。计算结果如图 4.14 及 4.15 所示。

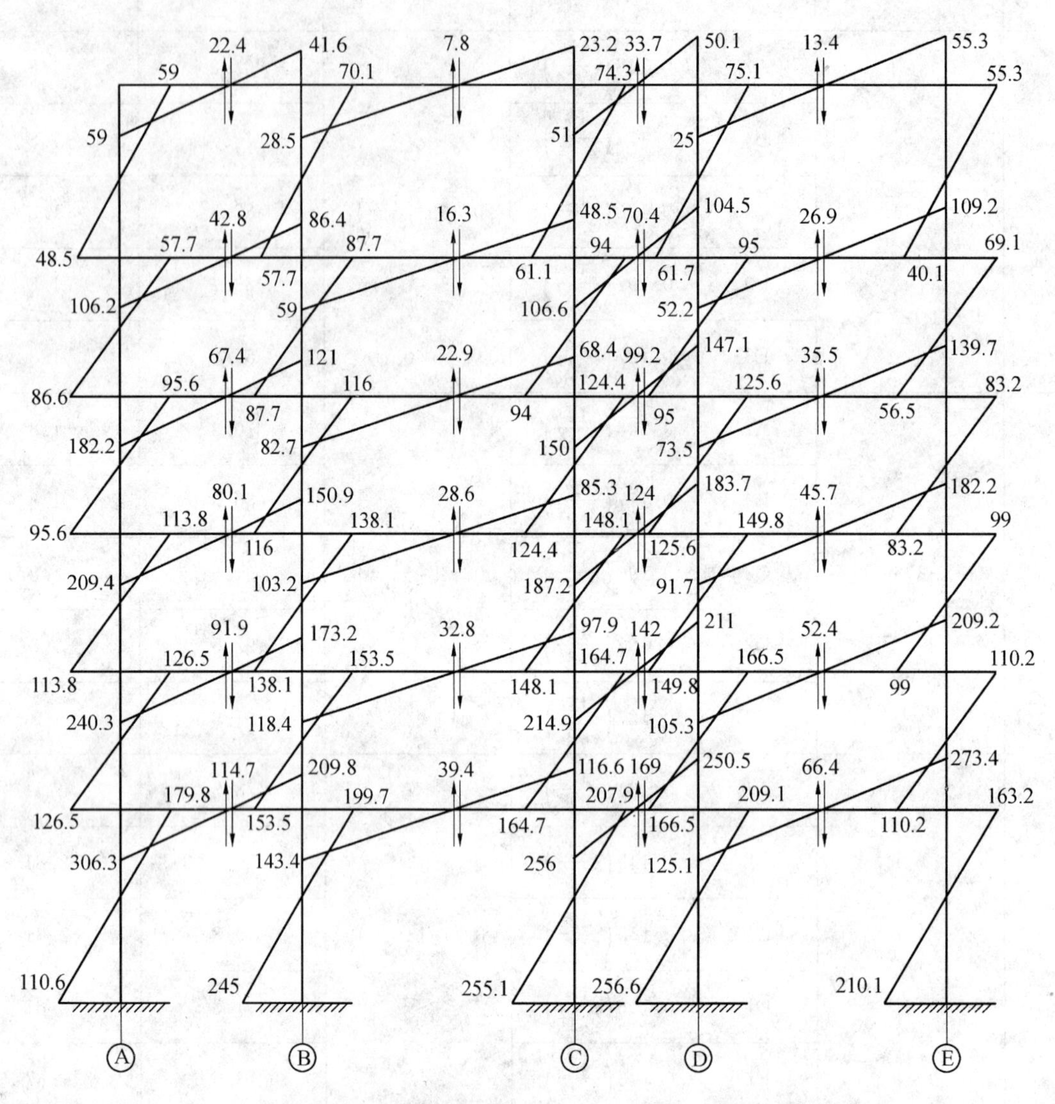

图 4.14　单榀框架弯矩图(单位:kN·m)与梁剪力图(单位:kN)

2. 水平地震作用下的框架弹性侧移验算

钢筋混凝土框架结构应进行多遇地震作用下的抗震变形验算，其楼层内的最大弹性层间位移 ΔU_e 应满足 $\Delta U_e \leqslant [\theta_e]h$ 的要求。计算过程见表 4.16。

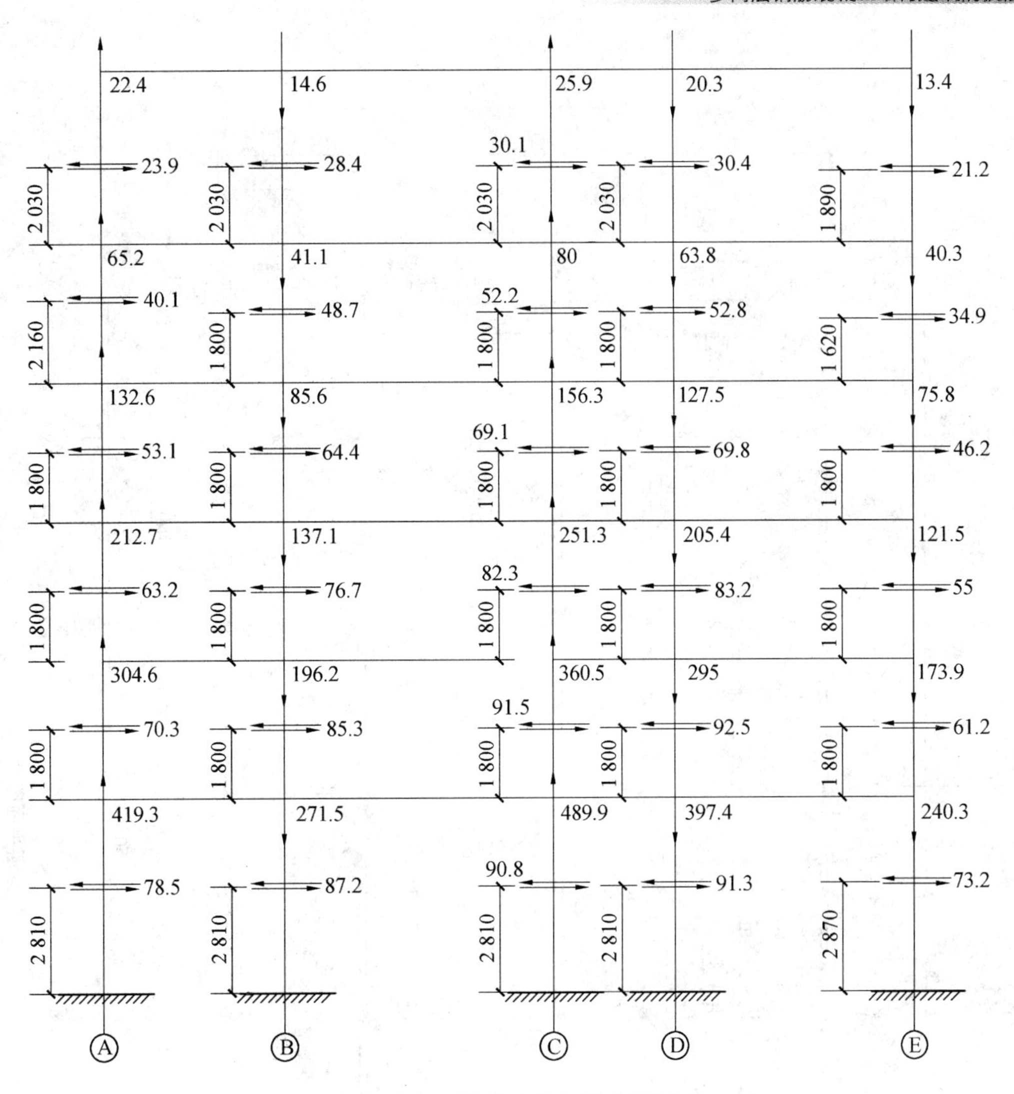

图 4.15　单榀框架柱剪力图与轴力图(单位:kN)

表 4.16　水平地震作用下的框架弹性侧移验算

位置	$\sum F_{Hk}$/kN	$\sum_{i=1}^{n} D_{ji}$/(kN · mm^{-1})	$\Delta U_e = \dfrac{\sum F_{Hk}}{0.85\sum_{i=1}^{n} D_{ji}}$/mm	$\dfrac{\Delta U_e}{h_j}$	$[\theta_e]$
顶层	134	109.137	1.44	1/3 125	1/550
第五层	226	198.987	1.34	1/2 687	
第四层	299	198.987	1.77	1/2 034	
第三层	356	198.987	2.10	1/1 714	
第二层	396	198.987	2.34	1/1 538	
底层	421	85.683	5.78	1/882	

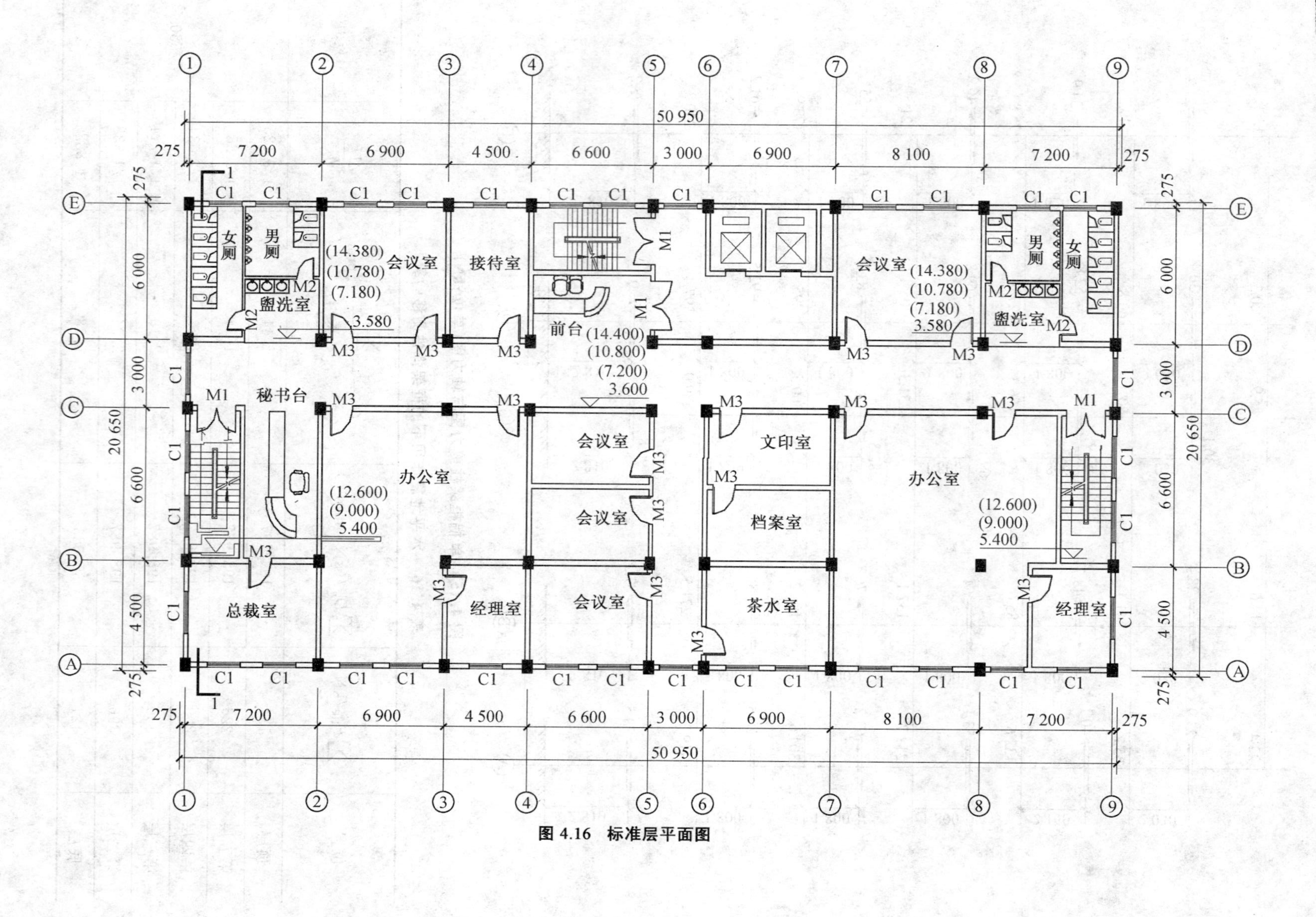
50 950
275
7 200
6 900
4 500
6 600
3 000
6 900
8 100
7 200
275
6 000
3 000
6 600
4 500
20 650
女厕
男厕
盥洗室
会议室
(14.380)
(10.780)
(7.180)
3.580
接待室
前台
(14.400)
(10.800)
(7.200)
3.600
秘书台
办公室
(12.600)
(9.000)
5.400
总裁室
经理室
会议室
文印室
档案室
茶水室
C1
M1
M2
M3

图 4.16 标准层平面图

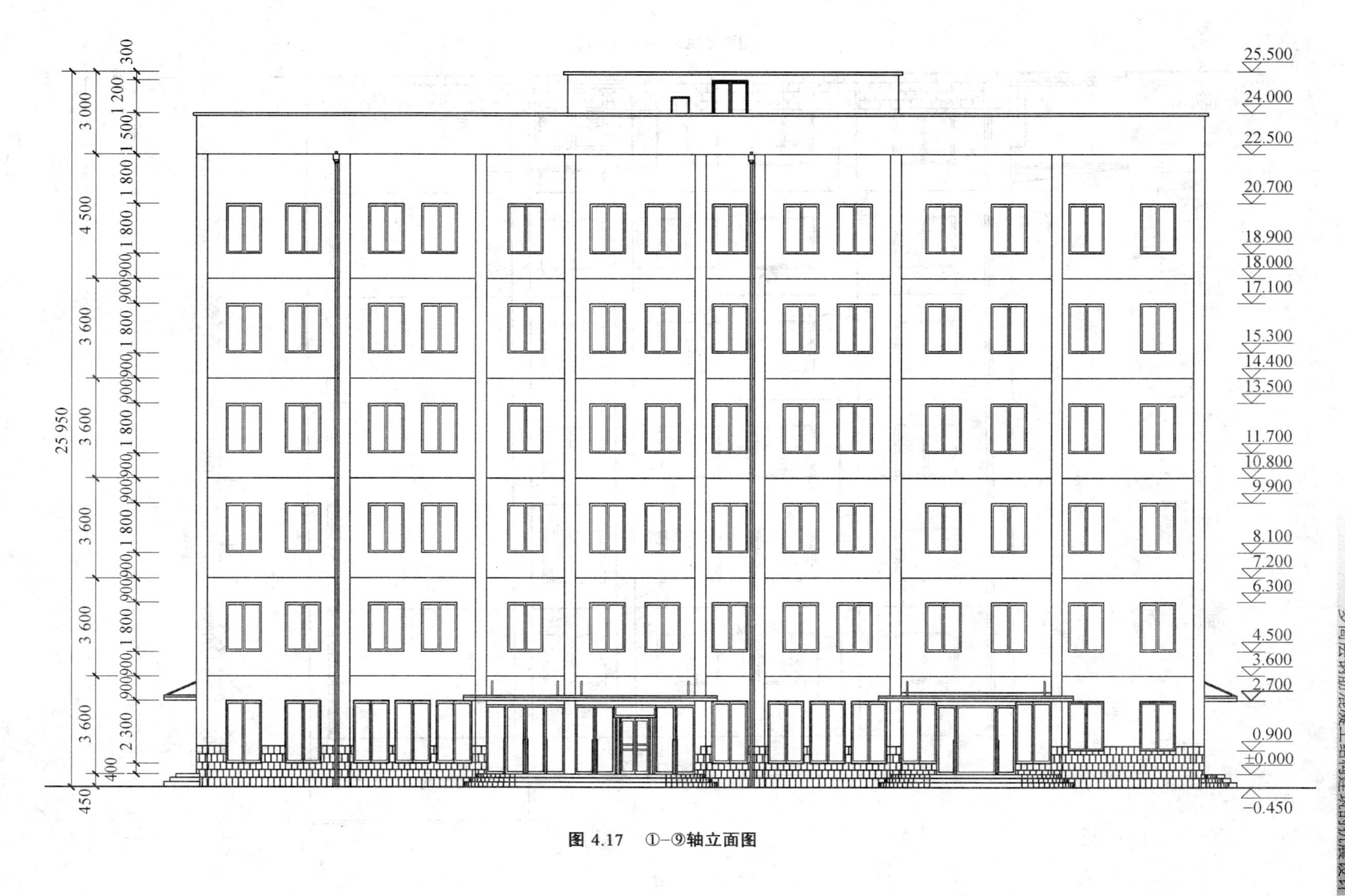
25.500
24.000
22.500
20.700
18.900
18.000
17.100
15.300
14.400
13.500
11.700
10.800
9.900
8.100
7.200
6.300
4.500
3.600
2.700
0.900
±0.000
−0.450
25 950

图 4.17 ①-⑨轴立面图

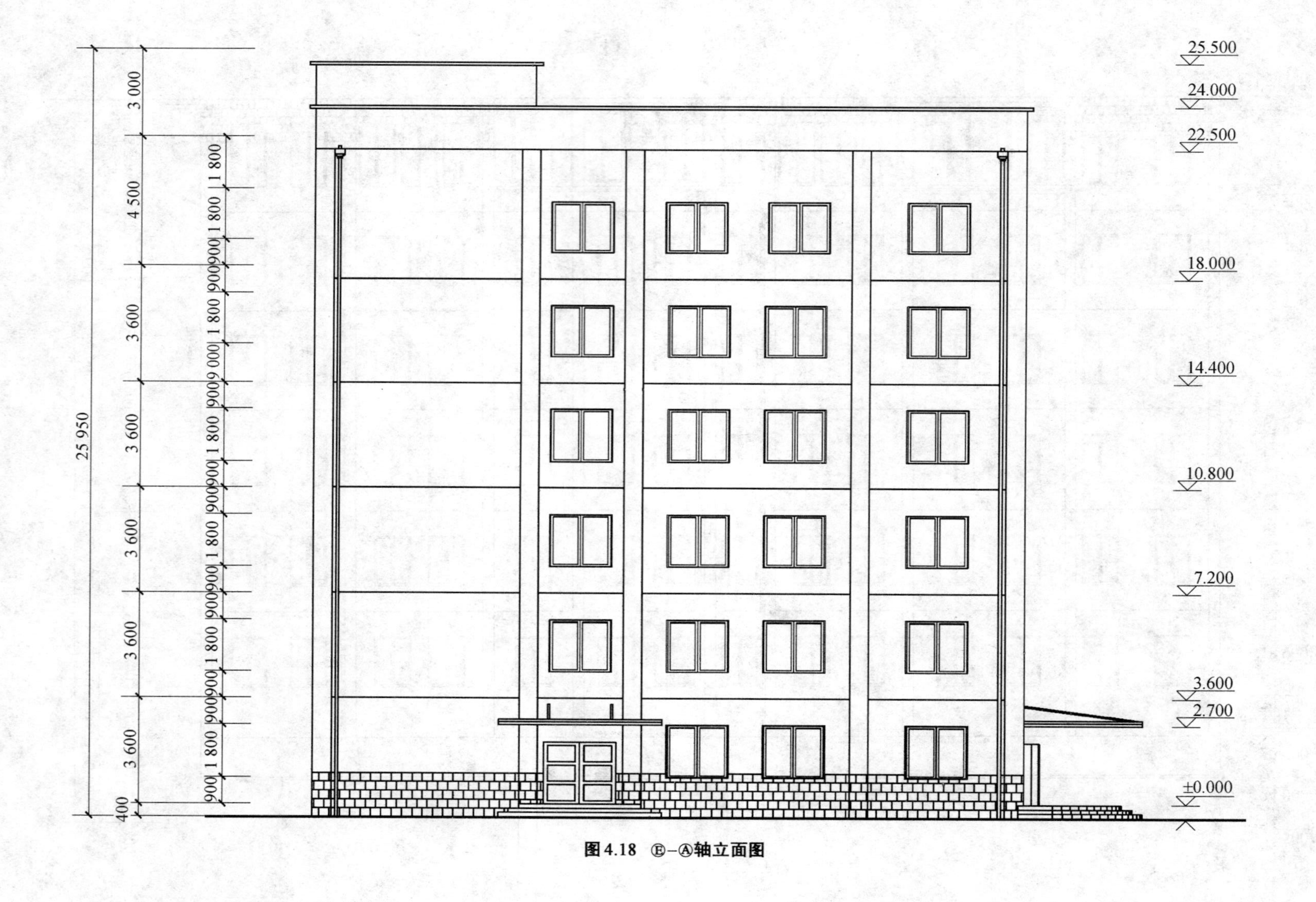
25.500
24.000
22.500
18.000
14.400
10.800
7.200
3.600
2.700
±0.000
25 950
3 000
4 500
3 600
3 600
3 600
3 600
3 600
400

图 4.18 Ⓔ-Ⓐ轴立面图

【重点串联】

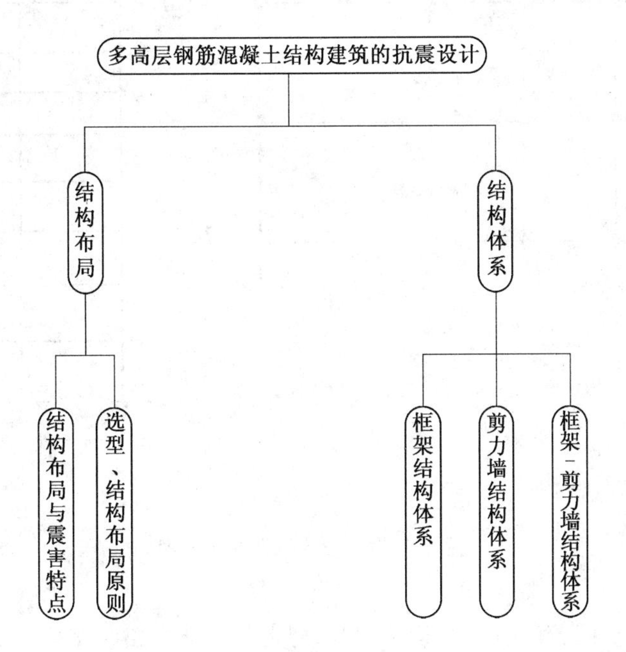

【知识链接】

本模块的内容主要涉及《建筑抗震设计规范》(GB 50011—2010)第五章、第六章的内容。本模块的内容同时涉及《混凝土设计规范》(GB 50010—2010)第八、九、十一章的内容和《高层建筑混凝土结构技术规程》(JGJ 3—2010)第六、七、八、九、十章的内容。

拓展与实训

基础训练

一、思考题

1. 什么是刚度中心？什么是质量中心？二者之间的关系是什么？

2. 剪力墙里面有哪些钢筋类型？每类钢筋的作用是什么？

3. 剪力墙有哪些种类？划分的依据是什么？

4. 为什么要限制框架柱的轴压比？为什么框架柱的全截面配筋率不能超过 5%？

5. 抗震设计时为什么要尽量满足“强柱弱梁”、“强剪弱弯”、“节点更强”的原则？又如何做到？

工程模拟训练

1. 某工程为八层现浇框架结构，如图 4.19 所示，梁截面尺寸为 $b\times h=220\ \text{mm}\times 600\ \text{mm}$，柱截面为 $b\times h=500\ \text{mm}\times 500\ \text{mm}$，柱距为 5 m，混凝土为 C30。抗震设防烈度为 8 度，Ⅰ类场地，设计地震分组为第二组。集中在屋盖和楼盖处的重力代表值分别为：顶层为 3 600 kN，二至七层为 5 400 kN，底层为 6 100 kN，对应的作用在屋盖上的均布荷载为 8.683 kN/m²，作用在楼盖 AB 轴间的均布荷载为 14.16 kN/m²，作用在楼盖 BC 轴间的均布荷载为 12.11 kN/m²，此处所列荷载未记入梁和柱的自重。试计算在横向地震作用下框架的设计内力。

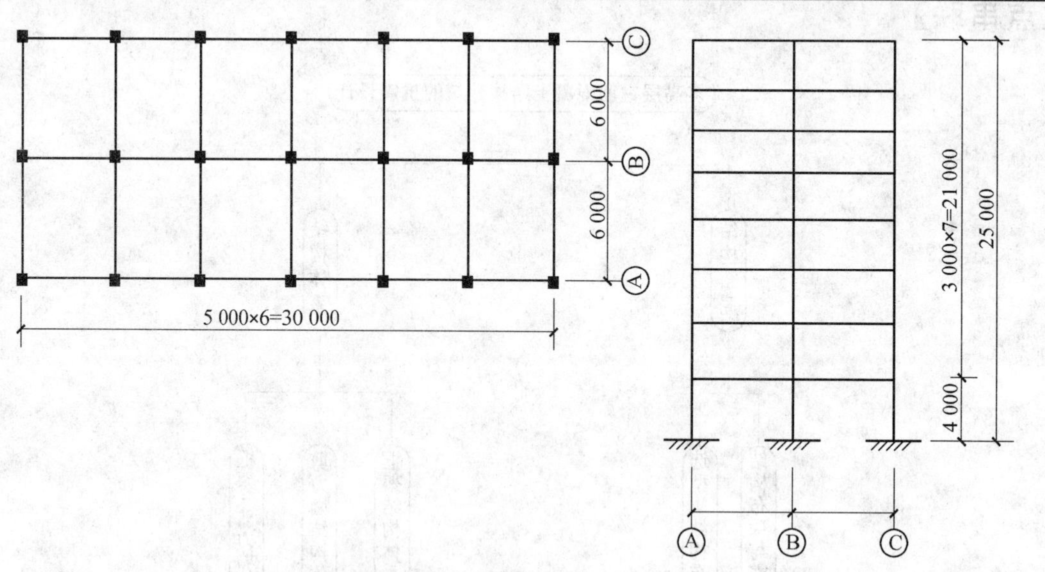

图 4.19 工程模拟训练 1 的图

链接职考

全国注册建筑师、结构工程师、建造师执业资格考试模拟试题

1. 某地区设防烈度为 7 度，乙类建筑抗震设计应按下列( )要求进行。

A. 地震作用及抗震措施均按 8 度考虑

B. 地震作用及抗震措施均按 7 度考虑

C. 地震作用按 8 度考虑，抗震措施按 7 度考虑

D. 地震作用按 7 度考虑，抗震措施按 8 度考虑

2. 钢筋混凝土丙类建筑的抗震等级应根据下列哪些因素查表确定？( )

A. 抗震设防烈度、结构类型、房屋高度

B. 抗震设防烈度、结构类型、房屋层数

C. 抗震设防烈度、场地类型、房屋高度

D. 抗震设防烈度、场地类型、房屋层数

3. 强剪弱弯是指( )。

A. 抗剪承载力大于抗弯承载力

B. 剪切破坏发生在弯曲破坏之后

C. 设计剪力大于设计弯矩

D. 柱剪切破坏出现在梁剪切破坏之后

4. 下列结构的延性哪个类型要求最高？( )

A. 结构总体延性　　B. 结构楼层的延性　　C. 构件的延性　　D. 关键构件的延性

5. 强柱弱梁是指( )。

A. 柱线刚度大于梁的线刚度

B. 柱抗弯承载力大于梁抗弯承载力

C. 柱抗剪承载力大于梁抗剪承载力

D. 柱的配筋量大于梁的配筋量

6. 抗震设防烈度为 7 度，房屋高度大于 24 m 的钢筋混凝土框架结构，其结构的抗震等级为( )。

A. 一级　　B. 二级　　C. 三级　　D. 四级

7. 下列关于抗震建筑结构材料的叙述中，哪项正确？(　　)

A. 框架梁、柱、节点核心区的混凝土强度等级不应低于 C30

B. 混凝土结构中，钢筋的抗拉强度实测值与屈服强度实测值的比值不应小于 1.2

C. 混凝土结构中，钢筋的抗拉强度实测值与屈服强度标准值的比值不应小于 1.25

D. 框支柱的混凝土强度等级不应低于 C30

8. 某抗震设防的多层民用混凝土框架结构中，梁构件控制截面由恒载引起的弯矩标准值 M_{GR}，由楼面活载引起的弯矩标准值 M_{QR}，由水平地震作用引起的弯矩标准值 M_{Ehk}。则进行截面抗震验算时的弯矩值应是(　　)。

A. $1.2(M_{GR}+M_{QR})+1.3M_{Ehk}$

B. $1.2M_{GR}+1.4M_{QR}+1.3M_{Ehk}$

C. $1.2M_{GR}+0.6M_{QR}+1.3M_{Ehk}$

D. $M_{GR}+M_{QR}+1.3M_{Ehk}$

9. 关于框架节点上、下端柱截面内力调整公式的意义有以下说法，哪项正确？(　　)

A. 此式反映了“更强节点”的延性设计原则

B. 按实际配筋和材料强度设计值计算得到

C. 适用于三级抗震等级框架结构

D. 适用于四级抗震等级的框架结构

10. 设计一、二、三级抗震等级框架结构柱截面时，须将其内力乘以增大系数。现有下列理由供斟酌：

Ⅰ. 体现梁柱节点的“强柱弱梁”以及截面设计中的“强剪弱弯”要求。

Ⅱ. 提高角柱的抗扭能力。

Ⅲ. 保证底部柱下端处不首先屈服。

Ⅳ. 考虑柱在框架结构中的重要性，以适当提高其安全度。

试问下列哪项组合是乘以增大系数的理由？(　　)

A. Ⅰ Ⅳ

B. Ⅰ Ⅲ

C. Ⅰ Ⅱ Ⅳ

D. Ⅰ Ⅱ Ⅲ

【附　表】

附表 4.1　规则框架承受均布水平力作用时标准反弯点的高度比 y_0 值

m	n \ $\overline{K}$	0.1	0.2	0.3	0.4	0.5	0.6	0.7	0.8	0.9	1.0	2.0	3.0	4.0	5.0
1	1	0.80	0.75	0.70	0.65	0.65	0.60	0.60	0.60	0.60	0.55	0.55	0.55	0.55	0.55
2	2	0.45	0.40	0.35	0.35	0.35	0.35	0.40	0.40	0.40	0.40	0.45	0.45	0.45	0.45
	1	0.95	0.80	0.75	0.70	0.65	0.65	0.65	0.60	0.60	0.60	0.55	0.55	0.55	0.55
3	3	0.15	0.20	0.20	0.25	0.30	0.30	0.30	0.35	0.35	0.35	0.40	0.45	0.45	0.45
	2	0.55	0.50	0.45	0.45	0.45	0.45	0.45	0.45	0.45	0.45	0.45	0.50	0.50	0.50
	1	1.00	0.85	0.80	0.75	0.70	0.70	0.65	0.65	0.65	0.60	0.55	0.55	0.55	0.55
4	4	−0.05	0.05	0.15	0.20	0.25	0.30	0.30	0.35	0.35	0.35	0.40	0.45	0.45	0.45
	3	0.25	0.30	0.30	0.35	0.35	0.40	0.40	0.40	0.40	0.45	0.45	0.50	0.50	0.50
	2	0.65	0.55	0.50	0.50	0.45	0.45	0.45	0.45	0.45	0.45	0.50	0.50	0.50	0.50
	1	1.10	0.90	0.80	0.75	0.70	0.70	0.65	0.65	0.65	0.60	0.55	0.55	0.55	0.55
5	5	−0.20	0.00	0.15	0.20	0.25	0.30	0.30	0.30	0.35	0.35	0.40	0.45	0.45	0.45
	4	0.10	0.20	0.25	0.30	0.35	0.35	0.40	0.40	0.40	0.40	0.45	0.45	0.50	0.50
	3	0.40	0.40	0.40	0.40	0.40	0.45	0.45	0.45	0.45	0.45	0.50	0.50	0.50	0.50
	2	0.65	0.55	0.50	0.50	0.50	0.50	0.50	0.50	0.50	0.50	0.50	0.50	0.50	0.50
	1	1.20	0.95	0.80	0.75	0.75	0.70	0.70	0.65	0.65	0.65	0.55	0.55	0.55	0.55
6	6	−0.30	0.00	0.10	0.20	0.25	0.25	0.30	0.30	0.35	0.35	0.40	0.45	0.45	0.45
	5	0.00	0.20	0.25	0.30	0.35	0.35	0.40	0.40	0.40	0.40	0.45	0.45	0.50	0.50
	4	0.20	0.30	0.35	0.35	0.40	0.40	0.40	0.45	0.45	0.45	0.45	0.50	0.50	0.50
	3	0.40	0.40	0.40	0.45	0.45	0.45	0.45	0.45	0.45	0.45	0.50	0.50	0.50	0.50
	2	0.70	0.60	0.55	0.50	0.50	0.50	0.50	0.50	0.50	0.50	0.50	0.50	0.50	0.50
	1	1.20	0.95	0.85	0.80	0.75	0.70	0.70	0.65	0.65	0.65	0.55	0.55	0.55	0.55
7	7	−0.35	−0.05	0.10	0.20	0.20	0.25	0.30	0.30	0.35	0.35	0.40	0.45	0.45	0.45
	6	−0.10	0.15	0.25	0.30	0.35	0.35	0.35	0.40	0.40	0.40	0.45	0.45	0.50	0.50
	5	0.10	0.25	0.30	0.35	0.40	0.40	0.40	0.45	0.45	0.45	0.45	0.50	0.50	0.50
	4	0.30	0.35	0.40	0.40	0.40	0.45	0.45	0.45	0.45	0.45	0.50	0.50	0.50	0.50
	3	0.50	0.45	0.45	0.45	0.45	0.45	0.45	0.45	0.45	0.45	0.50	0.50	0.50	0.50
	2	0.75	0.60	0.55	0.50	0.50	0.50	0.50	0.50	0.50	0.50	0.50	0.50	0.50	0.50
	1	1.20	0.95	0.85	0.80	0.75	0.70	0.70	0.65	0.65	0.65	0.55	0.55	0.55	0.55
8	8	−0.35	−0.15	0.10	0.15	0.25	0.25	0.30	0.30	0.35	0.35	0.40	0.45	0.45	0.45
	7	−0.10	0.15	0.25	0.30	0.35	0.35	0.40	0.40	0.40	0.40	0.45	0.50	0.50	0.50
	6	0.05	0.25	0.30	0.35	0.40	0.40	0.40	0.45	0.45	0.45	0.45	0.50	0.50	0.50
	5	0.20	0.30	0.35	0.40	0.40	0.45	0.45	0.45	0.45	0.45	0.50	0.50	0.50	0.50
	4	0.35	0.40	0.40	0.45	0.45	0.45	0.45	0.45	0.45	0.45	0.50	0.50	0.50	0.50
	3	0.50	0.45	0.45	0.45	0.45	0.45	0.45	0.45	0.50	0.50	0.50	0.50	0.50	0.50
	2	0.75	0.60	0.55	0.55	0.50	0.50	0.50	0.50	0.50	0.50	0.50	0.50	0.50	0.50
	1	1.20	1.00	0.85	0.80	0.75	0.70	0.70	0.65	0.65	0.65	0.55	0.55	0.55	0.55

续附表 4.1

m	$\overline{K}$ / n	0.1	0.2	0.3	0.4	0.5	0.6	0.7	0.8	0.9	1.0	2.0	3.0	4.0	5.0
9	9	−0.40	−0.05	0.10	0.20	0.25	0.25	0.30	0.30	0.35	0.35	0.45	0.45	0.45	0.45
	8	−0.15	0.15	0.20	0.30	0.35	0.35	0.35	0.40	0.40	0.40	0.45	0.45	0.50	0.50
	7	0.05	0.25	0.30	0.35	0.40	0.40	0.40	0.45	0.45	0.45	0.45	0.50	0.50	0.50
	6	0.15	0.30	0.35	0.40	0.40	0.45	0.45	0.45	0.45	0.45	0.50	0.50	0.50	0.50
	5	0.25	0.35	0.40	0.40	0.45	0.45	0.45	0.45	0.45	0.45	0.50	0.50	0.50	0.50
	4	0.40	0.40	0.40	0.45	0.45	0.45	0.45	0.45	0.45	0.45	0.50	0.50	0.50	0.50
	3	0.55	0.45	0.45	0.45	0.45	0.45	0.45	0.45	0.50	0.50	0.50	0.50	0.50	0.50
	2	0.80	0.65	0.55	0.55	0.50	0.50	0.50	0.50	0.50	0.50	0.50	0.50	0.50	0.50
	1	1.20	1.00	0.85	0.80	0.75	0.70	0.70	0.65	0.65	0.65	0.55	0.55	0.55	0.55
10	10	−0.40	−0.05	0.10	0.20	0.25	0.30	0.30	0.30	0.35	0.35	0.40	0.45	0.45	0.45
	9	−0.15	0.15	0.25	0.30	0.35	0.35	0.40	0.40	0.40	0.40	0.45	0.45	0.50	0.50
	8	0.00	0.25	0.30	0.35	0.40	0.40	0.40	0.45	0.45	0.45	0.45	0.50	0.50	0.50
	7	0.10	0.30	0.35	0.40	0.40	0.45	0.45	0.45	0.45	0.45	0.50	0.50	0.50	0.50
	6	0.20	0.35	0.40	0.40	0.45	0.45	0.45	0.45	0.45	0.45	0.50	0.50	0.50	0.50
	5	0.30	0.40	0.40	0.45	0.45	0.45	0.45	0.45	0.45	0.50	0.50	0.50	0.50	0.50
	4	0.40	0.40	0.45	0.45	0.45	0.45	0.45	0.45	0.45	0.50	0.50	0.50	0.50	0.50
	3	0.55	0.50	0.45	0.45	0.45	0.50	0.50	0.50	0.50	0.50	0.50	0.50	0.50	0.50
	2	0.80	0.65	0.55	0.55	0.55	0.50	0.50	0.50	0.50	0.50	0.50	0.50	0.50	0.50
	1	1.30	1.00	0.85	0.80	0.75	0.70	0.70	0.65	0.65	0.65	0.60	0.55	0.55	0.55
11	11	−0.40	0.05	0.10	0.20	0.25	0.30	0.30	0.30	0.35	0.35	0.40	0.45	0.45	0.45
	10	−0.15	0.15	0.25	0.30	0.35	0.35	0.40	0.40	0.40	0.40	0.45	0.45	0.50	0.50
	9	0.00	0.25	0.30	0.35	0.40	0.40	0.40	0.45	0.45	0.45	0.45	0.50	0.50	0.50
	8	0.10	0.30	0.35	0.40	0.40	0.45	0.45	0.45	0.45	0.45	0.50	0.50	0.50	0.50
	7	0.20	0.35	0.40	0.45	0.45	0.45	0.45	0.45	0.45	0.45	0.50	0.50	0.50	0.50
	6	0.25	0.35	0.40	0.45	0.45	0.45	0.45	0.45	0.45	0.45	0.50	0.50	0.50	0.50
	5	0.35	0.40	0.40	0.45	0.45	0.45	0.45	0.45	0.45	0.50	0.50	0.50	0.50	0.50
	4	0.40	0.40	0.45	0.45	0.45	0.45	0.45	0.50	0.50	0.50	0.50	0.50	0.50	0.50
	3	0.55	0.50	0.50	0.50	0.50	0.50	0.50	0.50	0.50	0.50	0.50	0.50	0.50	0.50
	2	0.80	0.65	0.60	0.55	0.55	0.50	0.50	0.50	0.50	0.50	0.50	0.50	0.50	0.50
	1	1.30	1.00	0.85	0.80	0.75	0.70	0.70	0.65	0.65	0.65	0.60	0.55	0.55	0.55
12以上	↓1	−0.40	−0.05	0.10	0.20	0.25	0.30	0.30	0.30	0.35	0.35	0.45	0.45	0.45	0.45
	2	−0.15	0.15	0.25	0.30	0.35	0.35	0.40	0.40	0.40	0.40	0.45	0.45	0.50	0.50
	3	0.00	0.25	0.30	0.35	0.40	0.40	0.40	0.45	0.45	0.45	0.50	0.50	0.50	0.50
	4	0.10	0.30	0.35	0.40	0.40	0.45	0.45	0.45	0.45	0.45	0.50	0.50	0.50	0.50
	5	0.20	0.35	0.40	0.40	0.45	0.45	0.45	0.45	0.45	0.45	0.50	0.50	0.50	0.50
	6	0.25	0.35	0.40	0.45	0.45	0.45	0.45	0.45	0.45	0.45	0.50	0.50	0.50	0.50
	7	0.30	0.40	0.40	0.45	0.45	0.45	0.45	0.45	0.50	0.50	0.50	0.50	0.50	0.50
	8	0.35	0.40	0.45	0.45	0.45	0.45	0.45	0.50	0.50	0.50	0.50	0.50	0.50	0.50
	中间	0.40	0.40	0.45	0.45	0.45	0.45	0.50	0.50	0.50	0.50	0.50	0.50	0.50	0.50
	4	0.45	0.45	0.45	0.45	0.50	0.50	0.50	0.50	0.50	0.50	0.50	0.50	0.50	0.50
	3	0.60	0.50	0.50	0.50	0.50	0.50	0.50	0.50	0.50	0.50	0.50	0.50	0.50	0.50
	2	0.80	0.65	0.60	0.55	0.55	0.50	0.50	0.50	0.50	0.50	0.50	0.50	0.50	0.50
	↑1	1.30	1.00	0.85	0.80	0.75	0.70	0.70	0.65	0.65	0.65	0.55	0.55	0.55	0.55

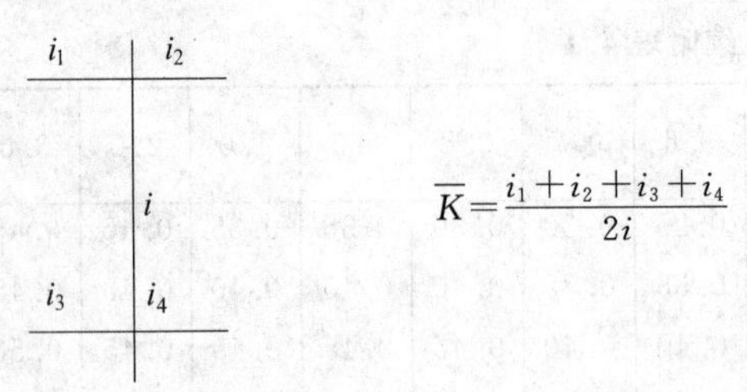

$$\overline{K}=\frac{i_1+i_2+i_3+i_4}{2i}$$

附表 4.2　规则框架承受倒三角形分布水平力作用时标准反弯点的高度比 y_0 值

m	n \ $\overline{K}$	0.1	0.2	0.3	0.4	0.5	0.6	0.7	0.8	0.9	1.0	2.0	3.0	4.0	5.0
1	1	0.80	0.75	0.70	0.65	0.65	0.60	0.60	0.60	0.60	0.55	0.55	0.55	0.55	0.55
2	2	0.50	0.45	0.40	0.40	0.40	0.40	0.40	0.40	0.40	0.45	0.45	0.45	0.45	0.50
	1	1.00	0.85	0.75	0.70	0.70	0.65	0.65	0.65	0.60	0.60	0.55	0.55	0.55	0.55
3	3	0.25	0.25	0.25	0.30	0.30	0.35	0.35	0.35	0.40	0.40	0.45	0.45	0.45	0.50
	2	0.60	0.50	0.50	0.50	0.50	0.45	0.45	0.45	0.45	0.45	0.50	0.50	0.50	0.50
	1	1.15	0.90	0.80	0.75	0.75	0.70	0.70	0.65	0.65	0.65	0.60	0.55	0.55	0.55
4	4	0.10	0.15	0.20	0.25	0.30	0.30	0.35	0.35	0.35	0.40	0.45	0.45	0.45	0.45
	3	0.35	0.35	0.35	0.40	0.40	0.40	0.40	0.45	0.45	0.45	0.45	0.50	0.50	0.50
	2	0.70	0.60	0.55	0.50	0.50	0.50	0.50	0.50	0.50	0.50	0.50	0.50	0.50	0.50
	1	1.20	0.95	0.85	0.80	0.75	0.70	0.70	0.70	0.65	0.65	0.55	0.55	0.55	0.55
5	5	−0.05	0.10	0.20	0.25	0.30	0.30	0.35	0.35	0.35	0.35	0.40	0.45	0.45	0.45
	4	0.20	0.25	0.35	0.35	0.40	0.40	0.40	0.40	0.40	0.45	0.45	0.50	0.50	0.50
	3	0.45	0.40	0.45	0.45	0.45	0.45	0.45	0.45	0.45	0.45	0.50	0.50	0.50	0.50
	2	0.75	0.60	0.55	0.55	0.50	0.50	0.50	0.50	0.50	0.50	0.50	0.50	0.50	0.50
	1	1.30	1.00	0.85	0.80	0.75	0.70	0.70	0.65	0.65	0.65	0.65	0.55	0.55	0.55
6	6	−0.15	0.05	0.15	0.20	0.25	0.30	0.30	0.35	0.35	0.35	0.40	0.45	0.45	0.45
	5	0.10	0.25	0.30	0.35	0.35	0.40	0.40	0.40	0.45	0.45	0.45	0.50	0.50	0.50
	4	0.30	0.35	0.40	0.40	0.45	0.45	0.45	0.45	0.45	0.45	0.50	0.50	0.50	0.50
	3	0.50	0.45	0.45	0.45	0.45	0.45	0.45	0.45	0.45	0.50	0.50	0.50	0.50	0.50
	2	0.80	0.65	0.55	0.55	0.55	0.50	0.50	0.50	0.50	0.50	0.50	0.50	0.50	0.50
	1	1.30	1.00	0.85	0.80	0.75	0.70	0.70	0.65	0.65	0.65	0.60	0.55	0.55	0.55
7	7	−0.20	0.05	0.15	0.20	0.25	0.30	0.30	0.35	0.35	0.35	0.45	0.45	0.45	0.45
	6	0.05	0.20	0.30	0.35	0.35	0.40	0.40	0.40	0.40	0.45	0.45	0.50	0.50	0.50
	5	0.20	0.30	0.35	0.40	0.40	0.45	0.45	0.45	0.45	0.45	0.50	0.50	0.50	0.50
	4	0.35	0.40	0.40	0.45	0.45	0.45	0.45	0.45	0.45	0.45	0.50	0.50	0.50	0.50
	3	0.55	0.50	0.50	0.50	0.50	0.50	0.50	0.50	0.50	0.50	0.50	0.50	0.50	0.50
	2	0.80	0.65	0.60	0.55	0.55	0.55	0.50	0.50	0.50	0.50	0.50	0.50	0.50	0.50
	1	1.30	1.00	0.90	0.80	0.75	0.70	0.70	0.70	0.65	0.65	0.60	0.55	0.55	0.55
8	8	−0.20	0.05	0.15	0.20	0.25	0.30	0.30	0.35	0.35	0.35	0.45	0.45	0.45	0.45
	7	0.00	0.20	0.30	0.35	0.35	0.40	0.40	0.40	0.40	0.45	0.45	0.50	0.50	0.50
	6	0.15	0.30	0.35	0.40	0.40	0.45	0.45	0.45	0.45	0.45	0.50	0.50	0.50	0.50
	5	0.30	0.40	0.40	0.45	0.45	0.45	0.45	0.45	0.45	0.45	0.50	0.50	0.50	0.50
	4	0.40	0.45	0.45	0.45	0.45	0.45	0.45	0.50	0.50	0.50	0.50	0.50	0.50	0.50
	3	0.60	0.50	0.50	0.50	0.50	0.50	0.50	0.50	0.50	0.50	0.50	0.50	0.50	0.50
	2	0.85	0.65	0.60	0.55	0.55	0.55	0.50	0.50	0.50	0.50	0.50	0.50	0.50	0.50
	1	1.30	1.00	0.90	0.80	0.75	0.70	0.70	0.70	0.65	0.65	0.60	0.55	0.55	0.55

续附表 4.2

m	n \ $\overline{K}$	0.1	0.2	0.3	0.4	0.5	0.6	0.7	0.8	0.9	1.0	2.0	3.0	4.0	5.0
9	9	−0.25	0.00	0.15	0.20	0.25	0.30	0.30	0.35	0.35	0.40	0.45	0.45	0.45	0.45
	8	0.00	0.20	0.30	0.35	0.35	0.40	0.40	0.40	0.40	0.45	0.45	0.50	0.50	0.50
	7	0.15	0.30	0.35	0.40	0.40	0.45	0.45	0.45	0.45	0.45	0.50	0.50	0.50	0.50
	6	0.25	0.35	0.40	0.40	0.45	0.45	0.45	0.45	0.45	0.50	0.50	0.50	0.50	0.50
	5	0.35	0.40	0.45	0.45	0.45	0.45	0.45	0.45	0.50	0.50	0.50	0.50	0.50	0.50
	4	0.45	0.45	0.45	0.45	0.45	0.50	0.50	0.50	0.50	0.50	0.50	0.50	0.50	0.50
	3	0.60	0.50	0.50	0.50	0.50	0.50	0.50	0.50	0.50	0.50	0.50	0.50	0.50	0.50
	2	0.85	0.65	0.60	0.55	0.55	0.55	0.55	0.50	0.50	0.50	0.50	0.50	0.50	0.50
	1	1.35	1.00	0.90	0.80	0.75	0.75	0.70	0.70	0.65	0.65	0.60	0.55	0.55	0.55
10	10	−0.25	0.00	0.15	0.20	0.25	0.30	0.30	0.35	0.35	0.40	0.45	0.45	0.45	0.45
	9	−0.10	0.20	0.30	0.35	0.35	0.40	0.40	0.40	0.40	0.45	0.45	0.50	0.50	0.50
	8	0.10	0.30	0.35	0.40	0.40	0.40	0.45	0.45	0.45	0.45	0.50	0.50	0.50	0.50
	7	0.20	0.35	0.40	0.40	0.45	0.45	0.45	0.45	0.45	0.50	0.50	0.50	0.50	0.50
	6	0.30	0.40	0.40	0.45	0.45	0.45	0.45	0.45	0.45	0.50	0.50	0.50	0.50	0.50
	5	0.40	0.45	0.45	0.45	0.45	0.45	0.45	0.50	0.50	0.50	0.50	0.50	0.50	0.50
	4	0.50	0.45	0.45	0.45	0.50	0.50	0.50	0.50	0.50	0.50	0.50	0.50	0.50	0.50
	3	0.60	0.55	0.50	0.50	0.50	0.50	0.50	0.50	0.50	0.50	0.50	0.50	0.50	0.50
	2	0.85	0.65	0.60	0.55	0.55	0.55	0.55	0.50	0.50	0.50	0.50	0.50	0.50	0.50
	1	1.35	1.00	0.90	0.80	0.75	0.75	0.70	0.70	0.65	0.65	0.60	0.55	0.55	0.55
11	11	−0.25	0.00	0.15	0.20	0.25	0.30	0.30	0.30	0.35	0.35	0.45	0.45	0.45	0.45
	10	−0.05	0.20	0.25	0.30	0.35	0.40	0.40	0.40	0.40	0.45	0.45	0.50	0.50	0.50
	9	0.10	0.30	0.35	0.40	0.40	0.40	0.45	0.45	0.45	0.45	0.50	0.50	0.50	0.50
	8	0.20	0.35	0.40	0.40	0.45	0.45	0.45	0.45	0.45	0.45	0.50	0.50	0.50	0.50
	7	0.25	0.40	0.40	0.45	0.45	0.45	0.45	0.45	0.45	0.50	0.50	0.50	0.50	0.50
	6	0.35	0.40	0.45	0.45	0.45	0.45	0.45	0.50	0.50	0.50	0.50	0.50	0.50	0.50
	5	0.40	0.45	0.45	0.45	0.45	0.50	0.50	0.50	0.50	0.50	0.50	0.50	0.50	0.50
	4	0.50	0.50	0.50	0.50	0.50	0.50	0.50	0.50	0.50	0.50	0.50	0.50	0.50	0.50
	3	0.65	0.55	0.50	0.50	0.50	0.50	0.50	0.50	0.50	0.50	0.50	0.50	0.50	0.50
	2	0.85	0.65	0.60	0.55	0.55	0.55	0.55	0.50	0.50	0.50	0.50	0.50	0.50	0.50
	1	1.35	1.05	0.90	0.80	0.75	0.75	0.70	0.70	0.65	0.65	0.60	0.55	0.55	0.55
12以上	↓1	−0.30	0.00	0.15	0.20	0.25	0.30	0.30	0.30	0.35	0.35	0.40	0.45	0.45	0.45
	2	−0.10	0.20	0.25	0.30	0.35	0.40	0.40	0.40	0.40	0.40	0.45	0.45	0.45	0.50
	3	0.05	0.25	0.35	0.40	0.40	0.40	0.45	0.45	0.45	0.45	0.45	0.50	0.50	0.50
	4	0.15	0.30	0.40	0.40	0.45	0.45	0.45	0.45	0.45	0.45	0.45	0.50	0.50	0.50
	5	0.25	0.35	0.50	0.45	0.45	0.45	0.45	0.45	0.45	0.45	0.50	0.50	0.50	0.50
	6	0.30	0.40	0.50	0.45	0.45	0.45	0.45	0.50	0.50	0.50	0.50	0.50	0.50	0.50
	7	0.35	0.40	0.55	0.45	0.45	0.45	0.50	0.50	0.50	0.50	0.50	0.50	0.50	0.50
	8	0.35	0.45	0.55	0.45	0.50	0.50	0.50	0.50	0.50	0.50	0.50	0.50	0.50	0.50
	中间	0.45	0.45	0.55	0.45	0.50	0.50	0.50	0.50	0.50	0.50	0.50	0.50	0.50	0.50
	4	0.55	0.50	0.50	0.50	0.50	0.50	0.50	0.50	0.50	0.50	0.50	0.50	0.50	0.50
	3	0.65	0.55	0.50	0.50	0.50	0.50	0.50	0.50	0.50	0.50	0.50	0.50	0.50	0.50
	2	0.70	0.70	0.60	0.55	0.55	0.55	0.55	0.50	0.50	0.50	0.50	0.50	0.50	0.50
	↑1	1.35	1.05	0.90	0.80	0.75	0.70	0.70	0.70	0.65	0.65	0.60	0.55	0.55	0.55

附表 4.3　上下层横梁线刚度比对 y_0 的修正值 y_1

I \ $\overline{K}$	0.1	0.2	0.3	0.4	0.5	0.6	0.7	0.8	0.9	1.0	2.0	3.0	4.0	5.0
0.4	0.55	0.40	0.30	0.25	0.20	0.20	0.20	0.15	0.15	0.15	0.05	0.05	0.05	0.05
0.5	0.45	0.30	0.20	0.20	0.15	0.15	0.15	0.10	0.10	0.10	0.05	0.05	0.05	0.05
0.6	0.30	0.20	0.15	0.15	0.10	0.10	0.10	0.10	0.05	0.05	0.05	0.05	0	0
0.7	0.20	0.15	0.10	0.10	0.10	0.10	0.05	0.05	0.05	0.05	0.05	0	0	0
0.8	0.15	0.10	0.05	0.05	0.05	0.05	0.05	0.05	0.05	0	0	0	0	0
0.9	0.05	0.05	0.05	0.05	0	0	0	0	0	0	0	0	0	0

$I=\dfrac{i_1+i_2}{i_3+i_4}$，当 $i_1+i_2>i_3+i_4$ 时，则 I 取倒数，即

$$\overline{K}=\frac{i_1+i_2+i_3+i_4}{2i}$$

附表 4.4　上下层高变化对 y_0 的修正值 y_2 和 y_3

a_2	a_3 \ $\overline{K}$	0.1	0.2	0.3	0.4	0.5	0.6	0.7	0.8	0.9	1.0	2.0	3.0	4.0	5.0
2.0		0.25	0.15	0.15	0.10	0.10	0.10	0.10	0.10	0.05	0.05	0.05	0.05	0.0	
1.8		0.20	0.15	0.10	0.10	0.10	0.05	0.05	0.05	0.05	0.05	0.05	0.0	0.0	0.0
1.6	0.4	0.15	0.10	0.10	0.05	0.05	0.05	0.05	0.05	0.05	0.05	0.0	0.0	0.0	0.0
1.4	0.6	0.10	0.05	0.05	0.05	0.05	0.05	0.05	0.05	0.05	0.0	0.0	0.0	0.0	0.0
1.2	0.8	0.05	0.05	0.05	0.0	0.0	0.0	0.0	0.0	0.0	0.0	0.0	0.0	0.0	0.0
1.0	1.0	0.0	0.0	0.0	0.0	0.0	0.0	0.0	0.0	0.0	0.0	0.0	0.0	0.0	0.0
0.8	1.2	−0.05	−0.05	−0.05	0.0	0.0	0.0	0.0	0.0	0.0	0.0	0.0	0.0	0.0	0.0
0.6	1.4	−0.10	−0.05	−0.05	−0.05	−0.05	−0.05	−0.05	−0.05	−0.05	0.0	0.0	0.0	0.0	0.0
0.4	1.6	−0.15	−0.10	−0.10	−0.05	−0.05	−0.05	−0.05	−0.05	−0.05	−0.05	0.0	0.0	0.0	0.0
	1.8	−0.20	−0.15	−0.10	−0.10	−0.10	−0.05	−0.05	−0.05	−0.05	−0.05	−0.05	0.0	0.0	0.0
	2.0	−0.25	−0.15	−0.15	−0.10	−0.10	−0.10	−0.10	−0.10	−0.10	−0.05	−0.05	−0.05	0.0 0.0	0.0

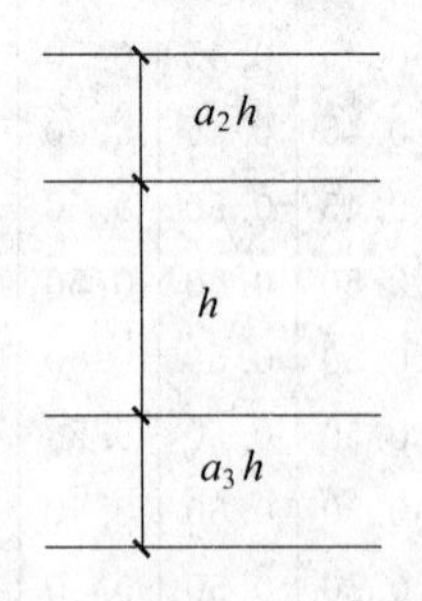

y_2——按照 $\overline{K}$ 及 a_2 求得，上层较高时为正值；

y_3——按照 $\overline{K}$ 及 a_3 求得。

模块 5 多高层钢结构建筑的抗震设计

【模块概述】

钢结构是多层和高层房屋采用的一种主要结构形式，虽然具有较好的抗震性能，但如果设计不当，也会出现震害。本章结合钢结构房屋主要震害的分析，从结构选型、构建布置等方面提出了抗震设计的基本要求，阐述了钢结构房屋设计的计算要点；同时，从抗震构造措施上介绍了钢框架、框架一中心支撑以及框架一偏心支撑结构的具体构造要求，保证钢结构房屋在地震作用下抗震性能的充分发挥。通过学习，要求掌握钢结构房屋抗震计算方法，熟悉房屋构造设计的主要内容。

【知识目标】

1. 掌握多高层钢结构的震害特点；
2. 了解多高层钢结构的平面与立面设计；
3. 初步了解多、高层建筑钢结构结构和构件抗震设计与施工技术参数的处理能力；
4. 掌握钢结构的抗震构造措施并掌握常见构造形式。

【技能目标】

1. 通过本模块的学习与训练，使学生初步具有对多、高层建筑钢结构震害的分析能力，初步掌握多高层钢结构的平面、立面设计、抗震设计参数选取及抗震构造设计的能力；

2. 能够按照抗震构造要求识别图纸与钢结构抗震有关的信息，并能处理简单钢结构施工技术问题的能力。

【工程导入】

本工程为徐州某小区综合服务活动中心楼。总建筑面积14 589 m^2，建筑总高度26.7 m(为突出屋面楼梯间顶标高)，主体结构为钢框架结构，室内标高±0.000相当于绝对标高35.40 m(图5.10)。抗震设防烈度7度，第一组，设计地震基本加速度值为0.10g，建筑类别为丙类，设计使用年限为50年，框架安全等级为二级，结构重要性系数为1.0，地面以上环境类别为Ⅱ类，梁柱抗震等级三级；压型钢板组合楼板，选用国产YX—70—200—600—0.8开口型压型钢板，其上浇50 mm厚C25混凝土，组合板总高120 mm；梁柱全采用Q345C级钢，柱脚采用刚性露出式柱脚，基础采用柱下独立基础。层高分别取到4.2 m和3.9 m和3.6 m，主体六层。试进行水平地震下结构的地震反应验算。

5.1 震害现象及其分析

钢结构是用钢板、型钢等轧制成的钢材或通过冷加工形成的薄壁型钢，通过焊接、螺栓连接、铆接或栓接等方式制作为主的工程结构，也是主要的建筑结构类型之一。钢材的特点是：强度高、自重轻、整体刚性好、变形能力强，故用于建造大跨度和超高、超重型的建筑物特别适宜；材料匀质性和各向同性好，属理想弹性体，最符合一般工程力学的基本假定；材料塑性、韧性好，可有较大变形，能很好地承受动力荷载；建筑工期短；其工业化程度高，可进行机械化程度高的专业化生产。钢结构今后应研究高强度钢材，大大提高其屈服点强度；此外要轧制新品种的型钢，例如 H 型钢（又称宽翼缘型钢）和 T 型钢以及压型钢板等以适应大跨度结构和超高层建筑的需要。

钢结构是现代建筑工程中较普通的结构形式之一。中国是最早用铁制造承重结构的国家，远在秦始皇时代（前 246～219 年），就已经用铁做简单的承重结构，而西方国家在 17 世纪才开始使用金属承重结构。公元 3～6 世纪，聪明勤劳的中国人民就用铁链修建铁索悬桥，著名的四川泸定大渡河铁索桥、云南的元江桥和贵州的盘江桥等都是中国早期铁体承重结构的例子。

从 20 世纪 80 年代初民用建筑开始采用钢结构，经过二十多年的发展，钢结构已经普遍应用于各种类型的民用建筑中，而在高层及超高层建筑中的应用则更为广泛。同混凝土结构相比，钢结构具有韧性好、强度与重量比高的优点，具有优越的抗震性能；但是钢结构房屋在结构设计、材料选用、施工制作和维护上出现问题，其优良的钢材特性将得不到充分的发挥，在地震作用下同样会造成结构的局部破坏或整体倒塌。

5.1.1 钢结构震害现象

钢结构被认为具有卓越的抗震性能，在历次的地震中，钢结构房屋的震害要小于钢筋混凝土结构房屋，很少发生整体破坏或倒塌现象。例如，在 1985 年 9 月的墨西哥大地震中，钢筋混凝土房屋的破坏就要比钢结构房屋严重得多。尽管如此，由于焊接、连接、冷加工等工艺技术以及外部环境的影响，钢材材性的优点将受到影响，特别是因设计、施工以及维护不当，就很可能造成结构的破坏，而日本阪神地震中甚至出现了整个中间楼层被震塌的现象。

台北 101 大楼（图 5.1 最右侧），在规划阶段初期原名台北国际金融中心，是目前世界第二高楼。位于我国台湾省台北市信义区，由建筑师李祖原设计，KTRT 团队建造，保持了中国纪录协会多项世界纪录。台湾位于地震带上，在台北盆地的范围内，又有三条小断层，为了兴建台北 101，这个建筑的设计必定要能防止强震的破坏。且台湾每年夏天都会受到太平洋上形成的台风影响，防震和防风是台北 101 两大建筑所需克服的问题。为了评估地震对台北 101 所产生的影响，地质学家陈斗生开始

图 5.1 高层钢结构图例

探查工地预定地附近的地质结构，探钻 4 号发现距台北 101 200 m 左右有一处 10 m 厚的断层。依据这些资料，国家地震工程研究中心建立了大小不同的模型，来仿真地震发生时，大楼可能发生的情形。为了增加大楼的弹性来避免强震所带来的破坏，台北 101 的中心是由一个外围八根钢筋的巨柱所组成。

但是良好的弹性，却也让大楼面临微风冲击，即有摇晃的问题。抵消风力所产生的摇晃主要设计是阻尼器，而大楼外形的锯齿状，经由风洞测试，能减少 30%～40%风所产生的摇晃。

台北 101 打地基的工程总共进行了 15 个月，挖出 70 万吨土，基桩由 382 根钢筋混凝土构成。中心的巨柱为双管结构，钢外管，钢加混凝土内管，巨柱焊接花了约两年的时间完成。台北 101 所使用的钢至少有五种，依不同部位所设计，特别调制的混凝土，比一般混凝土强度强约 60%。

为了因应高空强风及台风吹拂造成的摇晃，大楼内设置的调谐质块阻尼器是在 88 至 92 楼挂置一个重达 660 公吨的巨大钢球，利用摆动来减缓建筑物的晃动幅度。据台北 101 告示牌所言，这也是全世界唯一开放游客观赏的巨型阻尼器，更是目前全球最大的阻尼器(图 0.2)。

防震措施方面，台北 101 采用新式的“巨型结构”，在大楼的四个外侧分别各有两支巨柱，共八支巨柱，每支截面长 3 m、宽 2.4 m，自地下五楼贯通至地上 90 楼，柱内灌入高密度混凝土，外以钢板包覆。

通过上面两个例子你明白钢结构与混凝土的区别，明白钢结构的抗震性能么？如何确保钢结构良好的抗震性能，多高层钢结构建筑抗震构造要求又有哪些？

根据钢结构在历次地震中的破坏形态，可将破坏分为以下几类。

(1)结构倒塌

结构倒塌是结构破坏最严重的形式。造成结构倒塌的主要原因是结构薄弱层的形成，而薄弱层的形成是由于结构楼层屈服强度系数和抗侧刚度沿高度分布不均匀造成的，这就要求在设计过程中应尽量避免上述不利因素的出现。如图 5.2 所示，为地震作用下，某多层钢框架房屋首层钢柱发生破坏而导致整体结构倒塌。

(2)节点破坏

节点破坏是地震中发生最多的一种破坏形式。刚性连接的结构构件一般采用铆接或焊接形式连接。如果在节点的设计和施工中，构造及焊缝存在缺陷，节点区就可能出现应力集中、受力不均的现象，在地震中很容易出现连接破坏。在 1994 年美国北岭地震和 1995 年日本阪神地震中，出现了大量的梁柱节点的破坏。梁柱节点可能出现的破坏现象主要表现为：铆接断裂，焊接部位拉脱，加劲板断裂、屈曲，腹板断裂、屈曲等。图 5.3、图 5.4 和图 5.5 为框架梁柱节点破坏及斜向支撑节点破坏的实例。

(3)构件破坏

在以往所有地震中，多高层建筑钢结构构件的主要破坏形式有支撑的破坏与失稳以及梁柱局部破坏两种。

图 5.2　钢结构整体倾覆

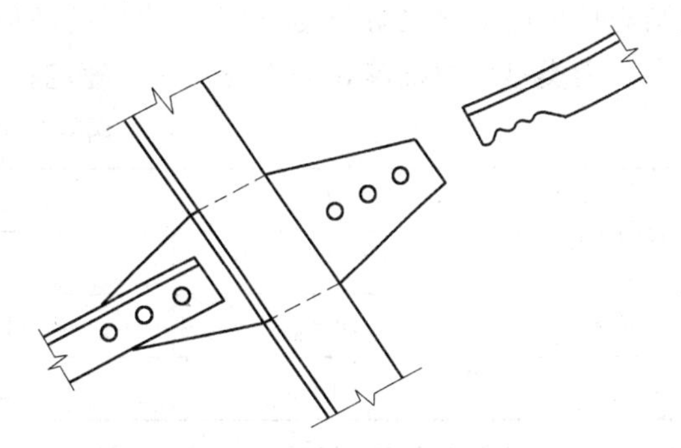

图 5.3　支撑破坏

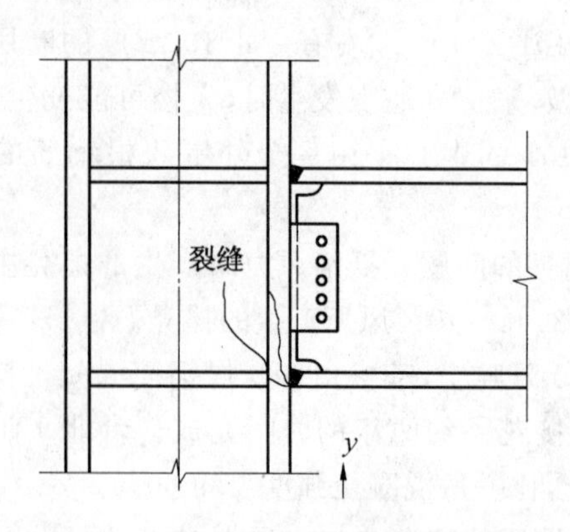

图 5.4　节点破坏时裂缝向钢柱扩展

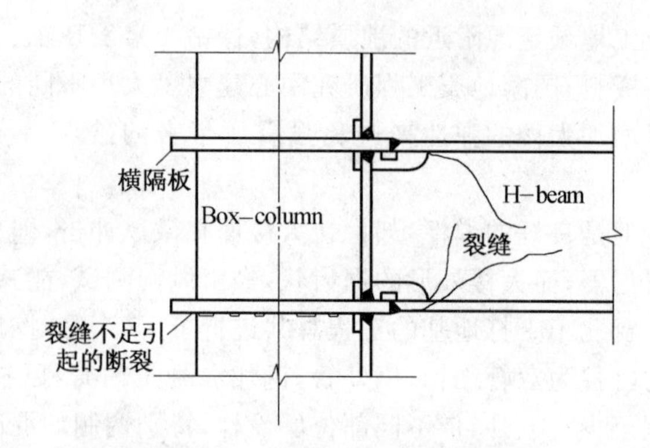

图 5.5　节点破坏时裂缝向钢梁扩展

①支撑的破坏与失稳。当地震强度较大时，支撑承受反复拉压的轴向力作用，一旦压力超出支撑的屈曲临界力时，就会出现破坏或失稳。日本神户地震中发生多层框架房屋的支撑整体及局部失稳的破坏的现象。

②梁柱局部破坏。对于框架柱，主要有翼缘屈曲、翼缝撕裂，甚至框架柱会出现水平裂缝或断裂破坏，如 1995 年日本阪神地震中，位于地震中的 57 幢高层钢结构房屋中，有 21 幢楼共计 57 根钢柱发生水平裂缝破坏，其中 13 根钢柱为母材断裂，七根钢柱在与支撑连接处开裂，37 根钢柱发生在拼接焊缝处。对于框架梁，主要有翼缘屈曲、腹板屈曲和开裂、扭转屈曲等破坏形态。

(4)基础锚固破坏

钢构件与基础的锚固破坏主要表现为柱脚处的地脚螺栓脱开、混凝土破碎导致锚固失效、连接板断裂等，这种破坏曾发生多起。土耳其地震中出现多处钢柱脚锚固破坏。有一幢 11 层钢筋混凝土结构柱脚的四根地脚螺栓全部断开，柱脚水平移动 25 cm，但建筑未倒塌。柱脚破坏的主要原因，可能是设计中未预料到地震时柱将产生相当大的拉力，以及地震开始时出现竖向振动。

根据对上述钢结构房屋震害特征的分析可知，尽管钢结构抗震性能较好，但在历次的地震中，也会出现不同程度的震害。究其原因，无非是和结构设计、结构构造、施工质量、材料质量、日常维护等有关。为了预防以上震害的出现，减轻震害带来的损失，多高层钢结构房屋抗震设计必须严格遵循有关规程进行。

5.1.2 钢结构震害分析

对于单层钢结构厂房的震害分析，在 7～9 度的地震作用下，其主要震害是柱间支撑的失稳变形和连接节点的断裂或拉脱，柱脚锚栓剪断和拉断，以及锚栓锚固过短所致的拔出破坏。也有少量厂房的屋盖支撑杆件失稳变形或连接节点板开裂破坏。

钢结构房屋应根据设防分类、烈度和房屋的高度采用不同的抗震等级，以符合相应的计算和构造措施要求。丙类建筑的抗震等级应按表 5.1 确定。

表 5.1　钢结构房屋的抗震等级

房屋高度	烈　度			
	6	7	8	9
⩽50 m		四	三	二
>50 m	四	三	二	一

注：1. 高度接近或等于高度分界时，应允许结合房屋不规则程度和场地、地基条件确定抗震等级

2. 一般情况，构件的抗震等级应与结构相同；当某个部位各构件的承载力均满足 2 倍地震作用组合下的内力要求时，7～9 度的构件抗震等级应允许按降低一度确定

3. “一、二、三、四级”即“抗震等级为一、二、三、四级”的简称

5.2 多高层钢结构的平面与立面设计

建筑设计应符合抗震概念设计的要求，不应采用严重不规则的设计方案。即在进行房屋的平、剖、立面设计和结构体系布置时，应尽可能做到建筑体型简单、平面规则对称，同时建筑中抗侧力结构的布置应尽可能均匀、对称，使建筑各楼层的总体刚度中心尽可能与楼层的质量中心相重合或相接近，并应尽可能使房屋的刚度和质量沿竖向均匀连续、没有突变。

在进行结构设计时，应根据建筑的抗震设防类别、抗震设计烈度、建筑高度、场地条件、地基、结构材料和施工等因素，经技术、经济和使用条件综合比较，选择合适的结构体系。结构体系应有明确的计算简图和合理的地震作用传递途径，可考虑多道抗震防线。宜使结构在两个主轴方向的动力特性相近，并尽量使其基本自振周期远离场地的特征周期，以防止共振，减小地震作用。应避免因部分结构或构件破坏而导致整个结构丧失抗震能力或对重力荷载的承载能力。建筑平面与立面布置直接影响着结构的抗震性能。

对多高层钢结构房屋的结构体系选型和布置时，除了考虑各种体系对不同高度的适用范围外，还需充分贯彻抗震设计的思想，根据安全性和经济性的原则设置多道防线，即对于罕遇地震下允许开展塑性和局部损伤的结构，应考虑在大震造成机构损伤后，结构仍能维持系统的整体稳定性，能继续承重而不倒塌。在上述各种结构体系中，框架结构一般按梁铰机构设计，有利于梁端发生塑性变形形成塑性铰，从而消耗地震能量，所以框架结构中梁的抵抗机制就是结构的第一道防线；框架一支撑（抗震墙板）体系中，由刚度较大的支撑或抗震墙板首先承受较大的水平剪力，因而支撑或抗震墙板作为第一道抗震防线；偏心支撑体系是通过梁的消能段来消耗地震能量的，所以梁的消能段作为该体系的第一道抗震防线。

多高层钢结构建筑在设计中考虑其优良的抗震性能，更是应重视其建筑的平面、立面和竖向剖面设计的规则性。考虑平面、立面和竖向剖面设计对结构抗震性能及经济合理性的影响，宜择优选用规则的形体，其抗侧力构件的平面布置宜规则对称，侧向刚度沿竖向宜均匀变化，竖向抗侧力构件的截面尺寸和材料强度宜自下而上逐渐减小，避免侧向刚度和承载力突变。

钢结构房屋的结构体系和结构布置的选择关系到结构的安全性、适用性和经济性。和其他类型的建筑结构一样，多高层钢结构房屋应尽量采用规则的建筑方案，当结构体型复杂、平立面特别不规则时，可按实际需要在适当部位设置防震缝，从而形成多个较规则的抗侧力结构单元。钢结构可承受的结构变形大于混凝土结构，但钢结构建筑在设计时，宜尽量避免采用不规则建筑结构方案，不设防震缝。若房屋必须采用比较复杂的平面形状时，则宜用防震缝将房屋划分为几个平面规则、对称的独立单元，为了避免地震时各部分之间相互碰撞，防震缝的宽度应不小于相应钢筋混凝土结构房屋的1.5 倍。

1. 结构平面布置

建筑平面布置宜简单、规则和对称，保证结构具有良好的整体性和抗侧刚度，同时使结构各层的抗侧刚度中心与质量中心接近或重合。

建筑结构抗震概念设计的要求明确建筑形体（形体指建筑平面形状和立面、竖向剖面的变化）的规则性。不规则的建筑应按规定采取加强措施；特别不规则的建筑应进行专门研究和论证，采取特别的加强措施；严重不规则的建筑不应采用。不规则建筑的抗震设计应符合：建筑形体及其构件布置的平面、竖向不规则性，应按下列要求划分：

对于钢结构房屋和钢一混凝土混合结构房屋，建筑选型时，在表 5.2 所列举的某项平面不规则类型或表 5.3 所列举的某项竖向不规则类型以及类似的不规则类型，应属于不规则的建筑。

表 5.2 平面不规则的主要类型

不规则类型	定义和参考指标
扭转不规则	在规定的水平力作用下，楼层的最大弹性水平位移（或层间位移），大于该楼层两端弹性水平位移（或层间位移）平均值的 1.2 倍
凹凸不规则	平面凹进的尺寸，大于相应投影方向总尺寸的 30%
楼板局部不连续	楼板的尺寸和平面刚度急剧变化，例如，有效楼板宽度小于该层楼板典型宽度的 50%，或开洞面积大于该层楼面面积的 30%，或较大的楼层错层

表 5.3 竖向不规则的主要类型

不规则类型	定义和参考指标
侧向刚度不规则	该层的侧向刚度小于相邻上一层的 70%，或小于其上相邻三个楼层侧向刚度平均值的 80%；除顶层或出屋面小建筑外，局部收进的水平向尺寸大于相邻下一层的 25%
竖向抗侧力构件不连续	竖向抗侧力构件（柱、抗震墙、抗震支撑）的内力由水平转换构件（梁、桁架等）向下传递
楼层承载力突变	抗侧力结构的层间受剪承载力小于相邻上一楼层的 80%

当存在多项不规则或某项不规则超过规定的参考指标较多时，应属于特别不规则的建筑。建筑形体及其构件布置不规则时，应按下列要求进行地震作用计算和内力调整，并应对薄弱部位采取有效的抗震构造措施。

①平面不规则而竖向规则的建筑，应采用空间结构计算模型。当扭转不规则时，应计入扭转影响，且楼层竖向构件最大的弹性水平位移和层间位移分别不宜大于楼层两端弹性水平位移和层间位移平均值的 1.5 倍，当最大层间位移远小于规范限值时，可适当放宽；当凹凸不规则或楼板局部不连续时，应采用符合楼板平面内实际刚度变化的计算模型；高烈度或不规则程度较大时，宜计入楼板局部变形的影响；当平面不对称且凹凸不规则或局部不连续，可根据实际情况分块计算扭转位移比，对扭转较大的部位应采用局部的内力增大系数。

②平面规则而竖向不规则的建筑，应采用空间结构计算模型，刚度小的楼层的地震剪力应乘以不小于 1.15 的增大系数，其薄弱层应按本规范有关规定进行弹塑性变形分析，并应符合下列要求：当竖向抗侧力构件不连续时，该构件传递给水平转换构件的地震内力应根据烈度高低和水平转换构件的类型、受力情况、几何尺寸等，乘以 1.25～2.0 的增大系数；当侧向刚度不规则时，相邻层的侧向刚度比应依据其结构类型符合本规范相关章节的规定；当楼层承载力突变时，薄弱层抗侧力结构的受剪承载力不应小于相邻上一楼层的 65%。

③平面不规则且竖向不规则的建筑，应根据不规则类型的数量和程度，有针对性地采取不低于《建筑抗震设计规范》3.4.4 条 2 目 1、2 款要求的各项抗震措施。特别不规则的建筑，应经专门研究，采取更有效的加强措施或对薄弱部位采用相应的抗震性能化设计方法。

④体型复杂、平直面不规则的建筑，应根据不规则程度、地基基础条件和技术经济等因素的比较分析，确定是否设置防震缝。当不设置防震缝时，应采用符合实际的计算模型，分析判明其应力集中、变形集中或地震扭转效应等导致的易损部位，采取相应的加强措施。当在适当部位设置防震缝时，宜形成多个较规则的抗侧力结构单元。防震缝应根据抗震设防烈度、结构材料种类、结构类型、结构单元的高度和高差以及可能的地震扭转效应的情况，留有足够的宽度，其两侧的上部结构应完全分开。当设置伸缩缝和沉降缝时，其宽度应符合防震缝的要求。

2. 结构竖向布置

建筑的立面和竖向剖面宜规则，结构的质量与侧向刚度沿竖向分布应均匀连续，竖向抗侧力构件的截面尺寸和材料强度宜自下而上逐渐减小，使得抗侧力结构的侧向刚度和承载力分布合理，避免因局部削弱或突变形成结构薄弱部位，产生过大的应力集中或塑性变形集中；另外，还应使各层刚心和质心尽可能处于同一竖直线上，减少扭转作用的影响。

3. 结构布置的其他要求

钢结构房屋的楼盖宜采用压型钢板现浇混凝土组合楼板或非组合楼板。对不超过12层的钢结构尚可采用装配整体式钢筋混凝土楼板、装配式楼板或其他轻型楼盖;对超过12层的钢结构,当楼盖不能形成一个刚性的水平隔板以传递水平力时,须加设水平支撑以增加水平整体刚度。对不超过12层的钢结构房屋可采用框架结构、框架一支撑结构或其他结构类型;超过12层的钢结构房屋,8、9度时,宜采用偏心支撑、带竖缝钢筋混凝土抗震墙板、内藏钢支撑钢筋混凝土墙板和其他消能支撑及筒体结构。

钢结构房屋宜设置地下室,超过12层的钢结构应设置地下室。地下室的设置,可提高上部结构的抗震稳定性、提高结构抗倾覆能力、增加结构下部整体性、减小沉降。设置地下室时的基础形式应根据上部结构及地下室情况、工程地质条件、施工条件等因素综合确定,其基础埋置深度,当采用天然地基时不宜小于房屋总高度的1/15;当采用桩基时,桩承台埋深不宜小于房屋总高度的1/20。

钢结构房屋使用的最大高度和高宽比根据结构总体高度和抗震设防烈度确定结构类型和最大使用高度。表5.4为《建筑抗震设计规范》(GB 50011—2010)所规定的多高层钢结构民用房屋适用的最大高度。

表5.4 钢结构房屋适用的最大高度 m

结构类型	6、7度(0.10g)	7度(0.15g)	8度		9度(0.40g)
			(0.20g)	(0.30g)	
框架	110	90	90	70	50
框架一中心支撑	220	200	180	150	120
框架一偏心支撑(延性墙板)	240	220	200	180	160
筒体(框筒,筒中筒,桁架筒,束筒)和巨型框架	300	280	260	240	180

注:1. 房屋高度指室外地面到主要屋面板板顶的高度(不包括局部突出屋顶部分)

2. 超过表内高度的房屋,应进行专门研究和论证,采取有效的加强措施

3. 表内的筒体不包括混凝土筒

结构的高宽比是影响结构整体稳定性和抗震性能的重要参数,它对结构刚度、侧移和振动形式有直接影响。高宽比指房屋总高度与平面较小宽度之比。高宽比值较大时,一方面使结构产生较大的水平位移及$P-\Delta$效应,还由于倾覆力矩使柱产生很大的轴向力。因此,需要对钢结构房屋的最大高宽比制定限值,不宜大于表5.5的限值,超过时应进行专门研究,采取必要的抗震措施。

表5.5 钢结构民用房屋适用的最大高度比

烈度	6、7	8	9
最大高宽比	6.5	6.0	5.5

注:计算高宽比的高度从室外地面算起

5.3 多高层钢结构的抗震计算要求

常见的钢结构房屋的结构体系有框架结构、框架一支撑结构、框架一抗震墙板结构、筒体结构以及巨型框架结构等。钢结构房屋的抗震性能的优劣取决于结构的选型,进行实际工程设计时,需要综合考虑多种因素进行方案的优化,在优化过程中确定其适宜的结构体系。本章从建筑钢结构结构类型、地震作用计算与地震作用效应调整、建筑钢结构内力和变形计算、建筑钢结构构件及节点抗震承载力计算等方面介绍多高层钢结构抗震计算内容。

5.3.1 建筑钢结构结构类型

建筑钢结构已经得到越来越广泛的应用，在实际工程中，其结构类型与钢筋混凝土结构类似，一般有框架结构、框架一支撑结构、框架一抗震墙板结构、筒体结构、巨型框架结构以及钢与混凝土组合结构等。

1. 框架结构

框架结构是高层建筑中出现的结构体系。该种体系是仅由梁、柱形成的构造简单、传力明确的结构体系，从综合经济指标及承载性能看，这类结构体系使用于建造 20 层以下的中低层房屋。沿纵横方向的多榀框架既是承受侧向水平荷载的抗侧力构件，也是承受竖向荷载的构件。结构的整体侧向变形为剪切型(多层)或弯剪型(高层)，抗侧力能力主要取决于梁柱的抗弯能力和节点的强度和延性，因而节点常采用刚性连接。

2. 框架一支撑结构

框架一支撑结构是在框架结构的基础上，通过沿结构的纵横方向分别布置一定数量的支撑所形成的结构体系。该种结构体系分为中心支撑类型(图 5.6)和偏心支撑类型(图 5.7)。

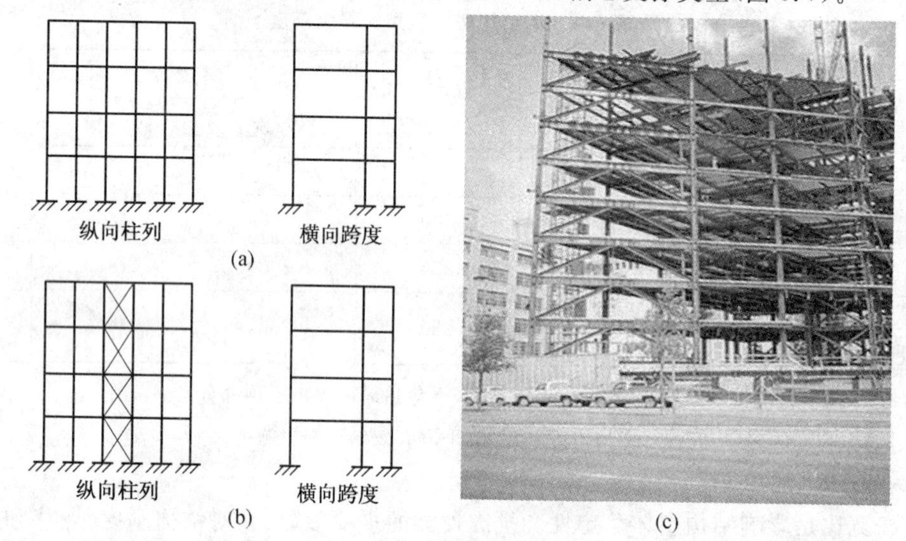

图 5.6　钢框架中心支撑示例

图 5.7　钢框架偏心支撑示例

中心支撑是指斜杆与梁、柱汇交于一点，或两根斜杆与横梁汇交于一点，也可与柱子汇交于一点，但汇交时均无偏心距。中心支撑依靠支撑杆件的轴向刚度和轴向承载力为结构提供水平刚度和水平承载力，从而增加了结构的抗侧移刚度，提高了抗震能力。但是，由于支撑承受的过大压力很可能导致支撑屈曲，致使原结构承载力降低。

偏心支撑是指支撑斜杆的两端，至少有一端与梁相交，另一端可在梁与柱交点处连接，或偏离另一根支撑斜杆一段长度与梁连接，并在支撑斜杆杆端与柱子之间构成一消能梁段，或在两个支撑斜杆之间构成一消能梁段。消能梁段率先屈服成为消耗地震能量的消能区，从而避免支撑屈曲或使支撑屈曲在后，保证结构具有稳定的承载力和良好的抗震性能。偏心支撑比中心支撑有更大的延性，它是适宜于高强度地震区的一种新型支撑体系。

3. 框架一抗震墙板结构

框架一抗震墙板结构是在钢框架中嵌入一定数量的抗震墙板形成的。抗震墙板包括带竖缝的钢筋混凝土墙板、内藏钢支撑混凝土墙板及钢抗震墙板，通过抗震墙板的设置，为结构提供更大的侧移刚度。带竖缝墙板在小震作用下处于弹性阶段，具有较大的抗侧移刚度，在强震作用下即进入塑性屈服耗能阶段并保证其承载力。内藏钢板支撑混凝土墙板是以钢板为主要支撑，外包钢筋混凝土墙板的预制构件，它只在支撑节点处与钢框架连接。钢抗震墙板是一种用钢板或带有加劲肋的钢板制成的墙板。一般来说，在多高层建筑中，结合楼梯间、竖向防火通道等的设置，较多地采用钢筋混凝土墙板。

4. 筒体结构

筒体结构体系较多应用在超高层建筑，它在满足结构刚度要求的同时，也能形成较大的使用空间。按筒体的结构布置和形成方式的不同，可以分为框筒、桁架筒、筒中筒和束筒等体系。

(1)框筒体系

框筒体系的筒体部分是由密柱深梁刚性连接构成外筒结构，由它来抵抗侧向水平荷载，结构内部的梁柱铰接，柱子只承受重力荷载而不考虑其抗侧力作用。

(2)桁架筒体系

以框筒体系为主体，沿外框筒的外框增设大型交叉支撑构成桁架筒体系，支撑的设置大大提高了结构的空间刚度，由于剪力主要由支撑斜杆承担，避免了横梁受剪切力变形，基本上消除了剪力滞后现象。

(3)筒中筒体系

筒中筒体系就是集外围框筒和核心筒为一体的结构体系，其外围多为密柱深梁的钢框筒，核心为钢结构构成的筒体。通过楼盖系统连接内筒和外筒，保证各筒体协同工作，从而大大提高了抗侧刚度，承受更大的侧向水平荷载。这种结构体系在工程中应用较多。

(4)束筒体系

束筒体系就是由几个筒体并列组合在一起而形成的组合筒体，是筒体结构概念的外延，由于各个筒体本身就具有较高的刚度，因此该体系抗侧强度很大。

5. 巨型框架结构

巨型框架结构体系是由柱距较大的立体桁架柱和梁分别形成巨型柱和梁，巨型梁沿纵横向布置形成空间桁架层，在空间桁架层之间设置次桁架结构，以承受空间桁架层之间的各楼层面荷载，并将其传递给巨型梁和柱。这种体系能满足建筑设置大空间要求，同时又保证结构具有较大的刚度和强度。

5.3.2 地震作用计算与地震作用效应调整

多高层钢结构房屋的抗震计算主要包括以下内容：

①计算模型的选取。

②根据设防要求确定地震动参数,如地震影响系数。

③根据结构特点确定结构参数,如阻尼比。

④选择合适的方法进行地震作用计算。

⑤地震作用下结构的变形计算,进行变形校核。

⑥各构件内力和强度验算。

⑦节点、连接的承载力验算。

具体计算时,应考虑下列因素:

(1)计算模型

确定多高层钢结构房屋的抗震计算模型时,一般可假定楼板在自身平面内为绝对刚性,采用平面抗侧力结构的空间协同计算模型。当结构布置规则、质量及刚度沿高度分布均匀且不计扭转时,可采用平面结构计算模型;当结构平面或立面不规则、体型复杂,无法划分平面抗侧力单元的结构,以及为简体结构时,应采用空间结构计算模型。

(2)阻尼比的取值

阻尼比是计算地震作用的一个重要参数。多高层钢结构房屋的阻尼比较小,按反应谱法计算多遇地震下的地震作用时,高层的(超过 12 层)钢结构的阻尼比可取为 0.02,多层(不超过 12 层)的钢结构可采用 0.035。但计算罕遇地震下的地震作用时,应考虑结构进入弹塑性,此时多高层钢结构的阻尼比均取 0.05。

(3)地震作用的计算方法

选择合适的方法进行地震作用的计算时,应根据设计烈度和场地类别、结构体系类型、总体高度以及质量和刚度分布情况等综合考虑。一般计算不超过 12 层的具有规则结构的多高层钢结构房屋在多遇地震作用下的地震作用时,都可以按照底部剪力法进行;不能按照底部剪力法计算的结构,宜按振型分解反应谱法计算。

(4)结构内力分析中的二阶效应

相对于钢筋混凝土结构房屋,钢结构房屋较柔,容易产生较大的侧向变形。因此,重力荷载与侧向荷载的乘积便形成重力附加弯矩,即所谓的重力二阶效应或 $P-\Delta$ 效应。《建筑抗震设计规范》(GB 50011—2010)规定,当楼面任一层以上全部重力荷载与该楼层地震层间位移的乘积(即该楼层的重力附加弯矩),大于该楼层地震剪力与楼层层高的乘积(即该楼层的初始弯矩)的 10%时,应计入重力二阶效应的影响。对工字型截面柱,宜计入梁柱节点域剪切变形对结构侧移的影响;中心支撑框架和不超过 12 层的钢结构,其层间位移计算可不计入梁柱节点域剪切变形的影响。

5.3.3 建筑钢结构内力和变形计算

多高层钢结构房屋的抗震设计,也采用两阶段设计法。第一阶段为多遇地震作用下的弹性分析,验算构件的承载力和稳定性以及构件的层间位移;第二阶段为罕遇地震作用下的弹塑性分析,验算结构的层间位移。

(1)多遇地震作用下的弹性分析

多高层钢结构房屋在第一阶段多遇地震作用下,其地震作用效应应当采用弹性方法计算。对地震作用的反应分析可根据不同情况,采用底部剪力法、振型分解反应谱法以及时程分析法。

高层钢结构房屋在进行内力和位移计算时,应考虑梁、柱弯曲变形和柱的轴向变形,尚宜考虑梁柱的剪切变形,此外,还应考虑梁柱节点域的剪切变形对侧移的影响。

在预估杆截面时,内力和唯一的分析可采用近似方法。在水平荷载作用下,框架结构可采用 D 值法进行简化计算;框架－支撑(抗震墙)可简化为平面抗侧力体系,分析时将所有框架合并为总框架,所有竖向支撑(抗震墙)合并为总支撑(抗震墙),然后进行协同工作分析。此时,可将总支撑(抗震墙)

当作一悬臂梁。

在抗震设计中，一般高层钢结构房屋可不考虑风荷载及竖向地震的作用，但对于高度大于 60 m 的高层钢结构须考虑风荷载的作用，在 9 度区尚需考虑竖向地震的作用。

(2)罕遇地震作用下的弹塑性分析

高层钢结构房屋在罕遇地震作用下应采用时程分析法对结构进行弹塑性时程分析，计算薄弱楼层的弹塑性变形。计算时，对规则结构，可采用弯剪层间模型或平面杆系模型，不规则结构应采用考虑扭转的空间结构模型。在采用杆系模型分析时，梁、柱的恢复力模型可采用双线型，其滞回模型不考虑刚度退化；采用层间模型分析时，应采用计入有关构件弯曲、轴向力、剪切变形影响的等效层剪切刚度，层恢复力模型的骨架曲线可采用静力弹塑性方法进行计算，并可简化为二折线或三折线，并尽量与计算所得骨架曲线接近。对新型、特殊的杆件和结构，其恢复力模型宜通过试验确定。分析时结构的阻尼比可取 0.05，并应考虑二阶段效应对侧移的影响。

(3)侧移控制

多高层钢结构房屋应限制并控制其侧移，使其不超过一定的数值，避免在多遇地震作用下(弹性阶段)由于层间变形过大而造成非结构构件的破坏，而在罕遇地震下(弹塑性阶段)，因过大的变形而造成结构的破坏或倒塌。因此，多高层钢结构房屋的抗震变形验算，也分为多遇地震和罕遇地震两个阶段分别验算。

在多遇地震作用下，《建筑抗震设计规范》(GB 50011—2010)规定，弹性层间位移角限值取1/300，即头层内最大弹性层间位移应符合

$$\Delta u_e \leqslant h/300 \tag{5.1}$$

式中 Δu_e——多遇地震作用标准值产生的楼层内最大弹性层间位移；

h——计算楼层的层高。

在罕遇地震作用下，对结构进行薄弱层的弹塑性变形验算。《建筑抗震设计规范》(GB 50011—2010)规定，高度超过 150 m 的钢结构必须进行验算，而高度不大于 150 m 的钢结构，宜进行弹塑性变形验算。验算时，多高层钢结构房屋的弹塑性层间位移角限值取 1/50，即楼层内最大的弹塑性层间位移应满足

$$\Delta u_p \leqslant h/50 \tag{5.2}$$

式中 Δu_p——多遇地震作用标准值产生的楼层内最大弹塑性层间位移；

h——薄弱层楼层的层高。

5.3.4 建筑钢结构构件及节点抗震承载力计算

1. 框架柱抗震验算

框架柱验算包括截面强度验算、平面内和外的整体稳定验算。

(1)截面强度验算

截面强度验算满足

$$\frac{N}{A_n}+\frac{M_x}{\gamma_x W_{nx}}+\frac{M_y}{\gamma_y W_{ny}}\leqslant\frac{f}{\gamma_{RE}} \tag{5.3}$$

式中 N、M_x、M_y——分别为构件的轴向力和对 x 轴、y 轴的弯矩设计值；

A_n——构件净截面面积；

W_{nx}、W_{ny}——分别为对 x 轴 y 轴的净截面抵抗矩；

γ_x、γ_y——构件截面塑性发展系数，按国家标准《钢结构设计规范》(GB 50017—2003)取值；

f——钢材抗拉强度设计值；

γ_{RE}——框架柱承载力抗震调整系数，取 0.75。

(2)平面内整体稳定验算

框架柱平面内整体稳定性验算按下式进行：

$$\frac{N}{\varphi_x A}+\frac{\beta_{mx}M_x}{\gamma_x W_{1x}(1-0.8N/N_{Ex})}\leqslant\frac{f}{\gamma_{RE}} \tag{5.4}$$

式中 A——构件毛截面面积；

φ_x——弯矩作用平面内轴心受压构件稳定系数；

β_{mx}——平面内等效弯矩系数，按国家标准《钢结构设计规范》(GB 50017—2003)取值；

W_{1x}——弯矩作用平面内较大受压纤维的毛截面抵抗矩，按国家标准《钢结构设计规范》(GB 50017—2003)计算；

N_{Ex}——构件的欧拉临界力。

(3)平面外整体稳定验算

框架柱平面外整体稳定验算按下式进行：

$$\frac{N}{\varphi_y A}+\frac{\beta_{tx}M_x}{\varphi_b W_{1x}}\leqslant\frac{f}{\gamma_{RE}} \tag{5.5}$$

式中 β_{tx}——平面外等效弯矩系数，按国家标准《钢结构设计规范》取值；

φ_y——弯矩作用平面外轴心受压构件稳定系数；

φ_b——均匀弯曲的受弯构件的整体稳定系数，按国家标准《钢结构设计规范》(GB 50017—2003)取值。

2. 钢框架梁的抗震验算

框架梁抗震验算包括抗弯强度、抗剪强度以及整体稳定验算。

(1)抗弯强度验算

框架梁的抗弯强度验算按下式进行：

$$\frac{M_x}{\gamma_x W_{nx}}\leqslant\frac{f}{\gamma_{RE}} \tag{5.6}$$

式中 M_x——梁对 x 轴的弯矩设计值；

W_{nx}——梁对 x 轴的净截面抵抗弯矩；

f——钢材抗拉强度设计值；

γ_{RE}——框架梁承载力抗震调整系数，取 0.75。

(2)抗剪强度验算

框架梁的抗剪强度验算按下式进行：

$$\tau=\frac{VS}{It_w}\leqslant\frac{f_v}{\gamma_{RE}} \tag{5.7}$$

式中 V——计算截面沿腹板平面作用的剪力；

S——计算点处的截面面积矩；

I——截面的毛截面惯性矩；

t_w——梁腹板厚度；

f_v——钢材抗剪强度设计值。

同时，梁端部截面的抗剪强度还需满足

$$\tau=\frac{V}{A_{wn}}\leqslant\frac{f_v}{\gamma_{RE}} \tag{5.8}$$

式中 A_{wn}——梁端腹板的净截面面积。

(3)整体稳定验算

$$\frac{M_x}{\varphi_b W_x}\leqslant\frac{f}{\gamma_{RE}} \tag{5.9}$$

式中 W_x——梁对 x 轴的毛截面抵抗矩；

φ_b——均匀弯曲的受弯构件的整体稳定系数，按现行国家标准《钢结构设计规范》(GB 50017—2003)取值。

3. 梁柱节点承载力与稳定性验算

强柱弱梁是抗震设计的基本原则之一，在地震作用下，塑性效应应在梁端形成而不应在柱端形成，这样才能使框架具有较大的内力重分布和消能能力，保证柱端比梁端有更大的承载能力储备。抗震设计时，除了分别验算梁柱构件的截面承载力外，还要对节点的左右梁端和上下柱端进行全塑性承载力验算。同时，节点域也要合理设计，使其既具备一定的耗能能力，又不会引起较大的结构侧移。

(1)节点承载力验算

为保证强柱弱梁设计，要求交汇节点的框架柱的全塑性抗弯承载力之和应大于梁的该项承载力之和，即节点左右梁端和上下柱端的全塑性承载力应满足

$$\sum W_{pc}(f_{yc}-\frac{N}{A_c})\geqslant \eta\sum W_{pb}f_{yb} \tag{5.10}$$

式中 W_{pc}、W_{pb}——分别为柱和梁的塑性截面模量；

N——柱轴向压力设计值；

A_c——柱截面面积；

f_{yc}、f_{yb}——分别为柱和梁的钢材屈服强度；

η——强柱系数，超过六层的钢框架，6 度四类场地和 7 度时可取 1.0，8 度时可取 1.05，9 度时可取 1.15。

当柱所在楼层的受剪承载力比上一层的受剪承载力高出 25%，或柱轴向力设计值与柱全截面面积和钢材抗拉强度设计值乘积的比值不超过 0.4，或作为轴心受压构件在 2 倍地震力下稳定性得到保证时，可不按该式计算。

(2)节点域屈服承载力和稳定验算

节点域的屈服承载力应符合

$$\frac{\psi(M_{pb1}+M_{pb2})}{V_p}\leqslant(4/3f_{yv}) \tag{5.11}$$

式中 V_p——节点域的体积；对工字型的截面柱，$V_p=h_{b1}h_{c1}t_w$，对箱型截面柱，$V_p=1.8h_bh_ct_w$，h_{b1} 为梁翼缘厚度终点间的距离，h_{c1} 为柱翼缘(或钢管直径线上管壁)厚度终点间的距离，t_w 为柱在节点域的腹板厚度；

ψ——折减系数；三、四级取 0.6，一、二级取 0.7；“一、二、三、四级”即“抗震等级为一、二、三、四级”的简称；

M_{pb1}、M_{pb2}——分别为节点域两个侧梁的全塑性受弯承载力；

f_{yv}——钢材的屈服抗剪强度，取钢材屈服强度的 0.58 倍。

为保证工字型截面柱和箱型截面柱的节点域的稳定，节点域的腹板厚度应满足

$$t_w\geqslant(h_b+h_c)/90 \tag{5.12}$$

同时，节点域的受剪承载力应满足

$$\frac{(M_{b1}+M_{b2})}{V_p}\leqslant(4/3)\frac{f_v}{\gamma_{RE}} \tag{5.13}$$

式中 M_{b1}、M_{b2}——分别为节点域两侧梁的弯矩设计值；

γ_{RE}——节点域承载力抗震调整系数，取 0.75。

当柱节点域腹板厚度不小于梁柱截面高度之和的 1/70 时，可不验算节点域的稳定性。

5.3.5 钢结构支撑抗震承载力验算

1. 中心支撑框架构件的抗震承载力验算

在反复荷载作用下，支撑斜杆因反复受压、受拉发生屈曲后，最大承载力明显下降，长细比越大，

退化程度越严重，在计算时应考虑这种情况。具体设计时，支撑斜杆的受压承载力按以下公式验算：

$$\frac{N}{\varphi A_{br}} \leqslant \frac{\psi f}{\gamma_{RE}} \tag{5.14}$$

$$\psi = \frac{1}{(1+0.35\lambda_n)} \tag{5.15}$$

$$\lambda_n = \frac{\lambda}{\pi}\sqrt{\frac{f_{ay}}{E}} \tag{5.16}$$

式中 N——支撑斜杆的轴向力设计值；

A_{br}——支撑斜杆的截面面积；

φ——轴心受压构件的稳定系数；

ψ——受循环荷载时强度降低系数；

λ_n——支撑斜杆的正则化长细比；

E——支撑斜杆材料的弹性模量；

f_{ay}——钢材屈服强度；

γ_{RE}——支撑承载力抗震调整系数。

2. 人字形支撑和V形支撑的横梁验算

人字形支撑在大震下受压屈曲后，其承载力将急剧下降，导致横梁在支撑连接处出现向下的不平衡力，这可能引起横梁破坏和楼板下陷，并在横梁两端出现塑性铰；V字形支撑的情况类似，但其出现的不平衡力方向相反，并可能引起楼板的隆起。为了避免这种情况出现，设计时要求人字形支撑和V字形支撑的横梁在支撑连接处应保证连续，对横梁应进行承载力验算。验算时，横梁除应承受支撑斜杆传来的内力外，还应按简支梁（不计入支撑作用）验算在重力荷载和受压支撑屈曲后产生的不平衡力共同作用下的承载力。此不平衡力可取受拉支撑的竖向分量减去受压支撑屈曲压力竖向分量的30%。规范同时规定，对顶层和塔屋的梁可不执行本款规定。

3. 偏心支撑框架构件的抗震承载力验算

(1)消能梁段的受剪承载力验算

消能梁段的受剪承载力分轴力较小和较大两种情况分别验算：

①当 $N \leqslant 0.15Af$ 时，$V \leqslant \frac{\varphi V_l}{\gamma_{RE}}$；

$$V_l \leqslant 0.58A_w f_{ay} \quad 或 \quad V_l = \frac{2M_{lp}}{a}$$

取较小值；其中

$$A_w = (h-2t_f)t_w; \quad M_{lp} = fW_p$$

②当 $N > 0.15Af$ 时，$V \leqslant \varphi V_{lc}/\gamma_{RE}$；

$$V_{lc} = 0.58A_w f_{ay}\sqrt{1-[N/(Af)^2]} \quad 或 \quad V_{lc} = 2.4M_{lp}\frac{1-N/(Af)}{a}$$

取较小值。

式中 φ——系数，可取0.9；

V、N——分别为消能梁段的剪力设计值和轴力设计值；

V_l、V_{lc}——分别为消能梁段的受剪承载力和计入轴力影响的受剪承载力；

M_{lp}——消能梁段的全塑性受弯承载力；

a、h、t_w、t_f——分别为消能梁段的长度、截面高度、腹板厚度和翼缘厚度；

A、A_w——分别为消能梁段的截面面积和腹板截面面积；

W_p——消能梁段的塑性截面模量；

f、f_{ay}——分别为消能梁段钢材的抗拉强度设计值和屈服强度；

γ_{RE}——消能梁段承载力抗震调整系数，取 0.75。

(2)支撑斜杆

支撑斜杆与消能梁段连接的承载力不得小于支撑的承载力。若支撑需抵抗弯矩，支撑与梁的连接应按抗压弯连接设计。

5.3.6 钢结构构件连接抗震承载力验算

钢结构构件连接的设计，应遵循"强连接、弱构件"的原则。钢结构构件的连接应按地震组合内力进行弹性设计，并应进行极限承载力验算。

1. 梁、柱连接的极限承载力验算

梁与柱连接弹性设计时，梁上下翼缘的端截面应满足连接的弹性要求，梁腹板应计入剪力和弯矩，梁与柱连接的极限受弯、受剪承载力，应符合下列要求：

(1)钢结构抗侧力构件连接的承载力设计值，不应小于相连构件的承载力设计值；高强度螺栓连接不得滑移。

(2)钢结构抗侧力构件连接的极限承载力应大于相连构件的屈服承载力。

(3)梁与柱刚性连接的极限承载力，应按下列公式验算：

$$M_u^j \geqslant \eta_j M_p \tag{5.17}$$

$$V_u^j \geqslant 1.2\frac{2M_p}{l_n} + V_{Gb} \tag{5.18}$$

(4)支撑与框架连接和梁、柱、支撑的拼接极限承载力，应按下列公式验算：

支撑连接和拼接：$N_{ubr}^j \geqslant \eta_j A_{br} f_V$

梁的拼接：$N_{ub,sp}^j \geqslant \eta_j M_p$

柱的拼接：$N_{ub,sp}^j \geqslant \eta_j M_{pc}$

(5)柱脚与基础的连接极限承载力，应按下列公式验算：

$$N_{ub,base}^j \geqslant \eta_j M_{pc} \tag{5.19}$$

式中 M_p、M_{pc}——分别为梁的塑性受弯承载力和考虑轴力影响时柱的塑性受弯承载力；

V_{Gb}——梁在重力荷载代表值(9 度时，高层建筑尚应包括竖向地震作用标准值)作用下，按简支梁分析的梁端截面剪力设计值；

l_n——梁的净跨；

A_{br}——支撑杆件的截面面积；

M_u^j、V_u^j——分别为连接的极限受弯、受剪承载力；

N_{ubr}^j、$M_{ub,sp}^j$、$M_{uc,sp}^j$——分别为支撑连接和拼接、梁、柱拼接的极限受压(拉)、受弯承载力；

$M_{ub,base}^j$——柱脚的极限受弯承载力。

η_j——连接系数，可按表 5.6 采用。

表 5.6 钢结构抗震设计的连接系数

母材牌号	梁柱连接		支撑连接，构件拼接		柱脚	
	焊接	螺栓连接	焊接	螺栓连接		
Q235	1.40	1.45	1.25	1.30	埋入式	1.2
Q345	1.30	1.35	1.20	1.25	外包式	1.2
Q345GJ	1.25	1.30	1.15	1.20	外露式	1.1

注：1. 屈服强度高于 Q345 的钢材，按 Q345 的规定采用

2. 屈服强度高于 Q345GJ 的钢材，按 Q345GJ 的规定采用

3. 翼缘焊接腹板栓接时，连接系数分别按表中连接形式取用

5.4 多高层钢结构的抗震构造措施

5.4.1 钢框架结构抗震构造措施

(1)钢结构框架柱的长细比

为了框架柱具有较好的延性，地震区柱的长细比不宜太大，一级不应大于 $60\sqrt{235/f_{ay}}$，二级不应大于 $80\sqrt{235/f_{ay}}$；三级不应大于 $100\sqrt{235/f_{ay}}$；四级不应大于 $120\sqrt{235/f_{ay}}$。

(2)钢结构框架梁、柱板件宽厚比

限制梁的构件局部稳定性的保证。如果梁的受压翼缘宽厚比或腹板的高厚比较大，在受力过程中它们就会出现局部失稳。按照“强柱弱梁”的设计思想，要求塑性铰出现在梁上，框架柱一般不出现塑性铰。因此，梁的板件宽厚比限值的要求能保证梁具有塑性转动能力，而对柱板件的宽厚比不需要像梁那样严格。框架梁、柱板件宽厚比应符合表 5.7 的要求。

表 5.7 钢结构框架梁、柱板件宽厚比限值

板件名称		一级	二级	三级	四级
柱	工字形截面翼缘外伸部分	10	11	12	13
	工字形截面腹板	43	45	48	52
	箱形截面壁板	33	36	38	40
梁	工字形截面和箱形截面翼缘外伸部分	9	9	10	11
	箱形截面翼缘在两腹板之间的部分	30	30	32	36
	工字形截面和箱形截面腹板	$72-120N_b/(Af)$ $\leqslant 60$	$72-100N_b/(Af)$ $\leqslant 65$	$80-110N_b/(Af)$ $\leqslant 70$	$85-120N_b/(Af)$ $\leqslant 75$

注：1. 表列数值适用于 Q235 钢，当采用材料为其他牌号钢材时，应乘以 $\sqrt{235/f_{ay}}$

2. $N_b/(Af)$ 为梁轴压比

(3)梁柱构件的侧向支撑

梁柱构件在出现塑性铰的截面处，其上下翼缘均应设置侧向支撑。相邻两支承点间的构件长细比，应符合国家标准《钢结构设计规范》关于塑性设计的有关规定。

(4)梁与柱的连接(图 5.8)

框架梁与柱的连接宜采用柱贯通型。柱在两个互相垂直的方向都与梁刚接时，宜采用箱型截面。当仅在一个方向刚接时，宜采用工字形截面，并将柱腹板置于刚接框架平面内。框架梁采用悬臂梁段与柱刚性连接时，悬臂梁段与柱应预先采用全焊接连接，梁的现场拼接可采用翼缘焊接腹板螺栓连接(图 5.9(a))或全部螺栓连接(图 5.9(b))。

工字型截面柱(翼缘)和箱型截面柱与梁刚接时，应符合图 5.8 所示要求，有充分依据时也可采用其他构造形式。

①梁翼缘与柱翼缘间应采用全熔透坡口焊缝；8 度乙类建筑和 9 度时，应检验 V 形切口的冲击韧性，其夏帕冲击韧性在 −20 ℃时不低于 27 J。

②柱在梁翼缘对应位置应设置横向加劲肋，且加劲肋厚度不应小于梁翼缘厚度。

③梁腹板宜采用摩擦型高强度螺栓通过连接板与柱连接；腹板角部宜设置扇形切角，其端部与梁翼缘的全熔透焊缝应隔开。

④当梁翼缘的塑性截面模量小于梁全截面塑性截面模量的 70% 时，梁腹板与柱的连接螺栓不得少于两列；当计算仅需一列时，仍应布置两列，且此时螺栓总数不得少于计算值的 1.5 倍。

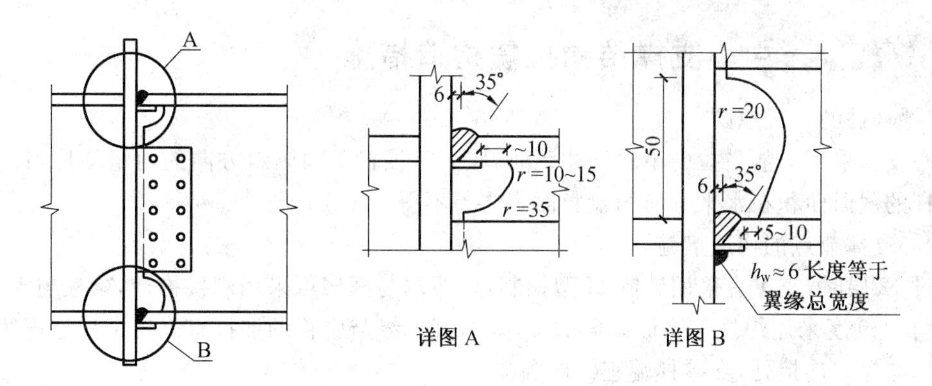

图 5.8 框架钢梁与钢柱的连接

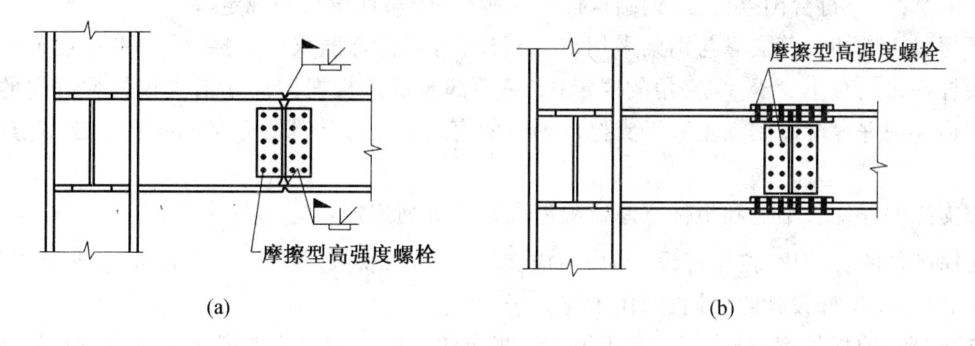

图 5.9 框架柱与梁悬臂段的连接

⑤8 度三四类场地和 9 度时，宜采用能将塑性铰自梁端外移的骨形连接。该连接的设计思想及构造为在距梁端一定距离处，将翼缘两侧做月牙切削，通过削弱梁的翼缘截面，降低该处梁的抗弯能力，迫使强烈地震梁的塑性铰自柱面外移而离开节点域，保护节点，实现延性设计，发挥钢材塑性变形的优越性。月牙形切削的切削面应刨光，起点可位于梁端约 150 mm，宜对上下翼缘均进行切削。切削后的梁翼缘截面不宜大于原截面面积的 90%，应能承受按弹性设计的多遇地震下的组合内力。其节点延性可得到充分保证，能产生较大转角，梁与柱刚性连接时，柱在梁翼缘上下各 500 mm 的节点范围内，柱翼缘与柱腹板间或箱型柱壁板间的连接焊缝，应采用坡口全熔透焊缝。

柱在与梁翼缘对应位置处应设置隔板或加劲肋。箱型截面柱在与梁翼缘对应位置设置的隔板应采用全熔透对接焊缝与壁板相连。工字形截面柱的横向加劲肋与柱翼缘应采用全熔透对接焊缝连接，与腹板可采用角焊缝连接。

(5)节点域补强及节点附近构造措施

当节点域的体积不满足式(5.12)和式(5.13)的要求时，应采取加厚节点域或贴焊补强板的措施，对于焊接组合柱，宜加厚节点板，将柱腹板在节点域范围更换为较厚板件；对轧制 H 型柱，可贴焊补强板加强。补强板的厚度及其焊缝应按传递补强板所分担剪力的要求设计。

(6)柱与柱的连接

框架柱接头宜位于框架梁上方 1.3 m 附近。上下柱的对接接头应采用全熔透焊缝，柱拼接接头上下各 100 mm 范围内，工字型截面柱翼缘与腹板间及箱型截面柱角部壁板间的焊缝，应采用全熔透焊缝。

(7)刚接脚柱

钢结构的柱脚主要有埋入式、外包式和外露式三种。鉴于外包式柱脚在地震中性能欠佳，《抗震规范》规定，对于超过 12 层的钢结构的刚接柱脚宜采用埋入式，6、7 度时也采用外包式。仅传递垂直荷载的铰接柱脚可采用外露式柱脚。

5.4.2 钢框架－中心支撑结构抗震构造措施

(1)支撑杆件的布置原则

当中心支撑采用只能受拉的单斜杆体系时，应同时设置不同倾斜方向的两组斜杆，且每组中不同方向单斜杆的截面面积在水平方向的投影面积之差不得大于10%。

(2)中心支撑节点的构造措施

①超过12层时，支撑宜采用轧制H型钢制作，两端与框架可采用刚接构造，梁柱与支撑连接处应设置加劲肋；8、9度采用焊接工字形截面的支撑时，其翼缘与腹板的连接宜采用全熔透连续焊缝。

②支撑与框架连接处，支撑杆端宜做成圆弧。

③梁在其与V形支撑或人字形支撑相交处，应设置侧向支承；该支承点与梁端支承点间的侧向长细比以及支承力，应符合国家标准《钢结构设计规范》关于塑性设计的规定。

④不超过12层时，若支撑与钢架采用节点板连接，应符合国家标准《钢结构设计规范》关于节点板在连接杆件每侧有不少于30°夹角的规定；支撑端部至节点板嵌固点在沿支撑杆件方向的距离(由节点板与框架构件焊缝的起点垂直于支撑杆轴线的直线至支撑端部的距离)，不应小于节点板厚度的2倍。

中心支撑的杆件长细比和板件宽厚比限值应符合下列规定：

a.支撑杆件的长细比，按压杆设计时，不应大于$120\sqrt{235/f_{ay}}$；一、二、三级中心支撑不得采用拉杆设计，四级采用拉杆设计时，其长细比不应大于180。

b.支撑杆件的板件宽厚比，不应大于表5.8规定的限值。采用节点板连接时，应注意节点板的强度和稳定。

表5.8 钢结构中心支撑板件宽厚比限值

板件名称	一级	二级	三级	四级
翼缘外伸部分	8	9	10	13
工字型截面腹板	25	26	27	33
箱型截面壁板	18	20	25	30
圆管外径与壁厚比	38	40	40	42

注：表列数值适用于Q235钢，采用其他牌号钢材应乘以$\sqrt{235/f_{ay}}$，圆管应乘以$235/f_{ay}$

(3)框架的构造要求

框架－中心支撑结构的框架部分，当房屋高度不高于100 m且框架部分承担的地震作用不大于结构底部总地震剪力的25%时，8、9度的抗震构造措施可按框架结构降低一度的相应要求采用；其他抗震构造措施，应符合《抗震规范》里对框架结构抗震构造措施的规定。

5.4.3 钢框架－偏心支撑结构抗震构造措施

在钢结构抗震设计中，为了保证消能梁段发挥有效的作用，需要消能梁段满足一定的构造要求，从消能梁段的材料性能、板件宽厚比、钢结构支撑长细比、构件间连接等方面满足构造要求。

1.框梁消能梁段的材料及板件宽厚比

钢结构偏心支撑框架消能梁段的钢材屈服强度不应大于345 MPa。消能梁段及与消能梁段同一跨内的非消能梁段，其板件的宽厚比不应大于表5.9规定的限值。抗震规范板件宽厚比参照了AISC的规定，并做了适当调整。当梁上翼缘与楼板固定但不能保证其下翼缘侧向固定时，仍需设置侧向支撑，保证其整体稳定性。

表 5.9 偏心支撑框架梁的板件宽厚比限值

板件名称		宽厚比限值
翼缘外伸部分		8
腹板	当 $N/(Af)\leqslant 0.14$ 时	$90[1-1.65N/(Af)]$
	当 $N/(Af)>0.14$ 时	$33[2.3-N/(Af)]$

注：表列数值适用于 Q235 钢，当材料为其他钢号时应乘以 $\sqrt{235/f_{ay}}$，$N/(Af)$ 为梁轴压比

2. 支撑杆件的构造要求

为保证偏心支撑杆件的稳定性，偏心支撑框架的支撑杆件长细比不应大于 $120\sqrt{235/f_{ay}}$，支撑杆件的板件宽厚比不应超过现行国家标准《钢结构设计规范》(GB 50017)规定的轴心受压构件在弹性设计时的宽度比限值。

注：轴心受压构件在弹性设计时的宽度比限值满足

$$\frac{b}{t}\leqslant(10+0.1\lambda)10\sqrt{\frac{235}{f_{ay}}} \tag{5.20}$$

式中 b——受压构件翼缘板自由外伸宽度；

t——受压构件翼缘板自由外伸厚度。

工字型及 H 形截面的受压构件中，

$$\frac{b}{t}\leqslant(25+0.5\lambda)10\sqrt{\frac{235}{f_{ay}}} \tag{5.21}$$

3. 消能梁段构造要求

为了使消能梁段在反复荷载作用下具有良好的滞回性能，在设计中需采取合适的构造并加强对腹板的约束。消能梁段的构造应符合下列要求：

(1)支撑斜杆轴力的水平分量称为消能梁段的轴向力，此部分轴向力较大时，除了降低此梁段承受的剪切承载力外，还需要减少该梁段的长度，以此保证消能梁段具有良好的滞回性能。

当 $N>0.16Af$ 时，消能梁段的长度应符合下列规定：

当 $\rho(A_w/A)<0.3$ 时

$$a<1.6M_{lp}/V_l \tag{5.22}$$

当 $\rho(A_w/A)\geqslant 0.3$ 时

$$a\leqslant[1.15-0.5\rho(A_w/A)]1.6M_{lp}/V_l \tag{5.23}$$

$$\rho=N/V \tag{5.24}$$

式中 a——消能梁段的长度；

ρ——消能梁段轴向力设计值与剪力设计值之比。

(2)消能梁段的腹板不得贴焊补强板，也不得开洞。由于腹板上贴焊的补强板不能进入弹塑性变形，因此不能采用补强板；腹板上开洞也会影响消能梁段的弹塑性变形能力。

(3)消能梁段与支撑斜杆的连接处，构造上需要设置与腹板等高的加劲肋，以传递梁段的剪力并防止梁腹板屈曲。消能梁段与支撑连接处，应在其腹板两侧配置加劲肋，加劲肋的高度应为梁腹板高度，一侧的加劲肋宽度不应小于$(b_f/2-t_w)$，厚度不应小于 $0.75t_w$ 和 10 mm 的较大值。

消能梁段应按下列要求在其腹板上设置中间加劲肋：

①当 $a\leqslant 1.6M_{lp}/V_l$时，加劲肋间距不大于$(30t_wh/5)$。

②当 $2.6M_{lp}/V_l<a\leqslant 5M_{lp}/V_l$时，应在距消能梁段端部 $1.5b_f$ 处配置中间加劲肋，且中间加劲肋间距不应大于$(52t_w-h/5)$。

③当 $1.6M_{lp}/V_l<a\leqslant 2.6M_{lp}/V_l$时，中间加劲肋的间距宜在上述二者间线性插入。

④当 $a>M_{lp}/V_l$时，可不配置中间加劲肋。

⑤中间加劲肋应与消能梁段的腹板等高，当消能梁段截面高度不大于 640 mm 时，可配置单侧加劲肋，消能梁段截面高度大于 640 mm 时，应在两侧配置加劲肋，一侧加劲肋的宽度不应小于$(b_f/2-t_w)$，厚度不应小于 t_w 和 10 mm。

4. 消能梁段与柱连接的构造要求

消能梁段与柱的连接应符合下列要求：

(1)消能梁段与柱连接时，其长度不得大于 $1.6M_{lp}/V_1$，且应满足相关标准的规定。

(2)消能梁段翼缘与柱翼缘之间应采用坡口全熔透对接焊缝连接，消能梁段腹板与柱之间应采用角焊缝(气体保护焊)连接；角焊缝的承载力不得小于消能梁段腹板的轴力、剪力和弯矩同时作用时的承载力。

(3)消能梁段与柱腹板连接时，消能梁段翼缘与横向加劲板间应采用坡口全熔透焊缝，其腹板与柱连接板间应采用角焊缝(气体保护焊)连接；角焊缝的承载力不得小于消能梁段腹板的轴力、剪力和弯矩同时作用时的承载力。

5. 侧向稳定性要求

消能梁段两端上下翼缘应设置侧向支撑，支撑的轴力设计值不得小于消能梁段翼缘轴向承载力设计值的 6%，即 $0.06b_ft_ff$。

偏心支撑框架梁的非消能梁段上下翼缘，应设置侧向支撑，支撑的轴力设计值不得小于梁翼缘轴向承载力设计值的 2%，即 $0.02b_ft_ff$。

注意，此时与消能梁段处于同一跨内的框架梁，同样承受轴力和弯矩，为保持其稳定，也需设置翼缘的侧向隅撑。

6. 框架的构造要求

框架一偏心支撑结构的框架部分，当房屋高度不高于 100 m 且框架部分按计算分配的地震作用不大于结构底部总地震剪力的 25%时，一、二、三级的抗震构造措施可按框架结构降低一级的相应要求采用。其他抗震构造措施，应按本章 5.3 节对框架结构抗震构造措施的内容综合设计考虑。

【工程实例 5.1】

一、工程介绍

本工程的初步信息见本模块的工程导入部分，现将各层楼盖及屋盖的构造及关键施工图补充如下：

1. 屋面做法：(刚性防水上人保温屋面) 苏 J01—2005(江苏省建设工程标准图集)

(1)10 厚(10 mm)地砖铺地干水泥擦缝。

(2)20 厚 1∶2.5 水泥砂浆黏结层。

(3)40 厚 C25 细石混凝土，内配 ϕ4@150 双向钢筋表面刷素水泥浆。

(4)35 厚聚苯乙烯挤塑板。

(5)聚氨酯涂料三度，厚 2。

(6)20 厚 1∶3 水泥砂浆找平层。

(7)80 厚捣制钢筋混凝土板。

(8)0.8 厚压型钢板。

(9)穿孔石膏吸声板吊顶。

2. 楼面做法：苏 J01—2005(江苏省建设工程标准图集)

(1)8 厚地砖楼面，干水泥擦缝。

(2)5 厚水泥细砂浆结合层。

(3)20 厚 1∶3 水泥砂浆找平层。

(4)80 厚钢筋混凝土楼板。
(5)0.8 厚压型钢板。
(6)穿孔石膏吸声板吊顶。
3. 地面做法:苏 J01—2005(江苏省建设工程标准图集)
(1)20 厚花岗岩铺面,水泥砂浆擦缝。
(2)撒素水泥面(洒适量清水)。
(3)30 厚 1∶2 干硬性水泥砂浆结合层。
(4)刷素水泥浆一道。
(5)40 厚 C20 细石混凝土。
(6)防水层:刷冷底子油一道,二毡三油防潮层,撒绿豆砂一层热沥青粘牢。
(7)60 厚 C15 混凝土随捣随抹平。
(8)150 厚碎石夯实。
(9)素土夯实。
4. 内墙面做法:苏 J01—2005(江苏省建设工程标准图集)
(1)刷彩色涂料。
(2)10 厚 1∶2 水泥砂浆抹面。
(3)15 厚 1∶1∶6 水泥石灰砂浆打底。
(4)刷界面处理剂一道。
5. 外墙面做法:苏 J01—2005(江苏省建设工程标准图集)
(1)刷外墙彩色涂料饰面。
(2)聚合物砂浆。
(3)耐碱玻纤网格布一层。
(4)聚合物砂浆。
(5)界面剂一道刷在挤塑板黏结面上。
(6)30 厚挤塑聚苯板保温层。
(7)界面剂一道刷在挤塑板黏结面上。
(8)3 厚专用胶黏结剂。
(9)20 厚 1∶3 水泥砂浆找平层。
(10)刷界面处理剂一道。
6. 卫生间楼面做法:苏 J01—2005(江苏省建设工程标准图集)
(1)8 厚防滑地砖,素水泥浆擦缝。
(2)5 厚 1∶1 水泥细砂浆结合层。
(3)30 厚 C20 细石混凝土。
(4)防水层:刷冷底子油一道,热沥青两道防潮层 3 mm 厚。
(5)20 厚 1∶3 水泥砂浆找平层。
(6)钢筋混凝土楼板。
(7)0.8 厚压型钢板。
(8)矿棉板吊顶(18 mm)。
7. 卫生间墙面做法:苏 J01—2005(江苏省建设工程标准图集)
(1)5 厚釉面砖白水泥擦缝。
(2)3 厚建筑陶瓷黏结剂。
(3)6 厚 1∶2.5 水泥砂浆粉面。
(4)12 厚水泥砂浆打底。

(5)刷界面处理剂一道。

8. 女儿墙做法:苏 J01—2005(江苏省建设工程标准图集)

(1)12 厚 1∶3 石灰砂浆粉面。

(2)8 厚 1∶2.5 水泥砂浆打底。

(3)刷界面处理剂一道。

9. 散水:苏 J01－2005

(1)40 厚 C20 细石混凝土,撒 1∶2 水泥黄砂压实抹光。

(2)120 厚碎石或碎砖灌 M2.5 混合砂浆。

(3)素土夯实,向外坡 4%。

注:散水宽 900 mm,每隔 6 m 留伸缩缝一道,墙身与散水设 10 宽沥青砂浆嵌缝。

10. 台阶:苏 J01—2005(江苏省建设工程标准图集)

(1)花岗石条石规格厚度和宽度,按台阶设计要求,长度 1 000～1 500 表面剁平。

(2)30 厚 1∶3 水泥砂浆结合层。

(3)素水泥浆一道。

(4)100 厚 C15 号现捣钢筋混凝土 ϕ6 双向钢筋中距 150(厚度不包括踏步三角部分),台阶面向外坡 1%。

(5)150 厚碎石或碎砖垫层。

(6)素土夯实(坡度按工程设计)。

(7)台阶横向两端 M2.5 号砂浆砖砌 240 厚地龙墙,横向总长度大于 3 m 时,每隔 3 m 加一道 240 厚地龙墙,地龙墙埋深在冰冻线以下,C10 混凝土基础垫层 600 宽,300 高。

根据结构方案的特点,可取一榀典型横向框架作为计算单元(图 5.10),初步确定钢梁及钢柱的型号(图 5.11)。

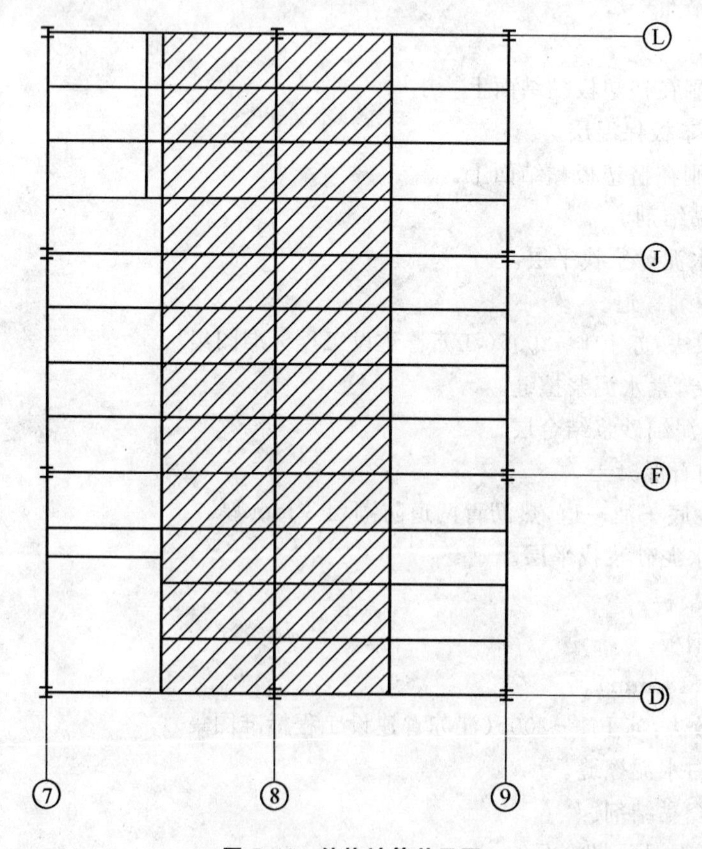

图 5.10 结构计算单元图

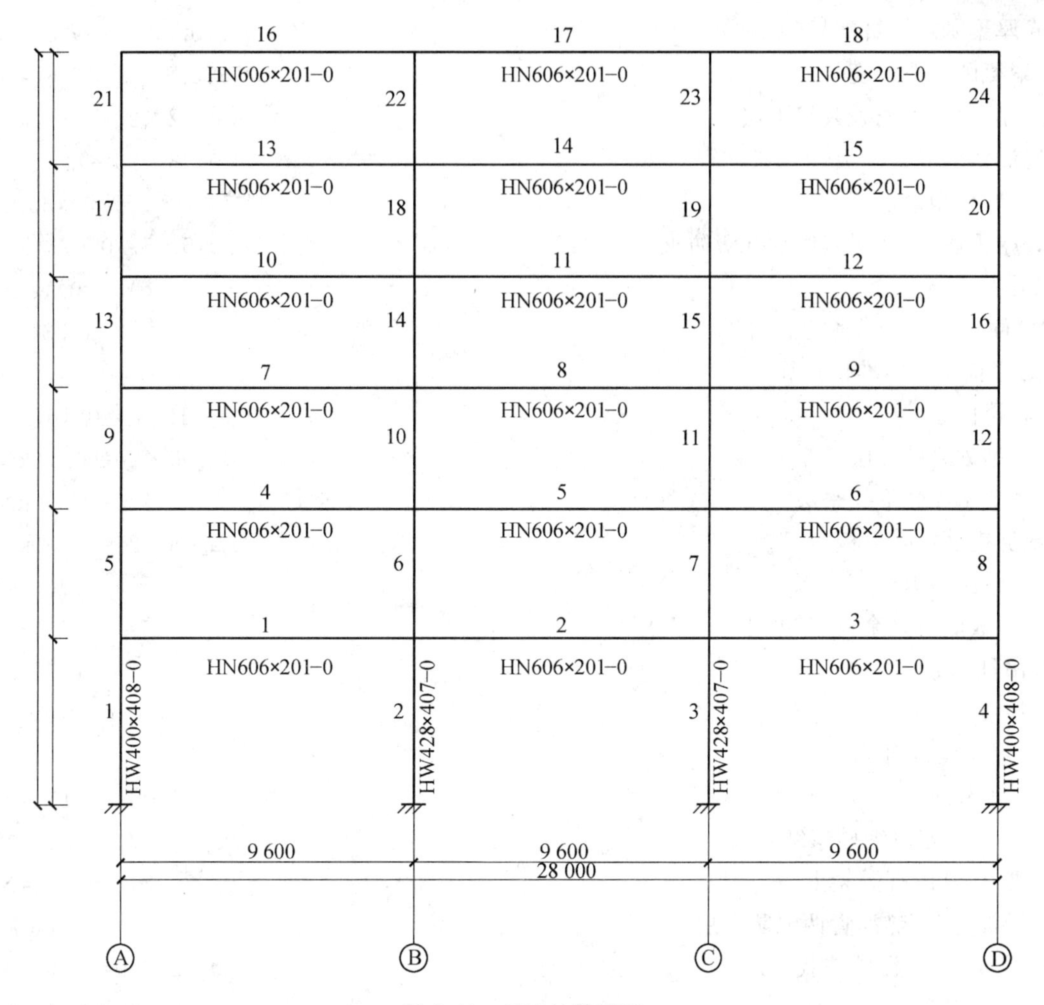

图 5.11 框架计算简图

二、工程分析

本工程中为了减轻楼盖自重,采用 50 厚混凝土,故应按简支单向板计算,不考虑弱边正负弯矩;基本周期调整系数 ξ_T,周期折减系数,为考虑非结构构件的影响系数,在《高层民用建筑钢结构技术规程》中规定对于钢结构可取 0.9,但没指明该取值对于具体何种结构形式和填充墙类型。另外对于多层钢框架结构也没明确的规定。考虑到本工程的实际情况,并不属于高层建筑,且填充墙较多、较厚,故并不属于轻质隔墙、板墙。且具有一定刚度,应考虑到其周期折减应该较多。如果按一般的规定,对于一般框架结构应取 0.6～0.7。另外结合《建筑科学》(2007 年 5 月)第 5 期中的一篇《钢结构房屋动力特性实测与分析》论文中的最后结论中说到,对于填充墙刚度大、数量多的多层钢框架结构房屋的实测自振周期较短,远小于按纯框架结构计算得到的周期,其周期折减系数不宜大于 0.5,否则计算得到的地震作用可能偏小。故结合上面几方面的资料综合考虑,本工程填充墙刚度不是太大也不是太小,数量不是太多也不是太少,故对于本工程来说其折减系数应该比 0.5 大但绝对比 0.9 要小,故保守起见,取其周期折减系数为 0.6 较为合适。

三、工程实施

1. 恒载计算

(1)屋面恒荷载标准值计算

10 mm 厚地砖　　$0.01\times19.8=0.198(\text{kN/m}^2)$

20 mm 厚 1∶2.5 水泥砂浆黏结层　　$0.02\times20=0.4(\text{kN/m}^2)$

40 mm 厚 C25 细石混凝土　　$0.04\times24=0.96(\text{kN/m}^2)$

35 mm 厚聚苯乙烯挤塑板(X300) 0.035×0.5=0.017 5(kN/m^2)
2 mm 聚氨酯涂料三度 0.002×12.8=0.025 6(kN/m^2)
20 mm 厚 1∶3 水泥砂浆找平层 0.02×20=0.4(kN/m^2)
80 厚现浇钢筋混凝土板 0.08×25=2.0(kN/m^2)
0.8 mm 厚压型钢板 0.135 kN/m^2
15 mm 厚板底防火涂料(厚型Ⅱ级防火) 0.015×5=0.075(kN/m^2)
吊顶及吊挂荷载 0.12 kN/m^2
则屋面恒载 4.331 kN/m^2

(2)楼面恒载标准值计算

8 厚地砖楼面 0.008×19.8 =0.16(kN/m^2)
5 厚水泥细砂浆结合层 0.005×20=0.1(kN/m^2)
20 厚 1∶3 水泥砂浆找平层 0.02×20=0.4(kN/m^2)
80 厚现浇钢筋混凝土板 0.08×25=2.0(kN/m^2)
0.8 mm 厚压型钢板 0.135 kN/m^2
15 mm 厚板底防火涂料(厚型Ⅱ级防火) 0.015×5=0.075(kN/m^2)
吊顶及吊挂荷载 0.12 kN/m^2
则楼面恒载 2.99 kN/m^2

(3)卫生间楼面

8 mm 厚防滑地砖 0.008×19.8=0.16(kN/m^2)
5 mm 厚 1∶1 水泥细砂浆结合层 0.005×20=0.1(kN/m^2)
30 mm 厚 C20 细石混凝土 0.03×24=0.72(kN/m^2)
刷冷底子油一道,热沥青两道防潮层 0.05 kN/m^2
20 mm 厚 1∶3 水泥砂浆找平层 0.02×20=0.4(kN/m^2)
80 mm 钢筋混凝土楼板 0.08×25=2.0(kN/m^2)
0.8 mm 厚压型钢板 0.135 kN/m^2
15 mm 厚板底防火涂料(厚型Ⅱ级防火) 0.015×5=0.075(kN/m^2)
吊顶及吊挂荷载 0.12 kN/m^2
则楼面恒载 3.76 kN/m^2

(4)内墙

150 厚加气混凝土砌块墙(K315 B05 型) 1.16 kN/m^2
10 厚 1∶2 水泥砂浆抹面 0.01×20×2=0.4(kN/m^2)
15 厚 1∶1∶6 水泥石灰砂浆打底 0.015×20×2=0.6(kN/m^2)
合计 2.16 kN/m^2

(5)外墙

10 厚 1∶2 水泥砂浆抹面 0.20=0.2(kN/m^2)
15 厚 1∶1∶6 水泥石灰砂浆打底 0.015×20=0.3(kN/m^2)
250 厚加气混凝土砌块墙(K325 B05 型) 1.93 kN/m^2
20 厚 1∶3 水泥砂浆找平层 0.02×20=0.4(kN/m^2)
30 厚挤塑聚苯板保温层 0.03×0.5=0.015(kN/m^2)
合计 2.845 kN/m^2

(6)女儿墙

250 厚加气混凝土砌块墙(K315 B05 型) 1.93 kN/m^2
12 厚 1∶3 石灰砂浆粉面 0.012×20×2=0.48(kN/m^2)

8 厚 1∶2.5 水泥砂浆打底 $0.008\times20\times2=0.32(kN/m^2)$

合计 $2.73\ kN/m^2$

(7)卫生间墙面

150 厚加气混凝土砌块墙(K315 B05 型) $1.16\ kN/m^2$

贴瓷砖墙面 $0.5\times2=1.0(kN/m^2)$

合计 $2.16\ kN/m^2$

和

10 厚 1∶2 水泥砂浆抹面 $0.01\times20=0.2(kN/m^2)$

15 厚 1∶1∶6 水泥石灰砂浆打底 $0.015\times20=0.3(kN/m^2)$

150 厚加气混凝土砌块墙(K315 B05 型) $1.16\ kN/m^2$

贴瓷砖墙面 $0.5\ kN/m^2$

合计 $2.16\ kN/m^2$

(8)窗自重查荷载规范取 $0.45\ kN/m^2$

(9)横向框架主钢梁自重及涂料重

$0.015\ 33\times78.5=1.203\ 4(kN/m)$

$[(0.201+0.04)\times(0.02+0.04)\times2+(0.606-0.08)\times(0.012+0.04)-0.015\ 33]\times5=0.204\ 71(kN/m)$

$1.408\ 11\ kN/m$

(10)钢柱中柱自重和其涂料重

$0.036\ 14\times78.5=2.84(kN/m)$

$[(0.407+0.08)\times(0.035+0.08)\times2+(0.428-0.15)\times(0.02+0.08)-0.036\ 14]\times5=0.518\ 4(kN/m)$

$3.358\ kN/m$

(11)钢柱边柱自重和其涂料重

$0.025\ 15\times78.5=1.974(kN/m)$

$[(0.408+0.08)\times(0.028+0.08)\times2+(0.40-0.122)\times(0.021+0.08)-0.025\ 15]\times5=0.507\ 52(kN/m)$

$2.481\ 5(kN/m)$

(12)横向框架次钢梁 1 自重及涂料

$0.006\ 366\times78.5=0.499\ 7(kN/m)$

$[(0.175+0.04)\times(0.011+0.04)\times2+(0.35-0.051)\times(0.007+0.04)-0.0063\ 66]\times5=0.146(kN/m)$

$0.646\ kN/m$

(13)横向框架次钢梁 2 自重及涂料

$0.004\ 753\times78.5=0.373\ 11(kN/m)$

$[(0.15+0.04)\times(0.009+0.04)\times2+(0.3-0.058)\times(0.006\ 5+0.04)-0.004\ 753]\times5=0.125\ 135(kN/m)$

$0.498\ 245\ kN/m$

(14)次钢梁 3 自重及涂料

$0.009\ 741\times78.5=0.764\ 668\ 5(kN/m)$

$0.1\ 774\ 485\ kN/m$

$0.942\ 117\ kN/m$

2. 重力荷载代表值计算

(1)突出屋面楼梯间计算

G_7 计算：

①屋面恒载：$4.331\times4.8\times9.6\times2=399.145(\text{kN})$

②雪载：$0.5\times0.35\times4.8\times9.6=8.064(\text{kN})$

③外纵墙：$2.845\times4.8\times9.6\times3.6/2=235.96(\text{kN})$

合计：$G_6=\sum G+50\%\sum q=643.18(\text{kN})$

(2)顶层 G_6 计算

①屋面恒载：

$4.331\times8.4\times9.6\times3\times5+4.331\times1.2\times9.6\times2+3.0\times4.8\times7.2\times2=5\ 545.94(\text{kN})$

②女儿墙：

$2.73\times1.2\times8.4\times5\times2+2.73\times1.2\times9.6\times3+2.73\times1.2\times4=3\ 82.64(\text{kN})$

③纵横向框架梁自重：

$1.408\times8.4\times4\times5+1.408\times9.6\times3\times5+1.2\times1.408\times4=446.086(\text{kN})$

④次梁自重：

$0.646\times8.4\times3\times12+1.2\times0.498\times6+9.6\times2\times0.646+8.4\times0.498\times2+0.498\times3.6\times3\times3+0.646\times(2.5+2.3)\times3+0.942\times9.6\times4=279.206(\text{kN})$

⑤半层柱自重：

$3.358\times3.6/2\times2\times5+2.482\times3.6/2\times2\times5=105.111(\text{kN})$

⑥半层墙重：

外纵墙：$8.4\times3.6/2\times2\times2.845\times5+2.845\times3.6/2\times9.6\times3\times2+2.845\times3.6/2\times(4.8+9.6)\times2\times2+2.845\times1.2\times4\times3.6/2-0.3\times0.6\times4\times(2.845-0.45)-(1.8-0.8)\times3\times5(2.845-0.45)-(1.8-0.8)\times4.2\times2\times(2.845-0.45)-(1.8-0.8)\times6\times5\times(2.845-0.45)-(1.8-0.8)\times7.2\times2\times(2.845-0.45)$

$=880.579(\text{kN})$

内墙：$2.16\times(7.2+13.2+8.4\times2+12.6+12+4.2\times2+16.2\times2+11.4\times2+2.3\times3+3.6)\times3.6/2+2.16\times(7.2\times2+9.6\times8+4.8\times9+8.2)\times3.6/2-32\times0.9\times(2.1-1.8)\times(2.16-0.45)$

$=1\ 068.034\ \text{kN}$

⑦雪载：

$0.5\times q=0.5\times(0.35\times8.4\times9.6\times3\times5+0.35\times1.2\times9.6\times2-0.35\times4.8\times9.6\times2)=199.584(\text{kN})$

合计：$G_6=\sum G+50\%\sum q=8\ 907.161\ \text{kN}$

(3) G_5 计算

①楼面恒载：

$3.0\times8.4\times9.6\times3\times5+3.0\times1.2\times9.6\times2+(4.26-3.0)\times7.2\times7.2+3.0\times4.8\times7.2\times2=3\ 970.60(\text{kN})$

②纵横向框架梁自重：

$1.408\times8.4\times4\times5+1.408\times9.6\times3\times5+1.2\times1.408\times4=446.086(\text{kN})$

③次梁自重：

$0.646\times3\times8.4\times11+0.646\times9.6\times2+0.498\times(3.6+3.6+4.2+2.5+2.3)\times3+0.498\times(3.6+4.2+4.8)\times2+0.498\times4.8\times6=279.206(\text{kN})$

④柱自重累计：

$3.36\times3.6\times2\times5+2.482\times3.6\times2\times5=210.222(\text{kN})$

⑤墙重

外纵墙：$8.4\times3.6\times2\times2.845\times5+2.845\times3.6\times9.6\times3\times2+2.845\times1.2\times4\times\ 3.6-0.3\times$

0.6×4×(2.845−0.45)−(1.8−0.8)×3×5(2.845−0.45)−(1.8−0.8)×4.2×2×(2.845−0.45)−(1.8−0.8)×6×5×(2.845−0.45)−(1.8−0.8)×7.2×2×(2.845−0.45)−0.3×0.6×4×(2.845−0.45)−(1.8−0.9)×3×5×(2.845−0.45)−(1.8−0.9)×4.2×2×(2.845−0.45)−(1.8−0.9)×6×5×(2.845−0.45)−(1.8−0.9)×7.2×2 ×(2.845−0.45)=1 187.456(kN)

内墙：2.16×(7.2+13.2+8.4×2+12.6+12+4.2×2+16.2×2+11.4×2+2.3×3+3.6)×3.6+2.16×(7.2×2+9.6×8+4.8×9+8.2)×3.6−32×0.9×1.8×(2.16−0.45)−32×0.9×(2.1−1.8)×(2.16−0.45)=2 062.195(kN)

⑥活荷载累计：

0.5×q=0.5×2×8.4×9.6×3×5+0.5×1.2×9.6×2+0.5×(2.5−2)×2.4×8.4×5=1 246.32(kN)

合计：$G_5=\sum G+50\%\sum q=9\ 410.694$ kN

(4)G_4 计算

①楼面恒载：

3.0×8.4×9.6×3×5+3.0×1.2×9.6×2+(4.26−3.0)×7.2×7.2+3.0×4.8×7.2×2+3.0×4.2×5.9+3.0×3.6×6.2=4 111.90(kN)

②纵横向框架梁自重：

1.408×8.4×4×5+1.408×9.6×3×5+1.2×1.408×4=446.086(kN)

③次梁自重：

0.646×3×8.4×11+0.646×9.6×2+0.498×(3.6+3.6+4.2+2.5+2.3)×3+0.498×(3.6+4.2+4.8)×2+0.498×4.8×6=279.206(kN)

④柱自重累计：

3.36×3.6×2×5+2.482×3.6×2×5=210.222(kN)

⑤墙重：

外纵墙：8.4×3.6×2×2.845×5+2.845×3.6×9.6×3×2+2.845×1.2×4×3.6−0.3×0.6×4×(2.845−0.45)−(1.8−0.8)×3×5×(2.845−0.45)−(1.8−0.8)×4.2× 2×(2.845−0.45)−(1.8−0.8)×6×5×(2.845−0.45)−(1.8−0.8)×7.2×2× (2.845−0.45)−0.3×0.6×4×(2.845−0.45)−(1.8−0.9)×3 ×5×(2.845−0.45)−(1.8−0.9)×4.2×2×(2.845−0.45)−(1.8−0.9)×6×5×(2.845−0.45)−(1.8−0.9)× 7.2×2×(2.845−0.45)=1 187.456(kN)

内墙：2.16×(7.2+13.2+8.4×2+12.6+12+4.2×2+16.2×2+11.4×2+2.3×3+3.6)×3.6+2.16×(7.2×2+9.6×8+4.8×9+8.2)×3.6−32×0.9×1.8 ×(2.16−0.45)−32×0.9×(2.1−1.8)×(2.16−0.45)=2 062.195(kN)

⑥活荷载累计：

0.5×q=0.5×2×8.4×9.6×3×5+0.5×1.2×9.6×2+0.5×(2.5−2)×2.4×8.4×5=1 246.32 kN

合计：$G_4=\sum G+50\%\sum q=9\ 551.994$ kN

(5) G_3 计算

①楼面恒载：

3.0×8.4×9.6×3×5+3.0×1.2×9.6×2+(4.26−3.0)×7.2×7.2+3.0×4.8×7.2×2+3.0×4.2×5.9+3.0×3.6×6.2=4 111.90(kN)

②纵横向框架梁自重：

1.408×8.4×4×5+1.408×9.6×3×5+1.2×1.408×4=446.086(kN)

③次梁自重：

0.646×3×8.4×11+0.646×1×8.4+0.646×9.6×2+0.498×(3.6+3.6+4.2+2.5+

2.3)×3+0.498×(3.394+2.4)×2+0.498×2.4+0.498×(3.6+4.2+4.8)×2+0.942×5×9.6=285.86(kN)

④柱自重累计：

3.358×(1.95+1.8)×2×5+2.482×(1.95+1.8)×2×5 =218.981(kN)

⑤墙重：

外纵墙：

8.4×(1.95+1.8)×2×2.845×5+2.845×(1.95+1.8)×9.6×3×2+2.845×1.2×4×(1.95+1.8)−0.3×0.6×4×(2.845−0.45)−(1.95−0.8)×3×5×(2.845−0.45)−(1.95−0.8)×4.2×2×(2.845−0.45)−(1.95−0.8) ×6×5×(2.845−0.45)−(1.95−0.8)× 7.2×2×(2.845−0.45)−0.3× 0.6×4×(2.845−0.45)−(1.8−0.9) ×3×5×(2.845−0.45)−(1.8−0.9) ×4.2×2×(2.845−0.45)− (1.8−0.9)×6×5×(2.845−0.45)−(1.8−0.9)×7.2×2×(2.845−0.45)−(1.8+3.6+1.8)×(1.95+1.8)×2×(2.845−0.45)=1 096.25(kN)

内墙：

2.16×(7.2+13.2+8.4×2+12.6+12+4.2×2+16.2×2+11.4×2+2.3×3+3.6)×3.6/2+2.16×(7.2×2+9.6×8+4.8×9+8.2)×3.6/2+2.16×(7.2+13.2+4.8×2+3.6+2.3×3+8.4×2+9.6×2×2+3.394×2+8.4×2+12+12.6+4.2+9.6×2+7.2×3+8.2+4.8+6+9.6+2.4+7.2×3)×3.9/2−32×0.9×(2.16−0.45)×(2.1−1.95)−32×0.9×1.8×(2.16−0.45)=2 003.992(kN)

⑥活荷载累计：

0.5×q=0.5×2×8.4×9.6×3×5+0.5×1.2×9.6×2+0.5×(2.5−2)×2.4×8.4×5+0.5×(9.6×9.6+7.2×9.6+4.8×2.4)×(4−2)=1 419.12(kN)

合计：

$$G_4=\sum G+50\%\sum q=9\ 582.115(\mathrm{kN})$$

(6) G_2 计算：

①楼面恒载：

3.0×8.4×9.6×3×5+3.0×1.2×9.6×2+(4.26−3.0)×7.2×7.2+3.0×4.8×7.2×2+3.0×4.2×5.9+3.0×3.6×6.2=4 111.90(kN)

②纵横向框架梁自重：

1.408×8.4×4×5+1.408×9.6×3×5+1.2×1.408×4=446.086(kN)

③次梁自重：

0.646×3×8.4×11+0.646×1×8.4+0.646×9.6×2+0.498×(3.6+3.6+4.2+2.5+2.3)×3+0.498×(3.394+2.4)×2+0.498×2.4+0.498×(3.6+4.2+4.8)×2+0.942×5×9.6=285.86 kN

④柱自重累计：

3.358×(1.95+2.1)×2×5+2.482×(1.95+2.1)×2×5 =236.500(kN)

⑤墙重：

外纵墙：

8.4×(1.95+2.1)×2×2.845×5+2.845×(1.95+2.1)×9.6×3×2+2.845×1.2×4×(1.95+2.1)−0.3×0.6×4×(2.845−0.45)−(2.1−0.8)×3×5×(2.845−0.45)−(2.1−0.8)×4.2×2×(2.845−0.45)−(2.1−0.8)×6×5×(2.845−0.45)−0.3×0.6×4×(2.845−0.45)−(1.95−0.9)×3×6×(2.845−0.45)−(1.95−0.9)×4.2×2×(2.845−0.45)−(1.95−0.9)×6×5× (2.845−0.45)−(1.95−0.9)×7.2×2×(2.845−0.45)−(1.8+3.6+1.8) ×(1.95+2.1)×2×(2.845−0.45)−2.845×16.8×2.1=1 099.054 4(kN)

内墙：

2.16×(7.2+13.2+4.8×2+3.6+2.3×3+8.4×2+9.6×2×2+3.394×2+8.4×2+12+

12.6＋4.2＋9.6×2＋7.2×3＋8.2＋4.8＋6＋9.6＋2.4＋7.2×3)×(1.95＋2.1)－32×0.9×(2.16－0.45)×(2.1－2.1)－32×0.9×1.95×(2.16－0.45)＝2 016.503(kN)

⑥活荷载累计：

0.5×q＝0.5×2×8.4×9.6×3×5＋0.5×1.2×9.6×2＋0.5×(2.5－2)×2.×8.4×5＋0.5×(9.6×9.6＋7.2×9.6＋4.8×2.4)×(4－2)＝1 419.12(kN)

合计：$G_2 = \sum G + 50\% \sum q = 9\ 615.025(\text{kN})$

(7) G_1 计算

①楼面恒载：

3.0×8.4×9.6×3×5＋3.0×1.2×9.6×2＋(4.26－3.0)×7.2×7.2＋3.0×4.8×7.2×2＋3.0×4.2×5.9＋3.0×3.6×6.2＝4 111.90(kN)

②纵横向框架梁自重：

1.408×8.4×4×5＋1.408×9.6×3×5＋1.2×1.408×4＝446.086(kN)

③次梁自重：

0.646×3×8.4×11＋0.646×1×8.4＋0.646×9.6×2＋0.498×(3.6＋3.6＋4.2＋2.5＋2.3)×3＋0.498×(3.394＋2.4)×2＋0.498 ×2.4＋0.498×(3.6＋4.2＋4.8)×2＋0.942×5×9.6＝285.86(kN)

④柱自重累计：

3.358×(2.9＋2.1)×2×5＋2.482×(2.9＋2.1)×2×5＝291.975(kN)

⑤墙重：

外纵墙：

8.4×(2.9＋2.1)×2×2.845×5＋2.845×(2.9＋2.1)×9.6×3×2＋2.845×1.×4×(2.9＋2.1)－0.3×0.6×4×(2.845－0.45)－(2.9－0.8)×3×5× (2.845－0.45)－(2.9－0.8)×4.2×2×(2.845－0.45)－(2.9－0.8)×6×5×(2.845－0.45)－0.3×0.6×4× (2.845－0.45)－(2.1－0.9)×3×6×(2.845－0.45)－(2.1－0.9)×4.2×2×(2.845－0.45)－(2.1－0.9)×6×5×(2.845－0.45)－(2.1－0.9)×7.2×2×(2.845－0.45)－3.6×2.9×2×(2.845－0.45)－2.845× 16.8×2.1－(3.6＋1.8＋1.8)×2.1×(2.845－0.45)＝1 420.445 1(kN)

内墙：

2.16×(7.2＋13.2＋4.8×2＋3.6＋2.3×3＋8.4×2＋9.6×2×2＋3.394×2＋8.4×2＋12＋12.6＋4.2＋9.6×2＋7.2× 3＋8.2＋4.8＋6＋9.6＋2.4＋7.2×3)×2.1－32×0.9×2.1×(2.16－0.45)＋1.2×(9.6×4＋7.2×5＋8.2＋12＋8.4＋7.8)×2.9＝1 686.02(kN)

⑥活荷载累计

0.5×q＝0.5×2×8.4×9.6×3×5＋0.5×1.2×9.6×2＋0.5×(2.5－2)×2.4×8.4×5＋0.5×(9.6×9.6＋7.2×9.6＋4.8×2.4)×(4－2)＝1 419.12(kN)

合计：$G_1 = \sum G + 50\% \sum q = 9\ 661.407(\text{kN})$

3.横向框架自振周期计算

(1)顶点位移法

顶点位移法是求结构基频的一种方法，它的基本原理是将结构按其质量分布情况，简化成有限个质点或无限个质点的悬臂直杆，求出以结构顶点位移表示的基本频率。

结构的基本自振周期为

$$T_1 = 1.7\xi_T \sqrt{\mu_n}$$

对框架结构，u_T 按下列公式计算：

$$V_{Gi} = \sum_{k=i}^{n} G_k$$

$$(\Delta u)_i = \frac{V_{Gi}}{\sum_{j=1}^{s} D_{ij}}$$

$$u_n = \sum_{k=1}^{n} (\Delta u)_k$$

(2) 框架顶点位移计算

框架顶点位移计算见表 5.10。

表 5.10　框架顶点位移计算表

层数	G_i/kN	$\sum G_i$/kN	D_i/(kN·m^{-1})	$\sum G_i/D$	位移 /m
6	9 550.345	9 550.346	329 733.2	0.028 964	0.818 260 808
5	9 410.694	18 961.04	329 733.2	0.057 504	0.789 296 90
4	9 551.994	28 513.03	329 733.2	0.086 473	0.731 792 763
3	9 582.115	38 095.15	274 654.0	0.138 702	0.645 319 719
2	9 615.025	47 710.17	231 626.6	0.205 979	0.506 617 393
1	9 661.407	57 371.58	190 832.4	0.300 639	0.300 638 574

顶部位移基本自振周期

$$T_1 = 1.7\xi_T\sqrt{\mu_n} = 1.7 \times 0.6 \times \sqrt{0.818\ 3} = 0.922\ 7\ \text{(s)}$$

4. 地震作用力及位移计算

徐州地区抗震设防烈度为 7 度，由《建筑抗震设计规范》(GB 50011—2010) 查得水平地震影响系数最大值 $\alpha_{max} = 0.08$，按第一组情况下的 Ⅱ 类建筑场地，由《建筑抗震设计规范》查得特征周期值 $T_g = 0.35$ s，则地震影响系数 α_1 为 0.036 93；并且根据《建筑抗震设计规范》(GB 50011—2010) 中对于钢结构的有关规定第 8.2.2 条的规定，取其阻尼比为 0.035。由于建筑高度不超过 40 m，且平面和竖向都是较为规则的剪切变形为主的建筑，故其地震作用采用底部剪力法。

而构件总的重力荷载代表值为

$$\sum G_i = 57\ 371.58\ \text{kN}$$

结构等效总重力荷载：

$$0.85 \times \sum G_i = 0.85 \times 57\ 371.58 = 48\ 765.84\text{(kN)}$$

$$T_g = 0.35\ \text{s} < T_1 = 0.922\ 67\ \text{s} < 5T_g = 1.75\ \text{s}$$

$$\gamma = 0.9 + \frac{0.05 - 0.035}{0.5 + 5 \times 0.035} = 0.92$$

$$\eta_2 = 1 + (\frac{0.05 - 0.035}{0.06 + 1.7 \times 0.035}) = 1.126$$

$$\alpha = (\frac{T_g}{T_1})^{\gamma}\eta_2\alpha_{max} = (\frac{0.35}{0.922\ 67})^{0.92} \times 1.126 \times 0.08 = 0.036\ 93$$

由底部剪力法计算公式：

$$F_{Ek} = \alpha_1 G_{EP} = \alpha_1 \times 0.85 \times \sum G_i = 0.036\ 93 \times 48\ 765.84 = 1\ 800.711\text{(kN)}$$

因 $T_1 = 0.922\ 7\ \text{s} > 1.4T_g = 0.49$ s，故应考虑顶部附加地震作用，而 $T_g = 0.35$ s，顶部附加地震作用系数为

$$\delta_n = 0.08T_1 + 0.07 = 0.08 \times 0.922\ 7 + 0.07 = 0.143\ 8$$

则附加地震作用

$$\Delta F_n = \delta_n F_{EK} = 0.143\ 8 \times 1\ 800.711 = 258.971\text{(kN)}$$

则框架所承受的地震作用按公式分配

$$F_i=\frac{G_iH_i}{\sum_{j=1}^{n}G_jH_j}F_{\mathrm{Ek}}(1-\delta_n)(i=1,2,3,\cdots)=$$

$$1\,800.711\times\frac{G_iH_i}{\sum_{j=1}^{n}G_jH_j}\times(1-0.143\,8)$$

(1) 层间剪力计算

层间剪力计算见表 5.11。

表 5.11　层间剪力计算表

层数	h_i/m	H_i/m	G_i/kN	G_iH_i	$G_iH_i/\sum G_iH_i$	$F_i/(F_n+\Delta F_n)$	V_i/kN
7	3.6	27.85	643.1846	17 912.69	0.020 744	31.971 68	95.915
6	3.6	24.25	8 907.161	215 998.7	0.250 144	640.112 8	672.08
5	3.6	20.65	9 410.694	194 330.8	0.225 051	346.853 7	1 018.9
4	3.6	17.05	9 551.994	162 861.5	0.188 607	290.685 3	1 309.6
3	3.9	13.45	9 582.115	128 879.4	0.149 253	230.032 0	1 539.6
2	4.2	9.55	9 615.025	91 823.49	0.106 339	163.892 2	1 703.5
1	5.35	5.35	9 661.407	51 688.53	0.059 859	92.256 90	1 795.8

(2) 位移计算

位移计算见表 5.12。

表 5.12　位移计算表

层数	剪力 /kN	层间刚度 /(kN · m^{-1})	层间位移 /m	层高	层间相对位移
6	672.084 55	329 733.2	0.002 038	3.6	0.000 566 18
5	1 018.93 83	329 733.2	0.003 090	3.6	0.000 858 38
4	1 309.623 7	329 733.2	0.003 972	3.6	0.001 103 20
3	1 539.655 7	274 654.0	0.005 606	3.9	0.001 437 38
2	1 703.548 0	231 626.6	0.007 355	4.2	0.001 751 12
1	1 795.804 9	190 832.4	0.009 410	5.35	0.001 758 94

5. 水平地震作用下的内力计算

(1) 框架梁柱线刚度计算

梁为 Q345H 型钢　　$E=2.06\times10^5\ \mathrm{N/mm^2}$

柱为 Q345H 型钢　　$E=2.06\times10^5\ \mathrm{N/mm^2}$

查型钢表：

边柱 HW400 × 40 821 × 21　　$I_{c1}=7.11\times10^8\ \mathrm{mm^4}$

中柱 HW428 × 407 × 20 × 35　　$I_{c2}=11.9\times10^8\ \mathrm{mm^4}$

梁 HN606 × 201 × 12 × 20　　$I_b=9.1\times10^8\ \mathrm{mm^4}$

① 横梁线刚度计算。

在框架结构中，通常压型钢板现浇层的楼板，可以作为梁的有效翼缘，增大梁的有效刚度，减少框架侧移，为考虑这一有利作用，在计算梁截面惯性矩时，对组合楼盖的边框架梁取 $I=1.2I_0$（I_0 为梁的截面惯性矩），对中框架梁取 $I=1.5I_0$；故在计算梁线刚度时，对中框架梁取 $k_b=1.5E\frac{I_b}{l_0}$；对边框架取

$k_b = 1.2E\dfrac{I_b}{l_o}$。(《高层民用钢结构技术规程》(JGJ99—1998) 第 5.1.3 条的规定)。

本设计中由于纵横向框架梁跨度差别不大,故所有楼层的框架梁都采用同一型号,取⑧号定位轴线上的那榀框架为中框架。

故梁的线刚度计算如下:

$$k_b = 1.5E\frac{I_b}{l_o} = 1.5 \times 2.06 \times 10^5 \times \frac{9.1 \times 10^8}{9\ 600} = 29\ 290(\text{kN} \cdot \text{m}^{-1})$$

$$k_{b2} = 1.2E\frac{I_b}{l_o} = 1.2 \times 2.06 \times 10^5 \times \frac{9.1 \times 10^8}{9\ 600} = 23\ 432(\text{kN} \cdot \text{m}^{-1})$$

② 柱的梁线刚度计算。

(边柱,一层柱) 线刚度为

$$K_{C1} = E\frac{I_c}{h_1} = 2.06 \times 10^5 \times \frac{7.11 \times 10^8}{5\ 350} = 27\ 377(\text{kN} \cdot \text{m}^{-1})$$

(边柱,二层柱) 线刚度为

$$K_{C2} = E\frac{I_c}{h_1} = 2.06 \times 10^5 \times \frac{7.11 \times 10^8}{4\ 200} = 34\ 873(\text{kN} \cdot \text{m}^{-1})$$

(边柱,三层柱) 线刚度为

$$K_{C3} = E\frac{I_c}{h_1} = 2.06 \times 10^5 \times \frac{7.11 \times 10^8}{3\ 900} = 37\ 555(\text{kN} \cdot \text{m}^{-1})$$

(边柱,四 — 六层柱) 线刚度为

$$K_{C4-6} = E\frac{I_c}{h_1} = 2.06 \times 10^5 \times \frac{7.11 \times 10^8}{3\ 600} = 40\ 685(\text{kN} \cdot \text{m}^{-1})$$

(中柱,一层柱) 线刚度为

$$K_{C1} = E\frac{I_c}{h_1} = 2.06 \times 10^5 \times \frac{11.9 \times 10^8}{5\ 350} = 45\ 821(\text{kN} \cdot \text{m}^{-1})$$

(中柱,二层柱) 线刚度为

$$K_{C2} = E\frac{I_c}{h_1} = 2.06 \times 10^5 \times \frac{11.9 \times 10^8}{4\ 200} = 58\ 367(\text{kN} \cdot \text{m}^{-1})$$

(中柱,三层柱) 线刚度为

$$K_{C3} = E\frac{I_c}{h_1} = 2.06 \times 10^5 \times \frac{11.9 \times 10^8}{3\ 900} = 62\ 856(\text{kN} \cdot \text{m}^{-1})$$

(中柱,四 — 六层柱) 线刚度为

$$K_{C4-6} = E\frac{I_c}{h_1} = 2.06 \times 10^5 \times \frac{11.9 \times 10^8}{3\ 600} = 68\ 094(\text{kN} \cdot \text{m}^{-1})$$

(2) 整个楼层框架柱横向侧移刚度 D 值计算

整个楼层框架柱横向侧移刚度 D 值计算见表 5.13。

表 5.13 整个楼层的侧移刚度计算表

		边框架边柱	边框架中柱	中框架边柱	中框架中柱	
6 层 $\overline{K}$ 值计算	$\overline{K} = \dfrac{\sum K_b}{K_c}$	0.575 93	0.688 22	0.719 92	0.860 2	
α 值计算	$\alpha = \dfrac{\overline{K}}{2+\overline{K}}$	0.223 58	0.256 01	0.264 6	0.300 7	
D 值计算	$D = \dfrac{12\alpha K_c}{h^2}$	0.842 2	1.614 17	0.997 10	1.896 3	
柱总数		4	4	8	8	合计

续表 5.13

		边框架边柱	边框架中柱	中框架边柱	中框架中柱	
小计		3.369 07	6.456 69	7.976 81	15.170	32.97
5 层同 6 层						32.97
4 层同 6 层						32.97
3 层 $\overline{K}$ 值计算	$\overline{K}=\dfrac{\sum K_b}{K_c}$	0.623 93	0.745 57	0.779 92	0.931 9	
α 值计算	$\alpha=\dfrac{\overline{K}}{2+\overline{K}}$	0.237 78	0.271 55	0.280 55	0.317 8	
D 值计算	$D=\dfrac{12\alpha K_c}{h^2}$	0.704 54	1.346 65	0.831 26	1.576 3	
柱总数		4	4	8	8	合计
小计		2.818 17	5.386 63	6.650 10	12.610	27.46
2 层 $\overline{K}$ 值计算	$\overline{K}=\dfrac{\sum K_b}{K_c}$	0.671 92	0.802 91	0.839 90	1.003 6	
α 值计算	$\alpha=\dfrac{\overline{K}}{2+\overline{K}}$	0.251 47	0.286 45	0.295 75	0.334 1	
D 值计算	$D=\dfrac{12\alpha K_c}{h^2}$	0.596 57	1.137 39	0.701 61	1.326 7	
柱总数		4	4	8	8	合计
小计		2.386 31	4.549 58	5.612 91	10.613	23.16
底层 $\overline{K}$ 值计算	$\overline{K}=\dfrac{\sum K_b}{K_c}$	0.855 90	1.022 76	1.069 87	1.278 4	
α 值计算	$\alpha=\dfrac{\overline{K}+0.5}{2+\overline{K}}$	0.474 7	0.503 76	0.511 38	0.542 4	
D 值计算	$D=\dfrac{12\alpha K_c}{h^2}$	0.544 93	0.967 75	0.586 95	1.04	
柱总数		4	4	8	8	合计
小计		2.179 73	3.871 02	4.695 63	8.336 8	19.08

$\sum D_1/\sum D_2=19.083\ 24/23.162\ 66=0.824>0.7$，满足竖向规则框架的要求。

(3) 各层柱的反弯点高度比

$$y=y_0+y_1+y_2+y_3$$

式中 y_0——标准反弯点高比，根据上下梁的平均线刚度 k_b，和柱的相对线刚度 k_c 的比值，总层数 m，该层位置 n 查表确定；

y_1——上下梁的相对线刚度变化的修正值，由上下梁相对线刚度比值 α_1 及 $\bar{i}$ 查表得；

y_2——上下层层高变化的修正值，由上层层高对该层层高比值 α_2 及 $\bar{i}$ 查表；

y_3——由下层层高对该层层高的比值 α_3 及 $\bar{i}$ 查表得。

具体查表计算见表 5.14。

表 5.14　反弯点参数表

楼层	柱位	K 值	y_0	y_1	y_2	y_3	α_2	α_3
6	边柱	0.72	0.31	0	0	0	0	1
	中柱	0.86	0.35	0	0	0	0	1
5	边柱	0.72	0.4	0	0	0	1	1
	中柱	0.86	0.4	0	0	0	1	1
4	边柱	0.72	0.45	0	0	0	1	1.083 3
	中柱	0.86	0.45	0	0	0	1	1.083 3
3	边柱	0.78	0.45	0	0	0	0.923 0	1.076 9
	中柱	0.932	0.45	0	0	0	0.923 0	1.076 9
2	边柱	0.84	0.5	0	0	0	0.928 5	1.380 9
	中柱	1	0.5	0	0	0	0.928 5	1.380 9
1	边柱	1.160	0.642	0	0	0	0.724 1	0
	中柱	1.38	0.630	0	0	0	0.724 1	0

(4) 地震作用下横向框架柱弯矩计算

地震作用下横向框架柱弯矩计算见表 5.15。

表 5.15　横向框架弯矩计算表

层次	柱位	H_i	V_i	$\sum D_i$	D_i	每柱剪力/kN	y	Y_a/m	柱顶	柱底
6	边柱	3.6	672.08	32.973	0.997	20.32	0.31	1.11	50.48	22.68
	中柱	3.6			1.896	38.65	0.35	1.26	90.45	48.70
5	边柱	3.6	1 018.9	32.973	0.997	30.81	0.40	1.44	66.55	44.37
	中柱	3.6			1.896	58.60	0.40	1.44	126.6	84.38
4	边柱	3.6	1 309.6	32.973	0.997	39.6	0.45	1.62	78.41	64.15
	中柱	3.6			1.896	75.31	0.45	1.62	149.1	122.0
3	边柱	3.9	1 539.6	27.465	0.831	46.59	0.45	1.75	99.95	81.78
	中柱	3.9			1.576	88.36	0.45	1.75	189.5	155.0
2	边柱	4.2	1 703.5	23.163	0.701	51.60	0.45	1.91	118.2	98.55
	中柱	4.2			1.320	97.57	0.45	1.91	223.5	186.3
1	边柱	5.4	1 795.8	19.083	0.586	55.23	0.64	3.43	105.8	189.7
	中柱	5.4			1.042	98.06	0.63	3.37	193.8	330.9

(5) 框架梁端弯矩、剪力及柱轴力计算

以第六层 AB 跨梁为例：

$$M_{左}=39.50\ (\mathrm{kN\cdot m}),\quad M_{右}=\frac{70.76}{2}=35.38\ (\mathrm{kN\cdot m})$$

$$V_b=\frac{M_{左}+M_{右}}{L}=\frac{39.50+35.38}{9.6}=7.8\ (\mathrm{kN})$$

故六层边柱轴力为

$$N_A=-V_b=-7.8\ \mathrm{kN}$$

具体梁弯矩和柱轴力计算见表 5.16。

表 5.16　梁弯矩和柱轴力计算表

层次	AB 跨弯矩及剪力				BC 跨弯矩及剪力			柱轴力	
	l/m	$M_{左}$	$M_{右}$	V_b	$M_{左}$	$M_{右}$	V_b	N_A	N_B
6 层	9.6	50	45.22	9.969	45.223	45.22	9.4	−9.9	0.54
5 层	9.6	89	87.63	18.42	87.639	87.64	18.3	−18.4	0.16
4 层	9.6	123	116.7	24.95	116.75	116.7	24.3	−25	0.62
3 层	9.6	164	155.7	33.32	155.77	155.7	32.5	−33.3	0.86
2 层	9.6	200	189.2	40.54	189.26	189.2	39.4	−40.5	1.11
1 层	9.6	204	190.0	41.08	190.06	190.0	39.6	−41.1	1.48

由于结构和荷载对称，故取一半结构计算就可。

图 5.12 是 PKPM 计算出的地震反应弯矩图，与手算结构基本吻合，但有小的计算误差。

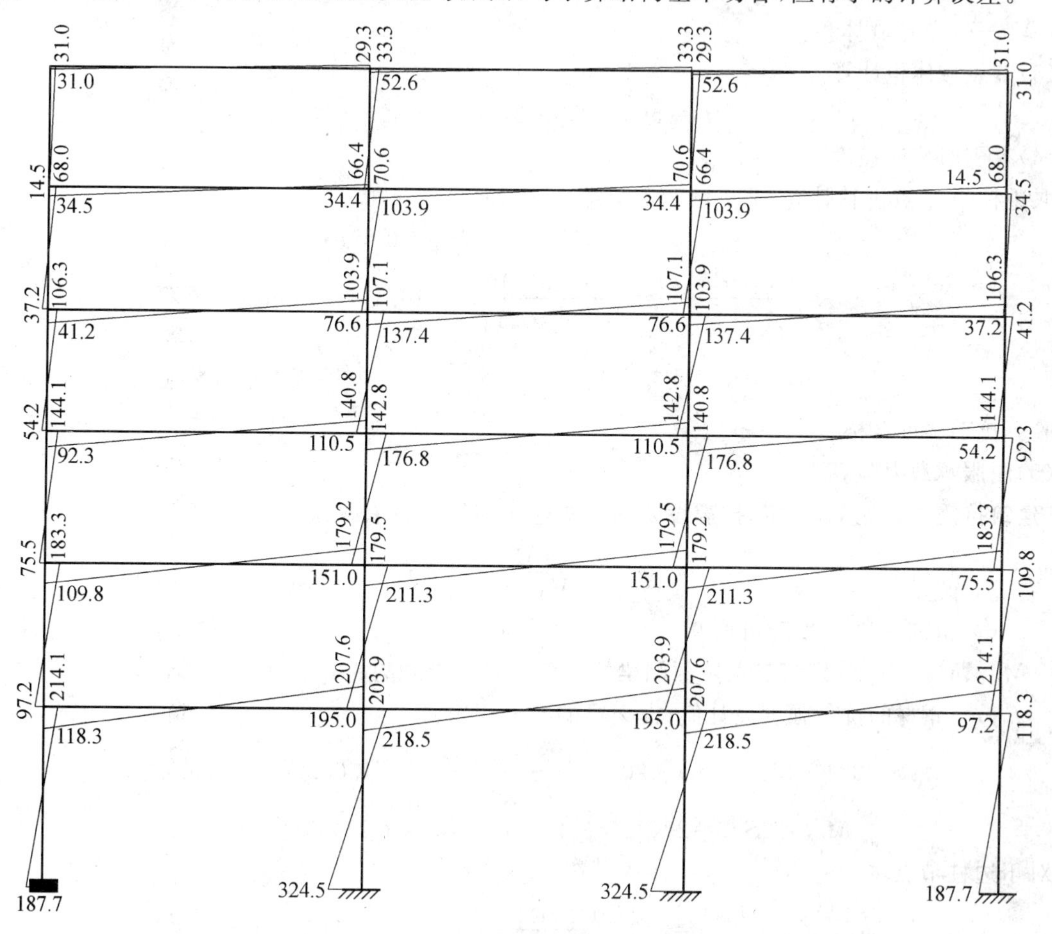

图 5.12　PKPM 电算左震弯矩图(kN·m)

6. 底层边柱 A 节点域设计与验算(限于篇幅略去了其他部分的验算)

此节点域为计算简图中的钢柱 1 与钢梁 1 相交节点域，此建筑为 7 度抗震设防的结构，柱两侧的梁等高，在柱与梁的连接处，柱设置与上下翼缘位置对应的加劲肋，水平加劲肋与梁翼缘等厚。工字形柱水平加劲肋与柱翼缘焊接，采用坡口全融透焊缝，与柱腹板连接时采用角焊缝。

(1)节点域稳定性验算

《建筑抗震设计规范》中规定，按 7 度及以上抗震设防的结构，工字形截面柱腹板在节点域范围内的稳定性应符合

$$t_{wc} \geqslant \frac{(h_{ob}+h_{oc})}{90}$$

柱在节点域的腹板厚度为 $t_{wc}=21$ mm；梁腹板高度为 $h_{0b}=566$ mm；柱腹板高度为 $h_{0c}=358$ mm。故

$$\frac{(h_{ob}+h_{oc})}{90}=\frac{(566+358)}{90}=10.27\ \text{mm} \leqslant t_{wc}=21\ \text{mm}$$

满足工字形截面柱腹板在节点域范围的稳定性。

(2)节点域抗剪强度验算

由柱翼缘与水平加劲肋包围的节点域，在周边弯矩和剪力的作用下，抗剪强度按下式计算：

$$\tau \geqslant \frac{(M_{b1}+M_{b2})}{V_P} \leqslant \frac{4}{3} f_v$$

式中 M_{b1}、M_{b2}——节点域两侧梁端弯矩设计值；

f_v——钢材的抗剪强度设计值，有地震作用时除 $\gamma_{RE}=0.85$；

V_P——节点域体积。

(3)节点域体积计算

$$V_P=h_b h_c t_P=566\times358\times21=4.255\ 2\times10^6\ (\text{mm}^3)$$

(4)有震时抗剪强度验算

取边柱 A 节点进行计算，节点域两侧梁端弯矩设计值

$$M_{b1}=494.26\ \text{kN}\cdot\text{m};\quad M_{b2}=0\ \text{kN}\cdot\text{m}$$

$$\tau=\frac{(M_{b1}+M_{b2})}{V_P}=\frac{494.26\times10^6}{4.255\ 2\times10^6}=116.15(\text{N/mm}^2)<$$

$$\frac{4}{3} f_v/\gamma_{RE}=\frac{4}{3}\times170/0.85=266.67(\text{N/mm}^2)$$

验算抗剪强度合格。

(5)屈服承载力验算

《建筑抗震设计规范》规定，抗震设防的结构还应满足屈服承载力的要求，即

$$\psi\frac{(M_{pb1}+M_{pb2})}{V_P} \leqslant \frac{4}{3} f_v$$

式中 ψ——折减系数，7 度时可取 0.6；

M_{pb1}、M_{pb2}——分别为节点域两侧梁的全塑性受弯承载力；

f_v——钢材的抗剪强度设计值；框架梁的半面积矩：

$$S=201\times(303-10)\times20+\frac{(606-40)^2\times12}{8}=1.658\ 4\times10^6\ (\text{mm}^3)$$

$$M_{pb1}=2Sf_y=2\times1.658\ 4\times345\times10^6=1\ 144.3(\text{kN}\cdot\text{m})$$

对于边柱节点域：

$$\psi\frac{(M_{pb1}+M_{pb2})}{V_P}=0.6\times\frac{1\ 144.3\times10^6}{4.255\ 2\times10^6}=161.351\ (\text{N/mm}^2)<$$

$$\frac{4}{3} f_v=\frac{4}{3}\times170=226.67(\text{N/mm}^2)$$

故满足要求。

【重点串联】

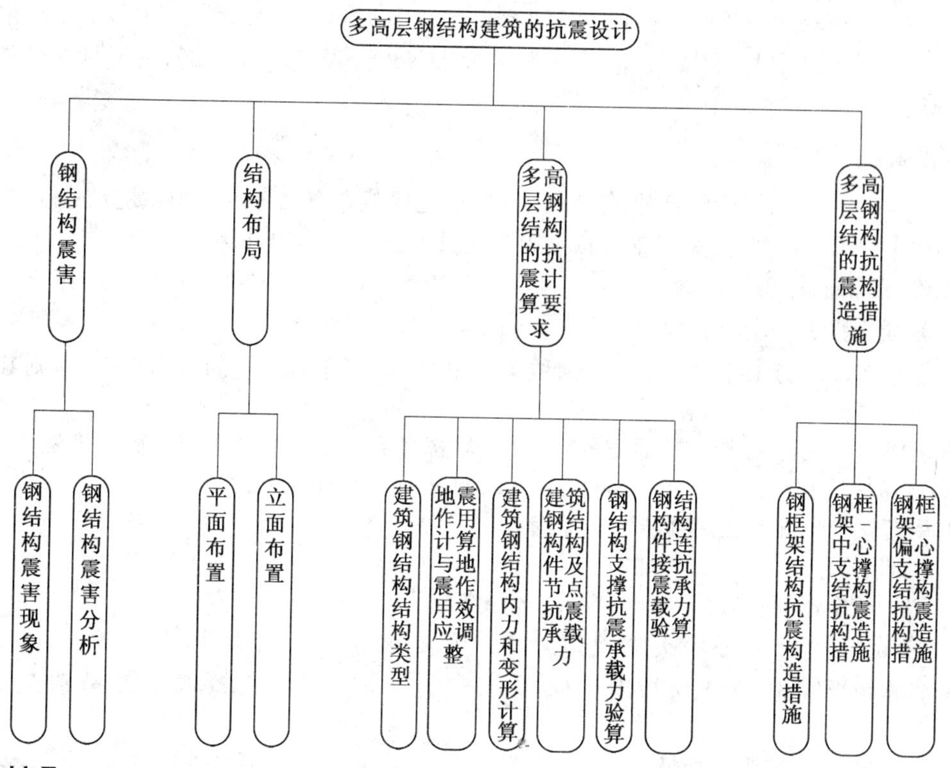

【知识链接】

本模块的内容主要涉及《建筑抗震设计规范》(GB 50011—2010)的第三、八、十二章的内容,《钢结构设计规范》(GB 50017—2003)的第三、四、五、七、八、十一章的内容,《高层民用建筑钢结构技术规范》(JGJ 99—98)的第三、四、五、六、七、八章的内容,《钢结构工程施工质量验收规范》(GB 50205—2001)的第十一章的内容,《钢结构施工规范》(GB 50755—2012)的第四、五、七、八、九、十一章的内容。

拓展与实训

基础训练

1. 建筑钢结构震害特点有哪些?
2. 多高层钢结构的抗震计算要点有哪些?
3. 为什么进行罕遇地震结构反应时,不考虑楼板与钢梁的共同工作作用?

工程模拟训练

1. 进行本模块工程中底层中柱有地震内力组合的框架柱承载力验算,已知条件如下:

(1)控制内力

内力分别为:$M_u = 337.33\ \mathrm{kN \cdot m}$,$N_u = -3\ 611.00\ \mathrm{kN}$,$V_u = -146.70\ \mathrm{kN}$,$M_d = 447.93\ \mathrm{kN \cdot m}$,$N_d = 3\ 373.15\ \mathrm{kN}$,$V_d = 146.59\ \mathrm{kN}$。

属于地震组合,须考虑承载力抗震调整系数 γ_{RE},对于钢结构柱 $\gamma_{RE} = 0.75$。

(2)截面特性

底层中柱的截面为HW428×407×20×35,其截面特性:$A=36\ 140\ mm^2$,$I_x=12.089\ 2\times 10^8\ mm^4$,$I_y=3.940\ 0\times 10^8\ mm^4$,$i_x=182\ mm$,$i_y=104.5\ mm$,$W_x=5.580\times 10^6\ mm^3$,$W_y=1.934\times 10^6\ mm^3$。梁$L_1$和梁$L_2$的截面型号为HN606×201×12×20,其惯性矩$I_x=9.1\times 10^8\ mm^4$。

链接职考

全国注册建筑师、结构工程师、建造师执业资格考试模拟试题

1.在重型工业厂房中,采用钢结构是因为它具有(　　)的特点。

A.匀质等向体、塑性和韧性好　　B.匀质等向体、轻质高强

C.轻质高强、塑性和韧性好　　D.可焊性、耐热性好

2.螺栓连接受剪工作时,在$\tau-\delta$曲线上的最高点"3"作为连接的承载力极限,则其螺栓应为(　　)。

A.摩擦型高强度螺栓和普通螺栓　　B.摩擦型高强度螺栓和承压型高强度螺栓

C.普通螺栓和承压型高强度螺栓　　D.摩擦型高强度螺栓

3.引起梁受压翼缘板局部稳定的原因是(　　)。

A.弯曲正应力　　B.弯曲压应力　　C.局部压应力　　D.剪应力

4.钢材经冷作硬化后屈服点(　　),塑性降低了。

A.降低　　B.不变　　C.提高　　D.变为零

5.直角角焊缝的焊脚尺寸应满足$h_{fmin}\geqslant 1.5\sqrt{t_1}$及$h_{fmax}\leqslant 1.2\cdot t_2$,则$t_1$、$t_2$分别为(　　)的厚度。

A.t_1为厚焊件,t_2为薄焊件　　B.t_1为薄焊件,t_2为厚焊件

C.t_1、t_2皆为厚焊件　　D.t_1、t_2皆为薄焊件

6.格构式轴心受压构件的整体稳定计算时,由于(　　),因此以换算长细比λ_{0x}代替λ_x。

A.格构式柱可能发生较大的剪切变形

B.要求实现等稳定设计

C.格构式柱可能单肢失稳

D.格构式柱承载能力提高

7.初偏心对压杆的影响与初弯曲相比较,有(　　)。

A.两者均使压杆的承载力提高

B.两者均使压杆的承载力降低

C.前者使压杆的承载力提高,后者使压杆的承载力降低

D.前者使压杆的承载力降低,后者使压杆的承载力提高

8.等稳定性指的是(　　)。

A.$\lambda_x=\lambda_y$　　B.$i_x=i_y$　　C.$l_{0x}=l_{0y}$　　D.$\varphi_x=\varphi_y$

9.偏心压杆在弯矩作用平面内的整体稳定计算公式为

$$\frac{N}{\Phi_x A}+\frac{\beta_{mx}M_x}{\gamma_x W_{1x}(1-0.8N/N_{Ex})}\leqslant\frac{f}{\gamma_{rE}}$$

式中,W_{1x}代表(　　)。

A.受压较大纤维的毛截面抵抗矩　　B.受压较小纤维的毛截面抵抗矩

C.受压较大纤维的净截面抵抗矩　　D.受压较小纤维的净截面抵抗矩

10.对格构式轴压杆绕虚轴的整体稳定计算时,用换算长细比λ_{ω}代替λ,这是考虑(　　)。

A.格构柱剪切变形的影响　　B.格构柱弯曲变形的影响

C.钢材剪切变形的影响　　D.钢材弯曲变形的影响

附　　录

附录 A　我国主要城镇抗震设防烈度、设计基本地震加速度和设计地震分组

本附录仅提供我国抗震设防区各县级及县级以上城镇的中心地区建筑工程抗震设计时所采用的抗震设防烈度、设计基本地震加速度值和所属的设计地震分组。

注：本附录一般把“设计地震第一、二、三组”简称为“第一组、第二组、第三组”。

A.0.1　首都和直辖市

1　抗震设防烈度为 8 度，设计基本地震加速度值为 0.20g：

第一组：北京（东城、西城、崇文、宣武、朝阳、丰台、石景山、海淀、房山、通州、顺义、大兴、平谷），延庆，天津（汉沽），宁河。

2　抗震设防烈度为 7 度，设计基本地震加速度值为 0.15g：

第二组：北京（昌平、门头沟、怀柔），密云；天津（和平、河东、河西、南开、河北、红桥、塘沽、东丽、西青、津南、北辰、武清、宝坻），蓟县，静海。

3　抗震设防烈度为 7 度，设计基本地震加速度值为 0.10g：

第一组：上海（黄浦、卢湾、徐汇、长宁、静安、普陀、闸北、虹口、杨浦、闵行、宝山、嘉定、浦东、松江、青浦、南汇、奉贤）；

第二组：天津（大港）。

4　抗震设防烈度为 6 度，设计基本地震加速度值为 0.05g：

第一组：上海（金山），崇明；重庆（渝中、大渡口、江北、沙坪坝、九龙坡、南岸、北碚、万盛、双桥、渝北、巴南、万州、涪陵、黔江、长寿、江津、合川、永川、南川），巫山，奉节，云阳，忠县，丰都，壁山，铜梁，大足，荣昌，綦江，石柱，巫溪*。

注：上标 * 指该城镇的中心位于本设防区和较低设防区的分界线，下同。

A.0.2　河北省

1　抗震设防烈度为 8 度，设计基本地震加速度值为 0.20g：

第一组：唐山（路北、路南、古冶、开平、丰润、丰南），三河，大厂，香河，怀来，涿鹿；

第二组：廊坊（广阳、安次）。

2　抗震设防烈度为 7 度，设计基本地震加速度值为 0.15g：

第一组：邯郸（丛台、邯山、复兴、峰峰矿区），任丘，河间，大城，滦县，蔚县，磁县，宣化县，张家口（下花园、宣化区），宁晋*；

第二组：涿州，高碑店，涞水，固安，永清，文安，玉田，迁安，卢龙，滦南，唐海，乐亭，阳原，邯郸县，大名，临漳，成安。

3　抗震设防烈度为 7 度，设计基本地震加速度值为 0.10g：

第一组：张家口（桥西、桥东），万全，怀安，安平，饶阳，晋州，深州，辛集，赵县，隆尧，任县，南和，新河，肃宁，柏乡；

第二组：石家庄（长安、桥东、桥西、新华、裕华、井陉矿区），保定（新市、北市、南市），沧州（运河、新华），邢台（桥东、桥西），衡水，霸州，雄县，易县，沧县，张北，兴隆，迁西，抚宁，昌黎，青县，献县，广宗，平乡，鸡泽，曲周，肥乡，馆陶，广平，高邑，内丘，邢台县，武安，涉县，赤城，走兴，容城，徐水，安新，高阳，博野，蠡县，深泽，魏县，藁城，栾城，武强，冀州，巨鹿，沙河，临城，泊头，永年，崇礼，南宫*；

第三组：秦皇岛（海港、北戴河），清苑，遵化，安国，涞源，承德（鹰手营子*）。

4 抗震设防烈度为6度,设计基本地震加速度值为0.05g:

第一组:围场,沽源;

第二组:正定,尚义,无极,平山,鹿泉,井陉县,元氏,南皮,吴桥,景县,东光;

第三组:承德(双桥、双滦),秦皇岛(山海关),承德县,隆化,宽城,青龙,阜平,满城,顺平,唐县,望都,曲阳,定州,行唐,赞皇,黄骅,海兴,孟村,盐山,阜城,故城,清河,新乐,武邑,枣强,威县,丰宁,滦平,平泉,临西,灵寿,邱县。

A.0.3 山西省

1 抗震设防烈度为8度,设计基本地震加速度值为0.20g:

第一组:太原(杏花岭、小店、迎泽、尖草坪、万柏林、晋源),晋中,清徐,阳曲,忻州,定襄,原平,介休,灵石,汾西,代县,霍州,古县,洪洞,临汾,襄汾,浮山,永济;

第二组:祁县,平遥,太谷。

2 抗震设防烈度为7度,设计基本地震加速度值为0.15g:

第一组:大同(城区、矿区、南郊),大同县,怀仁,应县,繁峙,五台,广灵,灵丘,芮城,翼城;

第二组:朔州(朔城区),浑源,山阴,古交,交城,文水,汾阳,孝义,曲沃,侯马,新绛,稷山,绛县,河津,万荣,闻喜,临猗,夏县,运城,平陆,沁源*,宁武*。

3 抗震设防烈度为7度,设计基本地震加速度值为0.10g:

第一组:阳高,天镇;

第二组:大同(新荣),长治(城区、郊区),阳泉(城区、矿区、郊区),长治县,左云,右玉,神池,寿阳,昔阳,安泽,平定,和顺,乡宁,垣曲,黎城,潞城,壶关;

第三组:平顺,榆社,武乡,娄烦,交口,隰县,蒲县,吉县,静乐,陵川,盂县,沁水,沁县,朔州(平鲁)。

4 抗震设防烈度为6度,设计基本地震加速度值为0.05g:

第三组:偏关,河曲,保德,兴县,临县,方山,柳林,五寨,岢岚,岚县,中阳,石楼,永和,大宁,晋城,吕梁,左权,襄垣,屯留,长子,高平,阳城,泽州。

A.0.4 内蒙古自治区

1 抗震设防烈度为8度,设计基本地震加速度值为0.30g:

第一组:土墨特右旗,达拉特旗*。

2 抗震设防烈度为8度,设计基本地震加速度值为0.20g:

第一组:呼和浩特(新城、回民、玉泉、赛罕),包头(昆都仑、东河、青山、九原),乌海(海勃湾、海南、乌达),土墨特左旗,杭锦后旗,磴口,宁城;

第二组:包头(石拐),托克托*。

3 抗震设防烈度为7度,设计基本地震加速度值为0.15g:

第一组:赤峰(红山*,元宝山区),喀喇沁旗,巴彦卓尔,五原,乌拉特前旗,凉城;

第二组:固阳,武川,和林格尔;

第三组:阿拉善左旗。

4 抗震设防烈度为7度,设计基本地震加速度值为0.10g:

第一组:赤峰(松山区),察右前旗,开鲁,傲汉旗,扎兰屯,通辽*;

第二组:清水河,乌兰察布,卓资,丰镇,乌特拉后旗,乌特拉中旗;

第三组:鄂尔多斯,准格尔旗。

5 抗震设防烈度为6度,设计基本地震加速度值为0.05g:

第一组:满洲里,新巴尔虎右旗,莫力达瓦旗,阿荣旗,扎赉特旗,翁牛特旗,商都,乌审旗,科左中旗,科左后旗,奈曼旗,库伦旗,苏尼特右旗;

第二组:兴和,察右后旗;

第三组:达尔军茂明安联合旗,阿拉善右旗,鄂托克旗,鄂托克前旗,包头(白云矿区),伊金霍洛旗,杭锦旗,四子王旗,察右中旗。

A.0.5 辽宁省

1 抗震设防烈度为8度,设计基本地震加速度值为0.20g:

第一组:普兰店,东港。

2 抗震设防烈度为7度,设计基本地震加速度值为0.15g:

第一组:营口(站前、西市、鲅鱼圈、老边),丹东(振兴、元宝、振安),海城,大石桥,瓦房店,盖州,大连(金州)。

3 抗震设防烈度为7度,设计基本地震加速度值为0.10g:

第一组:沈阳(沈河、和平、大东、皇姑、铁西、苏家屯、东陵、沈北、于洪),鞍山(铁东、铁西、立山、千山),朝阳(双塔、龙城),辽阳(白塔、文圣、宏伟、弓长岭、太子河),抚顺(新抚、东洲、望花),铁岭(银州、清河),盘锦(兴隆台、双台子),盘山,朝阳县,辽阳县,铁岭县,北票,建平,开原,抚顺县*,灯塔,台安,辽中,大洼;

第二组:大连(西岗、中山、沙河口、甘井子、旅顺),岫岩,凌源。

4 抗震设防烈度为6度,设计基本地震加速度值为0.05g:

第一组:本溪(平山、溪湖、明山、南芬),阜新(细河、海州、新邱、太平、清河门),葫芦岛(龙港、连山),昌图,西丰,法库,彰武,调兵山,阜新县,康平,新民,黑山,北宁,义县,宽甸,庄河,长海,抚顺(顺城);

第二组:锦州(太和、古塔、凌河),凌海,凤城,喀喇沁左翼;

第三组:兴城,绥中,建昌,葫芦岛(南票)。

A.0.6 吉林省

1 抗震设防烈度为8度,设计基本地震加速度值为0.20g:

前郭尔罗斯,松原。

2 抗震设防烈度为7度,设计基本地震加速度值为0.15g:

大安*。

3 抗震设防烈度为7度,设计基本地震加速度值为0.10g:

长春(难关、朝阳、宽城、二道、绿园、双阳),吉林(船营、龙潭、昌邑、丰满),白城,乾安,舒兰,九台,永吉*。

4 抗震设防烈度为6度,设计基本地震加速度值为0.05g:

四平(铁西、铁东),辽源(龙山、西安),镇赉,洮南,延吉,汪清,图们,珲春,龙井,和龙,安图,蛟河,桦甸,梨树,磐石,东丰,辉南,梅河口,东辽,榆树,靖宇,抚松,长岭,德惠,农安,伊通,公主岭,扶余,通榆*。

注:全省县级及县级以上设防城镇,设计地震分组均为第一组。

A.0.7 黑龙江省

1 抗震设防烈度为7度,设计基本地震加速度值为0.10g:

绥化,萝北,泰来。

2 抗震设防烈度为6度,设计基本地震加速度值为0.05g:

哈尔滨(松北、道里、南岗、道外、香坊、平房、呼兰、阿城),齐齐哈尔(建华、龙沙、铁锋、昂昂溪、富拉尔基、碾子山、梅里斯),大庆(萨尔图、龙凤、让胡路、大同、红岗),鹤岗(向阳、兴山、工农、南山、兴安、东山),牡丹江(东安、爱民、阳明、西安),鸡西(鸡冠、恒山、滴道、梨树、城子河、麻山),佳木斯(前进、向阳、东风、郊区),七台河(桃山、新兴、茄子河),伊春(伊春区,乌马、友好),鸡东,望奎,穆棱,绥芬河,东宁,宁安,五大连池,嘉荫,汤原,桦南,桦川,依兰,勃利,通河,方正,木兰,巴彦,延寿,尚志,宾县,安达,明水,绥棱,庆安,兰西,肇东,肇州,双城,五常,讷河,北安,甘南,富裕,尤江,黑河,肇源,青冈*,海林*。

注:全省县级及县级以上设防城镇,设计地震分组均为第一组。

A.0.8 江苏省

1 抗震设防烈度为8度,设计基本地震加速度值为0.30g:

第一组：宿迁(宿城、宿豫*)。

2　抗震设防烈度为8度，设计基本地震加速度值为0.20g：

第一组：新沂，邳州，睢宁。

3　抗震设防烈度为7度，设计基本地震加速度值为0.15g：

第一组：扬州(维扬、广陵、邗江)，镇江(京口、润州)，泗洪，江都；

第二组：东海，沭阳，大丰。

4　抗震设防烈度为7度，设计基本地震加速度值为0.10g：

第一组：南京(玄武、白下、秦淮、建邺、鼓楼、下关、浦口、六合、栖霞、雨花台、江宁)，常州(新北、钟楼、天宁、戚墅堰、武进)，泰州(海陵、高港)，江浦，东台，海安，姜堰，如皋，扬中，仪征，兴化，高邮，六合，句容，丹阳，金坛，镇江(丹徒)，溧阳，溧水，昆山，太仓；

第二组：徐州(云龙、鼓楼、九里、贾汪、泉山)，铜山，沛县，淮安(清河、青浦、淮阴)，盐城(亭湖、盐都)，泗阳，盱眙，射阳，赣榆，如东；

第三组：连云港(新浦、连云、海州)，灌云。

5　抗震设防烈度为6度，设计基本地震加速度值为0.05g：

第一组：无锡(崇安、南长、北塘、滨湖、惠山)，苏州(金阊、沧浪、平江、虎丘、吴中、相成)，宜兴，常熟，吴江，泰兴，高淳；

第二组：南通(崇川、港闸)，海门，启东，通州，张家港，靖江，江阴，无锡(锡山)，建湖，洪泽，丰县；

第三组：响水，滨海，阜宁，宝应，金湖，灌南，涟水，楚州。

A.0.9　浙江省

1　抗震设防烈度为7度，设计基本地震加速度值为0.10g：

第一组：岱山，嵊泗，舟山(定海、普陀)，宁波(北仑、镇海)。

2　抗震设防烈度为6度，设计基本地震加速度值为0.05g：

第一组：杭州(拱墅、上城、下城、江干、西湖、滨江、余杭、萧山)，宁波(海曙、江东、江北、鄞州)，湖州(吴兴、南浔)，嘉兴(南湖、秀洲)，温州(鹿城、龙湾、瓯海)，绍兴，绍兴县，长兴，安吉，临安，奉化，象山，德清，嘉善，平湖，海盐，桐乡，海宁，上虞，慈溪，余姚，富阳，平阳，苍南，乐清，永嘉，泰顺，景宁，云和，洞头；

第二组：庆元，瑞安。

A.0.10　安徽省

1　抗震设防烈度为7度，设计基本地震加速度值为0.15g：

第一组：五河，泗县。

2　抗震设防烈度为7度，设计基本地震加速度值为0.10g：

第一组：合肥(蜀山、庐阳、瑶海、包河)，蚌埠(蚌山、龙子湖、禹会、淮山)，阜阳(颍州、颍东、颍泉)，淮南(田家庵、大通)，枞阳，怀远，长丰，六安(金安、裕安)，固镇，凤阳，明光，定远，肥东，肥西，舒城，庐江，桐城，霍山，涡阳，安庆(大观、迎江、宜秀)，铜陵县*；

第二组：灵璧。

3　抗震设防烈度为6度，设计基本地震加速度值为0.05g：

第一组：铜陵(铜官山、狮子山、郊区)，淮南(谢家集、八公山、潘集)，芜湖(镜湖、戈江、三江、鸠江)，马鞍山(花山、雨山、金家庄)，芜湖县，界首，太和，临泉，阜南，利辛，凤台，寿县，颍上，霍邱，金寨，含山，和县，当涂，无为，繁昌，池州，岳西，潜山，太湖，怀宁，望江，东至，宿松，南陵，宣城，郎溪，广德，泾县，青阳，石台；

第二组：滁州(琅琊、南谯)，来安，全椒，砀山，萧县，蒙城，亳州，巢湖，天长；

第三组：濉溪，淮北，宿州。

A.0.11　福建省

1　抗震设防烈度为8度，设计基本地震加速度值为0.20g：

第二组:金门*。

2 抗震设防烈度为7度,设计基本地震加速度值为0.15g:

第一组:漳州(芗城、龙文),东山,诏安,龙海;

第二组:厦门(思明、海沧、湖里、集美、同安、翔安),晋江,石狮,长泰,漳浦;

第三组:泉州(丰泽、鲤城、洛江、泉港)。

3 抗震设防烈度为7度,设计基本地震加速度值为0.10g:

第二组:福州(鼓楼、台江、仓山、晋安),华安,南靖,平和,云宵;

第三组:莆田(城厢、涵江、荔城、秀屿),长乐,福清,平潭,惠安,南安,安溪,福州(马尾)。

4 抗震设防烈度为6度,设计基本地震加速度值为0.05g:

第一组:三明(梅列、三元),屏南,霞浦,福鼎,福安,柘荣,寿宁,周宁,松溪,宁德,古田,罗源,沙县,尤溪,闽清,闽侯,南平,大田,漳平,龙岩,泰宁,宁化,长汀,武平,建守,将乐,明溪,清流,连城,上杭,永安,建瓯;

第二组:政和,永定;

第三组:连江,永泰,德化,永春,仙游,马祖。

A.0.12 江西省

1 抗震设防烈度为7度,设计基本地震加速度值为0.10g:

寻乌,会昌。

2 抗震设防烈度为6度,设计基本地震加速度值为0.05g:

南昌(东湖、西湖、青云谱、湾里、青山湖),南昌县,九江(浔阳、庐山),九江县,进贤,余干,彭泽,湖口,星子,瑞昌,德安,都昌,武宁,修水,靖安,铜鼓,宜丰,宁都,石城,瑞金,安远,定南,龙南,全南,大余。

注:全省县级及县级以上设防城镇,设计地震分组均为第一组。

A.0.13 山东省

1 抗震设防烈度为8度,设计基本地震加速度值为0.20g:

第一组:郯城,临沭,莒南,莒县,沂水,安丘,阳谷,临沂(河东)。

2 抗震设防烈度为7度,设计基本地震加速度值为0.15g:

第一组:临沂(兰山、罗庄),青州,临朐,菏泽,东明,聊城,莘县,鄄城;

第二组:潍坊(奎文、潍城、寒亭、坊子),苍山,沂南,昌邑,昌乐,诸城,五莲,长岛,蓬莱,龙口,枣庄(台儿庄),淄博(临淄2),寿光*。

3 抗震设防烈度为7度,设计基本地震加速度值为0.10g:

第一组:烟台(莱山、芝罘、牟平),威海,文登,高唐,茌平,定陶,成武;

第二组:烟台(福山),枣庄(薛城、市中、峄城、山亭*),淄博(张店、淄川、周村),平原,东阿,平阴,梁山,郓城,巨野,曹县,广饶,博兴,高青,桓台,蒙阴,费县,微山,禹城,冠县,单县*,夏津*,莱芜(莱城*、钢城);

第三组:东营(东营、河口),日照(东港、岚山),沂源,招远,新泰,栖霞,莱州,平度,高密,垦利,淄博(博山),滨州*,平邑*。

4 抗震设防烈度为6度,设计基本地震加速度值为0.05g:

第一组:荣成;

第二组:德州,宁阳,曲阜,邹城,鱼台,乳山,兖州;

第三组:济南(市中、历下、槐荫、天桥、历城、长清),青岛(市南、市北、四方、黄岛、崂山、城阳、李沧),泰安(泰山、岱岳),济宁(市中、任城),乐陵,庆云,无棣,阳信,宁津,沾化,利津,武城,惠民,商河,临邑,济阳,齐河,章丘,泗水,莱阳,海阳,金乡,滕州,莱西,即墨,胶南,胶州,东平,汶上,嘉祥,临清,肥城,陵县,邹平。

A.0.14 河南省

1 抗震设防烈度为8度,设计基本地震加速度值为0.20g:

第一组：新乡（卫滨、红旗、凤泉、牧野），新乡县，安阳（北关、文峰、殷都、龙安），安阳县，淇县，卫辉，辉县，原阳，延津，获嘉，范县；

第二组：鹤壁（淇滨、山城*、鹤山*），汤阴。

2 抗震设防烈度为7度，设计基本地震加速度值为0.15g：

第一组：台前，南乐，陕县，武陟；

第二组：郑州（中原、二七、管城、金水、惠济），濮阳，濮阳县，长桓，封丘，修武，内黄，浚县，滑县，清丰，灵宝，三门峡，焦作（马村*），林州*。

3 抗震设防烈度为7度，设计基本地震加速度值为0.10g：

第一组：南阳（卧龙、宛城），新密，长葛，许昌*，许昌县*；

第二组：郑州（上街），新郑，洛阳（西工、老城、瀍河、涧西、吉利、洛龙*），焦作（解放、山阳、中站），开封（鼓楼、龙亭、顺河、禹王台、金明），开封县，民权，兰考，孟州，孟津，巩义，偃师，沁阳，博爱，济源，荥阳，温县，中牟，杞县*。

4 抗震设防烈度为6度，设计基本地震加速度值为0.05g：

第一组：信阳（浉河、平桥），漯河（郾城、源汇、召陵），平顶山（新华、卫东、湛河、石龙），汝阳，禹州，宝丰，鄢陵，扶沟，太康，鹿邑，郸城，沈丘，项城，淮阳，周口，商水，上蔡，临颍，西华，西平，栾川，内乡，镇平，唐河，邓州，新野，社旗，平舆，新县，驻马店，泌阳，汝南，桐柏，淮滨，息县，正阳，遂平，光山，罗山，潢川，商城，固始，南召，叶县*，舞阳*；

第二组：商丘（梁园、睢阳），义马，新安，襄城，郏县，嵩县，宜阳，伊川，登封，柘城，尉氏，通许，虞城，夏邑，宁陵；

第三组：汝州，睢县，永城，卢氏，洛宁，渑池。

A.0.15 湖北省

1 抗震设防烈度为7度，设计基本地震加速度值为0.10g：

竹溪，竹山，房县。

2 抗震设防烈度为6度，设计基本地震加速度值为0.05g：

武汉（江岸、江汉、硚口、汉阳、武昌、青山、洪山、东西湖、汉南、蔡甸、江夏、黄陂、新洲），荆州（沙市、荆州），荆门（东宝、掇刀），襄樊（襄城、樊城、襄阳），十堰（茅箭、张湾），宜昌（西陵、伍家岗、点军、猇亭、夷陵），黄石（下陆、黄石港、西塞山、铁山），恩施，咸宁，麻城，团风，罗田，英山，黄冈，鄂州，浠水，蕲春，黄梅，武穴，郧西，郧县，丹江口，谷城，老河口，宜城，南漳，保康，神农架，钟祥，沙洋，远安，兴山，巴东，秭归，当阳，建始，利川，公安，宣恩，咸丰，长阳，嘉鱼，大冶，宜都，枝江，松滋，江陵，石首，监利，洪湖，孝感，应城，云梦，天门，仙桃，红安，安陆，潜江，通山，赤壁，崇阳，通城，五峰*，京山*。

注：全省县级及县级以上设防城镇，设计地震分组均为第一组。

A.0.16 湖南省

1 抗震设防烈度为7度，设计基本地震加速度值为0.15g：

常德（武陵、鼎城）。

2 抗震设防烈度为7度，设计基本地震加速度值为0.10g：

岳阳（岳阳楼、君山*），岳阳县，汨罗，湘阴，临澧，澧县，津市，桃源，安乡，汉寿。

3 抗震设防烈度为6度，设计基本地震加速度值为0.05g：

长沙（岳麓、芙蓉、天心、开福、雨花），长沙县，岳阳（云溪），益阳（赫山、资阳），张家界（永定、武陵源），郴州（北湖、苏仙），邵阳（大祥、双清、北塔），邵阳县，泸溪，沅陵，娄底，宜章，资兴，平江，宁乡，新化，冷水江，涟源，双峰，新邵，邵东，隆回，石门，慈利，华容，南县，临湘，沅江，桃江，望城，溆浦，会同，靖州，韶山，江华，宁远，道县，临武，湘乡*，安化*，中方*，洪江*。

注：全省县级及县级以上设防城镇，设计地震分组均为第一组。

A.0.17 广东省

1 抗震设防烈度为8度，设计基本地震加速度值为0.20g：

汕头（金平、濠江、龙湖、澄海），潮安，南澳，徐闻，潮州。

2 抗震设防烈度为7度，设计基本地震加速度值为0.15g：

揭阳，揭东，汕头(潮阳、潮南)，饶平。

3 抗震设防烈度为7度，设计基本地震加速度值为0.10g：

广州(越秀、荔湾、海珠、天河、白云、黄埔、番禺、南沙、萝岗)，深圳(福田、罗湖、南山、宝安、盐田)，湛江(赤坎、霞山、坡头、麻章)，汕尾，海丰，普宁，惠来，阳江，阳东，阳西，茂名(茂南、茂港)，化州，廉江，遂溪，吴川，丰顺，中山，珠海(香洲、斗门、金湾)，电白，雷州，佛山(顺德、南海、禅城*)，江门(蓬江、江海、新会)*，陆丰*。

4 抗震设防烈度为6度，设计基本地震加速度值为0.05g：

韶关(浈江、武江、曲江)，肇庆(端州、鼎湖)，广州(花都)，深圳(尤岗)，河源，揭西，东源，梅州，东莞，清远，清新，南雄，仁化，始兴，乳源，英德，佛冈，龙门，龙川，平远，从化，梅县，兴宁，五华，紫金，陆河，增城，博罗，惠州(惠城、惠阳)，惠东，四会，云浮，云安，高要，佛山(三水、高明)，鹤山，封开，郁南，罗定，信宜，新兴，开平，恩平，台山，阳春，高州，翁源，连平，和平，蕉岭，大埔，新丰*。

注：全省县级及县级以上设防城镇，除大埔为设计地震第二组外，均为第一组。

A.0.18 广西壮族自治区

1 设防烈度为7度，设计基本地震加速度值为0.15g：

灵山，田东。

2 设防烈度为7度，设计基本地震加速度值为0.10g：

玉林，兴业，横县，北流，百色，田阳，平果，隆安，浦北，博白，乐业*。

3 设防烈度为6度，设计基本地震加速度值为0.05g：

南宁(青秀、兴宁、江南、西乡塘、良庆、邕宁)，桂林(象山、叠彩、秀峰、七星、雁山)，柳州(柳北、城中、鱼峰、柳南)，梧州(长洲、万秀、蝶山)，钦州(钦南、钦北)，贵港(港北、港南)，防城港(港口、防城)，北海(海城、银海)，兴安，灵川，临桂，永福，鹿寨，天峨，东兰，巴马，都安，大化，马山，融安，象州，武宣，桂平，平南，上林，宾阳，武鸣，大新，扶绥，东兴，合浦，钟山，贺州，藤县，苍梧，容县，岑溪，陆川，凤山，凌云，田林，隆林，西林，德保，靖西，那坡，天等，崇左，上思，龙州，宁明，融水，凭祥，全州。

注：全自治区县级及县级以上设防城镇，设计地震分组均为第一组。

A.0.19 海南省

1 抗震设防烈度为8度，设计基本地震加速度值为0.30g：

海口(龙华、秀英、琼山、美兰)。

2 抗震设防烈度为8度，设计基本地震加速度值为0.20g：

文昌，定安。

3 抗震设防烈度为7度，设计基本地震加速度值为0.15g：

澄迈。

4 抗震设防烈度为7度，设计基本地震加速度值为0.10g：

临高，琼海，儋州，屯昌。

5 抗震设防烈度为6度，设计基本地震加速度值为0.05g：

三亚，万宁，昌江，白沙，保亭，陵水，东方，乐东，五指山，琼中。

注：全省县级及县级以上设防城镇，除屯昌、琼中为设计地震第二组外，均为第一组。

A.0.20 四川省

1 抗震设防烈度不低于9度，设计基本地震加速度值不小于0.40g：

第二组：康定，西昌。

2 抗震设防烈度为8度，设计基本地震加速度值为0.30g：

第二组：冕宁*。

3 抗震设防烈度为8度，设计基本地震加速度值为0.20g：

第一组：茂县，汶川，宝兴；

第二组：松潘，平武，北川(震前)，都江堰，道孚，泸定，甘孜，炉霍，喜德，普格，宁南，理塘；

第三组：九寨沟，石棉，德昌。

4 抗震设防烈度为7度，设计基本地震加速度值为0.15g：

第二组：巴塘，德格，马边，雷波，天全，芦山，丹巴，安县，青州，江油，绵竹，什邡，彭州，理县，剑阁*；

第三组：荥经，汉源，昭觉，布拖，甘洛，越西，雅江，九龙，木里，盐源，会东，新龙。

5 抗震设防烈度为7度，设计基本地震加速度值为0.10g：

第一组：自贡（自流井、大安、贡井、沿滩）；

第二组：绵阳（涪城、游仙），广元（利州、元坝、朝天），乐山（市中、沙湾），宜宾，宜宾县，峨边，沐川，屏山，得荣，雅安，中江，德阳，罗江，峨眉山，马尔康；

第三组：成都（青羊、锦江、金牛、武侯、成华、龙泽泉、青白江、新都、温江），攀枝花（东区、西区、仁和），若尔盖，色达，壤塘，石渠，白玉，盐边，米易，乡城，稻城，双流，乐山（金口轲、五通桥），名山，美姑，金阳，小金，会理，黑水，金川，洪雅，夹江，邛崃，蒲江，彭山，丹棱，眉山，青神，郫县，大邑，崇州，新津，金堂，广汉。

6 抗震设防烈度为6度，设计基本地震加速度值为0.05g：

第一组：泸州（江阳、纳溪、龙马潭），内江（市中、东兴），宣汉，达州，达县，大竹，邻水，渠县，广安，华蓥，隆昌，富顺，南溪，兴文，叙永，古蔺，资中，通江，万源，巴中，阆中，仪陇，西充，南部，射洪，大英，乐至，资阳；

第二组：南江，苍溪，旺苍，盐亭，三台，简阳，泸县，江安，长宁，高县，珙县，仁寿，威远；

第三组：犍为，荣县，梓潼，筠连，井研，阿坝，红原。

A.0.21 贵州省

1 抗震设防烈皮为7度，设计基本地震加速度值为0.10g：

第一组：望谟；

第三组：威宁。

2 抗震设防烈度为6度，设计基本地震加速度值为0.05g：

第一组：贵阳（乌当*、白云*、小河、南明、云岩溪），凯里，毕节，安顺，都匀，黄平，福泉，贵定，麻江镇，龙里，平坝，纳雍，织金，普定，六枝，镇宁，惠水顺，关岭，紫云，罗甸，兴仁，贞丰，安龙，金沙，赤水，习水，思南*；

第二组：六盘水，水城，册亨；

第三组：赫章，普安，晴隆，兴义，盘县。

A.0.22 云南省

1 抗震设防烈度不低于9度，设计基本地震加速度值不小于0.40g：

第二组：寻甸，昆明（东川）；

第三组：澜沧。

2 抗震设防烈度为8度，设计基本地震加速度值为0.30g：

第二组：剑川，嵩明，宜良，丽江，玉龙，鹤庆，永胜，潞西，龙陵，石屏，建水；

第三组：耿马，双江，沧源，勐海，西盟，孟连。

3 抗震设防烈度为8度，设计基本地震加速度值为0.20g：

第二组：石林，玉溪，大理，巧家，江川，华宁，峨山，通海，洱源，宾川，弥渡，祥云，会泽，南涧；

第三组：昆明（盘龙、五华、官渡、西山），普洱（原思茅市），保山，马龙，呈贡，澄江，晋宁，易门，漾濞，巍山，云县，腾冲，施甸，瑞丽，梁河，安宁，景洪，永德，镇康，临沧，风庆*，陇川*。

4 抗震设防烈度为7度，设计基本地震加速度值为0.15g；

第二组：香格里拉，泸水，大关，永善，新平*；

第三组：曲靖，弥勒，陆良，富民，禄劝，武定，兰坪，云龙，景谷，宁洱（原普洱），沾益，个旧，红河，元江，禄丰，双柏，开远，盈江，永平，昌宁，宁蒗，南华，楚雄，勐腊，华坪，景东*。

5 抗震设防慰度为7度，设计基本地震加速度值为0.10g：

第二组：盐津，绥江，德钦，贡山，水富；

第三组：昭通，彝良，鲁甸，福贡，永仁，大姚，元谋，姚安，牟定，墨江，绿春，镇沅，江城，金平，富源，师宗，泸西，蒙自，元阳，维西，宣威。

6 抗震设防烈度为6度，设计基本地震加速度值为0.05g：

第一组：威信，镇雄，富宁，西畴，麻栗坡，马关；

第二组：广南；

第三组：丘北，砚山，屏边，河口，文山，罗平。

A.0.23 西藏自治区

1 抗震设防烈度不低于9度，设计基本地震加速度值不小于0.40g：

第三组：当雄，墨脱。

2 抗震设防烈度为8度，设计基本地震加速度值为0.30g：

第二组：申扎；

第三组：米林，波密。

3 抗震设防烈度为8度，设计基本地震加速度值为0.20g：

第二组：普兰，聂拉木，萨嘎；

第三组：拉萨，堆龙德庆，尼木，仁布，尼玛，洛隆，隆子，错那，曲松，那曲，林芝（八一镇），林周。

4 抗震设防烈度为7度，设计基本地震加速度值为0.15g：

第二组：札达，吉隆，拉孜，谢通门，亚东，洛扎，昂仁；

第三组：日土，江孜，康马，白朗，扎囊，措美，桑日，加查，边坝，八宿，丁青，类乌齐，乃东，琼结，贡嘎，朗县，达孜，南木林，班戈，浪卡子，墨竹工卡，曲水，安多，聂荣，日喀则*，噶尔*。

5 抗震设防烈度为7度，设计基本地震加速度值为0.10g：

第一组：改则；

第二组：措勤，仲巴，定结，芒康；

第三组：昌都，定日，萨迦，岗巴，巴青，工布江达，索县，比如，嘉黎，察雅，友贡，察隅，江达，贡觉。

6 抗震设防烈度为6度，设计基本地震加速度值为0.05g：

第二组：革吉。

A.0.24 陕西省

1 抗震设防烈度为8度，设计基本地震加速度值为0.20g：

第一组：西安（未央、莲湖、新城、碑林、灞桥、雁塔、阎良*、临潼），渭南，华县，华阴，潼关，大荔；

第三组：陇县。

2 抗震设防烈度为7度，设计基本地震加速度值为0.15g：

第一组：咸阳（秦都、渭城），西安（长安），高陵，兴平，周至，户县，蓝田；

第二组：宝鸡（金台、渭滨、陈仓），咸阳（杨凌特区），千阳，岐山，凤翔，扶风，武功，眉县，三原，富平，澄城，蒲城，泾阳，礼泉，韩城，合阳，略阳；

第三组：凤县。

3 抗震设防烈度为7度，设计基本地震加速度值为0.10g：

第一组：安康，平利；

第二组：洛南，乾县，勉县，宁强，南郑，汉中；

第三组：白水，淳化，麟游，永寿，商洛（商州），太白，留坝，铜川（耀州、王益、印台*），柞水*。

4 抗震设防烈度为6度，设计基本地震加速度值为0.05g：

第一组：延安，清涧，神木，佳县，米脂，绥德，安塞，延川，延长，志丹，甘泉，商南，紫阳，镇巴，子长*，子洲*；

第二组：吴旗，富县，旬阳，白河，岚皋，镇坪；

第三组：定边，府谷，吴堡，洛川，黄陵，旬邑，洋县，西乡，石泉，汉阴，宁陕，城固，宜川，黄龙，宜君，长武，彬县，佛坪，镇安，丹凤.山阳。

A.0.25　甘肃省

1　抗震设防烈度不低于9度，设计基本地震加速度值不小于0.40g：

第二组：古浪。

2　抗震设防烈度为8度，设计基本地震加速度值为0.30g：

第二组：天水（秦州、麦积），礼县，西和；

第三组：白银（平川区）。

3　抗震设防烈度为8度，设计基本地震加速度值为0.20g：

第二组：菪昌，肃北，陇南，成县，徽县，康县，文县；

第三组：兰州（城关、七里河、西固、安宁），武威，永登，天祝，景泰，靖远，陇西，武山，秦安，清水，甘谷，漳县，会宁，静宁，庄浪，张家川，通渭，华亭，两当，舟曲。

4　抗震设防烈度为7度，设计基本地震加速度值为0.15g：

第二组：康乐，嘉峪关，玉门，酒泉，高台，临泽，肃南；

第三组：白银（白银区），兰州（红古区），永靖，岷县，东乡，和政J广河，临潭，卓尼，迭部，临洮，渭源，皋兰，崇信，榆中，定西，金昌，阿克塞，民乐，永昌，平凉。

5　抗震设防烈度为7度，设计基本地震加速度值为0.10g：

第二组：张掖，合作，玛曲，金塔；

第三组：敦煌，瓜洲，山丹，临夏，临夏县，夏河，碌曲，泾川，灵台，民勤，镇原，环县，积石山。

6　抗震设防烈度为6度，设计基本地震加速度值为0.05g：

第三组：华池，正宁，庆阳，合水，宁县，西峰。

A.0.26　青海省

1　抗震设防烈度为8度，设计基本地震加速度值为0.20g：

第二组：玛沁；

第三组：玛多，达日。

2　抗震设防烈度为7度，设计基本地震加速度值为0.15g：

第二组：祁连；

第三组：甘德，门涿，治多，玉树。

3　抗震设防烈度为7度，设计基本地震加速度值为0.10g：

第二组：乌兰，称多，杂多，囊谦；

第三组：西宁（城中、城东、城西、城北），同仁，共和，德令哈，海晏，湟源，湟中，平安，民和，化隆，贵德，尖扎，循化，格尔木，贵南，同德，河南，曲麻莱，久治，班玛，天峻，刚察，大通，互助，乐都，都兰，兴海。

4　抗震设防烈度为6度，设计基本地震加速度值为0.05g：

第三组：泽库。

A.0.27　宁夏回族自治区

1　抗震设防烈度为8度，设计基本地震加速度值为0.30g：

第二组：海原。

2　抗震设防烈度为8度，设计基本地震加速度值为0.20g：

第一组：石嘴山（大武口、惠农），平罗；

第二组：银川（兴庆、金凤、西夏），吴忠，贺兰，永宁，青铜峡，泾源，灵武，固原；

第三组：西吉，中宁，中卫，同心，隆德。

3　抗震设防烈度为7度，设计基本地震加速度值为0.15g：

第三组：彭阳。

4 抗震设防烈度为 6 度,设计基本地震加速度值为 0.05g:

第三组:盐池。

A.0.28 新疆维吾尔自治区

1 抗震设防烈度不低于 9 度,设计基本地震加速度值不小于 0.40g:

第三组:乌恰,塔什库尔干。

2 抗震设防烈度为 8 度,设计基本地震加速度值为 0.30g:

第三组:阿图什,喀什,疏附。

3 抗震设防烈度为 8 度,设计基本地震加速度值为 0.20g:

第一组:巴里坤;

第二组:乌鲁木齐(天山、沙依巴克、新市、水磨沟、头屯河、米东),乌鲁木齐县,温宿,阿克苏,柯坪,昭苏,特克斯,库车,青河,富蕴,乌什*;

第三组:尼勒克,新源,巩留,精河,乌苏,奎屯,沙湾,玛纳斯,石河子,克拉玛依(独山子),疏勒,伽师,阿克陶,英吉沙。

4 抗震设防烈度为 7 度,设计基本地震加速度值为 0.15g:

第一组:木垒*;

第二组:库尔勒,新和,轮台,和静,焉耆,博湖,巴楚,拜城,昌吉,阜康*;

第三组:伊宁,伊宁县,霍城,呼图壁,察布查尔,岳普湖。

5 抗震设防烈度为 7 度,设计基本地震加速度值为 0.10g:

第一组:鄯善;

第二组:乌鲁木齐(达坂城),吐鲁番,和田,和田县,吉木萨尔,洛浦,奇台,伊吾,托克逊,和硕,尉犁,墨玉,策勒,哈密*;

第三组:五家渠,克拉玛依(克拉玛依区),博乐,温泉,阿合奇,阿瓦提,沙雅,图木舒克,莎车,泽普,叶城,麦盖堤,皮山。

6 抗震设防烈度为 6 度,设计基本地震加速度值为 0.05g:

第一组:额敏,和布克赛尔;

第二组:于田,哈巴河,塔城,福海,克拉玛依(马尔禾);

第三组:阿勒泰,托里,民丰,若羌,布尔津,吉木乃,裕民,克拉玛依(白碱滩),且末,阿拉尔。

A.0.29 港澳特区和台湾地区

1 抗震设防烈度不低于 9 度,设计基本地震加速度值不小于 0.40g:

第二组:台中;

第三组:苗栗,云林,嘉义,花莲。

2 抗震设防烈度为 8 度,设计基本地震加速度值为 0.30g:

第二组:台南;

第三组:台北,桃园,基隆,宜兰,台东,屏东。

3 抗震设防烈度为 8 度,设计基本地震加速度值为 0.20g:

第三组:高雄,澎湖。

4 抗震设防烈度为 7 度,设计基本地震加速度值为 0.15g:

第一组:香港。

5 抗震设防烈度为 7 度,设计基本地震加速度值为 0.10g:

第一组:澳门。

参考文献

[1] 沈蒲生. GB 50010—2010　混凝土结构设计新规范解读[M]. 北京：机械工业出版社，2011.

[2] 周坚，伍孝波. 复杂高层建筑结构计算[M]. 北京：中国电力出版社，2008.

[3] 中华人民共和国住房和城乡建设部，中华人民共和国国家质量监督检验检疫总局. GB 50011—2010　建筑抗震设计规范[S]. 北京：中国建筑工业出版社，2010.

[4] 李国强，李杰，苏小卒. 建筑结构抗震设计[M]. 北京：中国建筑工业出版社，2009.

[5] 周坚. 钢筋混凝土结构与砌体结构[M]. 北京：清华大学出版社，2008.

[6] 中华人民共和国住房和城乡建设部，中华人民共和国国家质量监督检验检疫总局. GB 50010—2010　混凝土结构设计规范[S]. 北京：中国建筑工业出版社，2011.

[7] 中华人民共和国住房和城乡建设部. JGJ3—2010　高层建筑混凝土结构技术规程[S]. 北京：中国建筑出版社，2010.

[8] 中华人民共和国住房和城乡建设部. JGJ99—98　高层民用建筑钢结构技术规程[S]. 北京：中国建筑出版社，1998.

[9] 中华人民共和国住房和城乡建设部，中华人民共和国国家质量监督检验检疫总局. GB 50003—2011　砌体结构设计规范[S]. 北京：中国建筑工业出版社，2012.

[10] 中华人民共和国住房和城乡建设部，中华人民共和国国家质量监督检验检疫总局. GB 50022—2008　中华人民共和国国家标准：建筑抗震设防分类标准[S]. 北京：中国建筑工业出版社，2008.

[11] 中华人民共和国住房和城乡建设部，中华人民共和国国家质量监督检验检疫总局 GB 50017—2003　中华人民共和国国家标准：钢结构设计规范[S]. 北京：中国建筑工业出版社，2003.

[12] 中华人民共和国住房和城乡建设部. JGJ 99—98　中华人民共和国国家标准：高层民用建筑钢结构技术规范[S]. 北京：中国建筑工业出版社，1998.

[13] 中华人民共和国住房和城乡建设部，中华人民共和国国家质量监督检验检疫总局. GB 50755—2012　中华人民共和国国家标准：钢结构施工规范[S]. 北京：中国建筑工业出版社，2012.

[14] 中华人民共和国住房和城乡建设部，中华人民共和国国家质量监督检验检疫总局. GB 50205—2001　中华人民共和国国家标准：钢结构工程施工质量验收规范[S]. 北京：中国建筑工业出版社，2001.

[15] 王社良. 抗震结构设计[M]. 武汉：武汉理工大学出版社，2007.

[16] 陈绍蕃. 钢结构[M]. 北京：中国建筑工业出版社，2003.

[17] 夏志斌，姚谏. 钢结构原理与设计 [M]. 2 版. 北京：中国建筑工业出版社，2011.

[18] 徐锡权. 建筑结构[M]. 北京：北京大学出版社，2010.

[19] 徐占发. 钢结构[M]. 北京：机械工业出版社，2012.

[20] 周福霖. 工程结构减震控制[M]. 北京：地震出版社，1997.

[21] 柳炳康，沈小璞. 工程结构抗震设计[M]. 武汉：武汉理工大学出版社，2010.